How Objects Work

オブジェクト指向でなぜつくるのか

●知っておきたいOOP、設計、アジャイル開発の基礎知識●

平澤 章 著

第3版

日経BP

推薦のことば

株式会社永和システムマネジメント　代表取締役社長

平鍋 健児

「オブジェクト指向でなぜつくるのか」

皆さんならこの質問にどう答えますか？「カプセル化ができるから」「再利用性が上がるから」「フレームワークが使えるから」というような回答でしょうか。あるいは「そもそもオブジェクト指向なんてプログラミングでは当たり前になってしまっているよ」さらには「もうオブジェクト指向なんて古いよ」なんていう回答でしょうか。「いやいや分析や設計という上流工程での活用こそが重要なんだ」、「アジャイルやテスト駆動開発はこれを理解しないと進めないよ」と答える方もおられるかもしれません。

この質問にしっかり答えることを目指したのが本書です。

本書は、これまでのオブジェクト指向本で偏っていた単純化された「理想論の視点」を、現場で使える「現実的な視点」で補おうとしています。すでに、オブジェクト指向は現場の実践的な考え方です。必要なのは「使えるオブジェクト指向」です。その鍵は、ソフトウエアの歴史にあります。本書を読むことで、プログラミング言語の一技術に過ぎなかったオブジェクト指向という思想が、なぜ設計活動に影響を与え、さらに分析活動にまで影響を与え、そして、ソフトウエア開発の全体をカバーする開発プロセスに影響を与えるまでに至ったのかを理解できることでしょう。

著者である平澤さんとは、私がオブジェクト指向を学ぶ過程で、オブジェクト指向設計を「パターン」という形に結晶化して自分の経験を表現・再利用していく活動の中で出会いました。さらに、解決しようとする現実の問題を、うまく理解できる形に整理、表現するために「モデリング」が重要であること、そして、どんなに難しいプロジェクトであっても、人と人とのコミュニケーションを重視する開発現場が重要であることを、平澤さんから教わりました。平澤さんが常にキープしているのは、「現実的に使えるか」という視点です。本書の随所にうかがえるのは、かっこよい技術用語や魅惑的な甘い言葉よりも、それが実際に使えるのか、そして、それはなぜなのか、という現実的な評価なのです。

本書を読み進めることで、JavaやRuby, Pythonなどのプログラミング言語やUMLによる設計といったオブジェクト指向の「うわべ」から、現場で使える「本当のところ」にたどり着けるはずです。うわべの理解では、現実の問題解決の役にはほとんど立たないでしょう。皆さんもぜひ、現実のプロジェクトで活躍できるエンジニアへと自らの一歩を踏み出してください。

推薦のことば

『プロになるためのWeb技術入門』著者
小森 裕介

著者の平澤さんと私が知り合ったのは、本書の初版がきっかけです。本書の出版とほぼ同時期、私は『なぜ、あなたはJavaでオブジェクト指向開発ができないのか』という、タイトルもテーマも似たような書籍を執筆する機会に恵まれました。さらに共通の知り合いがいたという偶然が重なったことが縁でした。それ以来、平澤さんには立場や年齢を超えた友人として接していただいています。

その後同じ会社で働き、さまざまな仕事もご一緒しましたが、その中でも平澤さんと一緒に新卒入社者や若手の技術研修の企画・運営を担当したことが一番の思い出です。「どうしたら相手にうまく伝えられるのか」を真剣に議論しながら、研修カリキュラムやテキスト、プログラミング課題を作り上げ、数年にわたって磨きあげました。その過程で、本書にあるような「物事をきちんと整理して、相手に伝える。そのためにも、まず自分がしっかり理解する」という平澤さんの真摯な姿勢を見た気がします。

本書の初版が執筆された時期、プログラミングの現場は構造化プログラミングからオブジェクト指向への変化の波に覆われ、また、業務分析や設計などの上流工程でもオブジェクト指向が導入されたため、誰もがその理解を避けては通れない状況になっていました。それなのに、大量の用語や中途半端な説明が氾濫してちっとも理解できない。そんな状況でオブジェクト指向の全体像を的確に整理し、理解するための道筋を示してくれたのが本書でした。

それから15年以上経った現在、オブジェクト指向はごく当たり前の概念として浸透しています。プログラミング初学者の皆さんは、ごく自然にオブジェクト指向の考えに馴染んでいるので、執筆当初の本書の必要性は薄れつつあるのかもしれません。

しかし、本書が他と一線を画しているのは、「オブジェクト指向そのもの」だけではなく、「オブジェクト指向を理解するプロセス」を示してくれているということです。これは「新たな技術を理解するプロセス」にも通じるのではないでしょうか。

オブジェクト指向は常識となりましたが、時代はさらに進んでいます。さまざまなニーズに対して1つのプログラミング・パラダイムだけで対応しきれず、適材適所でさまざまな考え方を組み合わせる、マルチ・プログラミング・パラダイムの時代がやってきています。Javaも言語仕様が追加されるにしたがって、アノテーションによる宣言的プログラミングやアスペクト指向プログラミング、ラムダ式による関数型プログラミングの要素が追加されました。JavaをベースにKotlinでは、もはやオブジェクト指向と関数型が同列に扱われています。

このような時代にソフトウエアエンジニアとしての価値を磨くためには、オブジェクト指向だけではなく、関数型をはじめとする他のパラダイムについても同じように理解し、使いこなせるようにならなくてはなりません。そこで役に立つのは本書が示唆する「新たな技術を理解するプロセス」です。新たな考え方でも、これまでの積み重ねの延長線にありますし、たとえ魔法のようなことを実現していても、その仕組みを紐解けば単純なことを地道に積み重ねているにすぎません。本書では第2版で関数型言語についても追記されているので、オブジェクト指向をマスターした皆さんが次のステップに取りかかるのにも最適です。本書が解説しているように、背景を理解して全体を整理していくことで（まさにオブジェクト指向のように！）、おのずと理解できるはずです。

まえがき

2000年以降、オブジェクト指向言語を使ったシステム開発が一般的になりました。Java、Python、C#、JavaScript、PHP、Rubyは、どれもオブジェクト指向プログラミングを全面的にサポートしています。フレームワークやデザインパターン、UML、アジャイル開発といった技術や手法も広く利用されるようになりました。オブジェクト指向は目新しい技術でなくなった一方で、実際にソフトウエア開発をするうえで、きちんと理解して使いこなさなければならない技術になりました。

とはいえ、オブジェクト指向はソフトウエア開発の幅広い領域をカバーしており、個々の技術には深さがあるため、すべてを理解するのは容易ではありません。「モノ中心」というコンセプトとプログラミングの仕組みのギャップで混乱しやすい技術でもあります。

そこで本書では、オブジェクト指向の全体像とそこに含まれる各種の技術、すなわちプログラミング、フレームワーク、デザインパターン、UML、モデリング、設計、アジャイル開発手法の概要を説明します。個々の技術をどうやって使うか（how）の説明は最小限にとどめる代わりに、それぞれが何者（what）で、なぜ必要なのか（why）を中心に解説します。混乱を避けるために、プログラミング技術と上流工程の整理術は別物と割り切るスタンスを取ります。全体像と目的を把握できれば、個々の技術がより理解しやすくなることでしょう。

本書の初版は2003年から2004年にかけて執筆しました。当時はJavaや.NETが企業システム開発の主役になりつつある状況で、オブジェクト指向プログラミングだけでなく、UMLモデリングやデザインパターン、アジャイル開発手法などが大きな注目を集めていました。「オブジェクト指向を使えば現実世界をそのままプログラミングできる」「オブジェクト指向は従来とはまったく異なる技術なので、それ以前の手法や技術は捨てなければならない」といった極端な説明がされることもありました。

そうした説明を聞いて、オブジェクト指向を適切に理解できず混乱する人たちを当時はよく見かけました。そんな人たちに向けて「オブジェクト指向は決して魔法の技術などではなく、極めて実践的な従来の延長線上の技術である」と伝えたいと思ったのが初版の執筆動機でした。

一方で、最初に出会ったプログラミング言語がオブジェクト指向だった世代の人たちは、オブジェクト指向のコンセプトやプログラミングで混乱することはないだろうと考えていました。ところが、そうした人たちにとっても、この技術は簡単に身につくものではないようです。初めてプログラミングを学んだときにif文、for文、関数までは比較的スムーズに理解できたものの、クラス、インスタンス、コンストラクタ、継承、ポリモーフィズム、例外と一気にたくさんの仕組みが登場するオブジェクト指向プログラミングで苦戦する人たちは今でも少なくないようです。

そこでこの改訂第3版では、そんなオブジェクト指向ネイティブ世代を対象読者にして、内容を見直すことにしました。初版では、「オブジェクト指向は現実世界をそのままプログラミングする技術である」という解釈を否定することに重点を置きましたが、そのトーンを弱め、オブジェクト指向がなぜ難しいのかをより客観的な視点で説明するようにしました。あわせて、すべての文章を読み返し、2021年の現状を鑑みて加筆と修正を行いました。

大変喜ばしいことに、最近ではプログラミングに関心を持つ人が増え、IT技術者という職業の人気も以前より高くなってきたようです。一人でも多くの人が要件定義や設計、プログラミング、テストといった知的なソフトウエア開発に楽しんで取り組まれることを願っています。本書がいくらかでもそのお役に立てれば幸いです。

2021年2月　平澤 章

本書の構成

本書は「導入」「プログラミング技術」「応用技術」「ゴール」および「特別解説」の5つに大きく分かれています（p.10〜11の「本書で解説する主なキーワード」参照）。

導入
（1、2、7章）

第1、2、7章は導入です。

第1章は全体の導入で、オブジェクト指向がソフトウエア開発の総合技術であるという全体像を示すとともに、この技術が難しいと思われてしまう理由について改めて考察します。

第2章は前半部の導入です。ここでは第3章以降で説明するプログラミング技術を混乱せずに理解するため、オブジェクト指向言語の仕組みと現実世界が「似て非なるもの」であることを示します。

第7章は後半部の導入です。ここではオブジェクト指向には「プログラミング技術」と「汎用の整理術」の2つの顔があり、それぞれを別物として分けて考えることで、全体像が把握しやすくなることを述べます。

プログラミング技術
（3〜6章）

第3章から第6章までは、オブジェクト指向の中核であるプログラミング技術を説明します。

第3章では、機械語から構造化言語までのプログラミング言語の進化の歴史を振り返ります。これによりオブジェクト指向がプログラミング言語の発展の歴史の中で必然性を持って登場した技術であることを示します。

前半部の本題であるオブジェクト指向プログラミング（OOP）については、第4章と第5章の2つに分けて説明します。

第4章では、オブジェクト指向プログラミングのもっとも基本的かつ重要な仕組みであるクラス、ポリモーフィズム、継承を紹介し、これらの仕組みがソフトウエアの保守性や再利用性を向上させる有効な技術であることを説明します。あわせて、多くのオブジェクト指向言語に備わるパッケージ、例外、ガベージコレクションについても紹介します。

第５章では、オブジェクト指向言語で書いたプログラムが動くときのメカニズムを説明します。特にオブジェクト指向言語で特徴的なメモリの使い方を、多くの図を使って解説します。

前半部最後の第６章では、オブジェクト指向言語の優れた仕組みがもたらした２つの再利用技術を説明します。ひとつはソフトウエアそのものの再利用で、クラスライブラリ、フレームワーク、コンポーネントと呼ばれる大規模な再利用部品群が相当します。もうひとつは優れたアイデアを再利用するためのデザインパターンです。こうした再利用技術には、クラス、ポリモーフィズム、継承の３つの仕組みが大きな役割を果たしていること、そしてソフトウエアとアイデアの再利用が相互に発展し合っていることを紹介します。

応用技術
(８～１１章)

第８章から第１１章までは、プログラミングから派生した応用技術を説明します。

第８章では、UML（統一モデリング言語）を紹介します。ここではUMLの図を描くことで、形のないソフトウエアの構造や機能を「見える化」する効果を示します。また同じダイアグラムであっても、「プログラミング技術」と「汎用の整理術」のどちらの目的で利用するかによって、表現する内容が大きく異なることを紹介します。さらに、そもそもはオブジェクト指向に直接関係しなかったユースケース図やアクティビティ図などがUMLに取り込まれていることを紹介します。

第９章では、UMLを使ったモデリングを紹介します。ここではまずコンピュータが最も得意とする仕事が「決まり切った仕事」と「覚える仕事」であることを確認します。そして現実世界の仕事を整理してコンピュータに任せる仕事の範囲を決める際に、モデリングが役に立つことを、ビジネスアプリケーションと組み込みソフトウエアそれぞれの例を使って説明します。

第10章では、オブジェクト指向設計の考え方とコツを紹介します。まずは、ソフトウエアの保守性と再利用性を高めるための3つの目標を示します。そして、そのためのコツとして、命のないソフトウエアを擬人化して役割分担させる考え方を紹介します。

第11章では、アジャイル開発手法を紹介します。最初に、ウォーターフォール型開発プロセスと反復型開発プロセスの違いを確認します。次に、軽量な反復型開発プロセスの代表としてXP（エクストリーム・プログラミング）とScrum（スクラム）を紹介し、アジャイルソフトウエア開発宣言によりこれらがアジャイル開発手法と呼ばれるようになったことを述べます。最後に、アジャイル開発を実践するためのプラクティスとして、テスト駆動開発（TDD）、リファクタリング、継続的インテグレーションを紹介します。

ゴール
（12章）

第12章は全体のまとめです。ここではオブジェクト指向の過去と将来を見渡して、この技術が一時のブームとして過ぎ去るものではないことを説明します。そして、オブジェクト指向がソフトウエア開発を楽にするだけでなく、技術者の知的好奇心を刺激する面白い技術であることを述べます。

特別解説
（補章）

補章では、関数型言語の基本的な仕組みを紹介します。最近の多くのプログラミング言語はオブジェクト指向に加えて、関数型言語の仕組みを取り込んでいます。関数型言語は、従来のプログラミング言語とは基本的な仕組みや考え方が大きく異なります。ここでは関数型言語に備わる仕組みを、従来のプログラミング言語と対比しながら、7つの特徴に分けて解説します。

オブジェクト指向でなぜつくるのか
～本書で解説する主なキーワード～

導入（オブジェクト指向の全体像と概念）

第1章 オブジェクト指向はソフトウエア開発を楽にする技術

第2章 オブジェクト指向と現実世界は似て非なるもの
オブジェクト指向の三大要素、現実世界

プログラミング技術（OOP、フレームワーク、デザインパターン）

第3章 OOPを理解する近道はプログラミング言語の歴史にあり
機械語、アセンブリ言語、高級言語、構造化プログラミング、GOTO文、グローバル変数、ローカル変数

第4章 OOPは無駄を省いて整理整頓するプログラミング技術
クラス、インスタンス、インスタンス変数、メソッド、ポリモーフィズム、継承、パッケージ、例外、ガベージコレクション

第5章 メモリの仕組みの理解はプログラマのたしなみ
コンパイラ、インタプリタ、仮想マシン、スレッド、静的領域、ヒープ領域、スタック領域、ポインタ、メソッドテーブル

第6章 OOPがもたらしたソフトウエアとアイデアの再利用
クラスライブラリ、フレームワーク、コンポーネント、デザインパターン

特別解説（関数型言語）

補　章 関数型言語でなぜつくるのか
関数、式、第一級関数、高階関数、部分適用、関数の合成、副作用、遅延評価、パターンマッチ、型推論

本書を読めば、「オブジェクト指向プログラミング」「フレームワーク」「デザインパターン」「UML」「オブジェクト指向設計」「アジャイル開発」「関数型言語」がわかります！

第7章 汎用の整理術に化けたオブジェクト指向
集合論、役割分担

応用技術（UML、モデリング、設計、アジャイル開発）

第8章 UMLは形のないソフトウエアを見る道具
UML、クラス図、シーケンス図、コミュニケーション図、ユースケース図、アクティビティ図、ステートマシン図

第9章 現実世界とソフトウエアのギャップを埋めるモデリング
モデリング、業務分析、要件定義、ビジネスアプリケーション、組み込みソフトウエア

第10章 擬人化して役割分担させるオブジェクト指向設計
凝集度、結合度、依存関係、擬人化

第11章 オブジェクト指向から生まれたアジャイル開発
ウォーターフォール型開発、反復型開発、イテレーション、XP、スクラム、アジャイル開発、TDD、リファクタリング、継続的インテグレーション

ゴール

第12章 オブジェクト指向を使いこなそう

目次

各章の構成

各章の内容は「この章のキーワード」「ウォーミングアップ」「この章のポイント」「本文」「より深く学ぶための参考書籍」となっています。いくつかの「コラム」もあります。

●この章のキーワード

その章で説明する重要なキーワードを抜き出しています。

●ウォーミングアップ

各章の冒頭には、「ウォーミングアップ」として簡単なクイズを掲載しています。クイズの内容は、その章の重要なテーマに関係するトピックを選んでいますが、気軽に取り組めるように4択形式にしています。

●この章のポイント

「この章のポイント」は、本文で説明するテーマの要約を示したものです。本文を読む前にその章の概要や目的をつかんでください。

●本文

「本文」では、気軽な読み物として、オブジェクト指向としてひとくくりにされる各種の技術を説明します。特に重要なポイントについては、必要に応じて「囲み」や図にまとめてありますので、理解した内容を整理するために役立ててください。

●より深く学ぶための参考書籍

その章の内容に関して理解を深めるための参考書籍を紹介しています。簡単なコメントと、筆者独自の判断による3段階評価（☆3つが最高）をつけていますので参考にしてください。

●コラム

コラムは3種類に分かれています。「今ドキのOOP」では、代表的なオブジェクト指向言語の特徴を紹介します。「プログラミング昔話」では、筆者が若手だった頃に経験したこぼれ話を紹介し、「オブジェクトの向こう側」では、本文とは別の切り口からオブジェクト指向のコンセプトが普及した背景や理由を考察します。

第1章

オブジェクト指向は ソフトウエア開発を楽にする技術

ウォーミングアップ

本文を読む前に、ウォーミングアップとして以下のクイズに挑戦してください。

クイズ

次の中で「オブジェクト指向」というコンセプトを最初に提唱したアラン・ケイ氏の述べた言葉はどれでしょうか。

ア. プログラムモジュール、アイコン、データベースをはじめとして、森羅万象はすべてオブジェクトで表現できる

イ. 万物が流転するように、プログラミング技術も流転する

ウ. IT業界における革新的な技術のほとんどは1970年以前に発明されている

エ. 未来を予測する最善の方法は、それを発明することである

答え

エ．未来を予測する最善の方法は、それを発明することである

解説

オブジェクト指向の起源は1967年にノルウェーの2人の技術者が開発したSimula67（シミュラ67）というプログラミング言語にさかのぼります。その後この言語の仕組みは、米ゼロックス社に在籍していたアラン・ケイ氏の率いるチームが開発したSmalltalk（スモールトーク）に引き継がれ、オブジェクト指向というコンセプトとして確立しました。アラン・ケイ氏の業績はそれだけにとどまらず、GUI（グラフィカル・ユーザー・インタフェース）の発明や、パーソナル・コンピュータのもとになった「ダイナブック構想」の提唱など、IT業界に多大な貢献をしています。

「未来を予測する最善の方法は、それを発明することである（"The best way to predict the future is to invent it."）」という言葉は、会社の経営陣から研究内容の将来予測をしつこく尋ねられたときのケイ氏の回答だそうですが、革新的な技術コンセプトを数多く提唱したケイ氏だからこそ言えるセリフでしょう。

この章のポイント

この章では、オブジェクト指向の基本的な考え方と、オブジェクト指向が対象とする技術領域の全体像を説明します。

オブジェクト指向は、最初プログラミング言語として登場しましたが、それを拡張・発展させてソフトウエア開発のさまざまな分野に適用した結果、今では「ソフトウエア開発の総合技術」と呼ぶべき存在になりました。

しかし残念なことに、そうした優れた技術であるにもかかわらず、抽象的でとっつきづらい技術と考える人も少なくないようです。ここでは、オブジェクト指向が難しいと思われてしまう理由について改めて考察します。

オブジェクト指向はソフトウエア開発の総合技術

まずはこの本のタイトルにもなっている素朴な質問から始めましょう。

「オブジェクト指向でなぜソフトウエアを作るのですか？」

誰かにこんな質問をされたなら、筆者はこう答えます。

「その理由はソフトウエアを楽に作りたいからです」と。

ここで「楽に作る」と聞いて、「おやっ」と思った方がおられるかもしれません。何しろオブジェクト指向と聞けば、「抽象的でとっつきづらいもの」というイメージを持つ方がまだまだ少なくないでしょうから。

オブジェクト指向としてひとくくりにされる技術には、実にさまざまなものがあります。JavaやPythonのようなプログラミング言語に始まって、要求仕様や設計内容の図式表現、再利用可能なソフトウエア部品群、優れた設計のノウハウ集、業務分析や要件定義の効果的な進め方、システム開発を柔軟に進めるための開発手法など、ソフトウエア開発のほとんどの領域をカバーしています。

しかしこれらの技術は、個別に見るとそれぞれ随分違うものです。あえて共通点を探せば、ソフトウエア開発に関する技術であることと、それを円滑に進めるための技術ということぐらいでしょう。

このため、オブジェクト指向をひと言で表現すれば「難しいソフトウエア開発を楽に行うための総合技術」となるでしょう。今やオブジェクト指向は、対象範囲が大きく広がった結果としてそんな技術になりました。

モノ中心にソフトウエアを組み上げる開発手法

オブジェクト指向は英語のobject orientedの訳語で、直訳すると「モノ指向」「モノ中心」となります。

オブジェクト指向が普及する以前は、対象とするシステム全体の機能をとらえ、それを段階的に詳細化して、より小さな部分に分解していく「機能中心」の開発手法が主流でした。この「機能中心」の開発手法でソフトウエアを作ると、仕様変更や機能追加が起きた場合の修正範囲が広範囲になりやすく、ソフトウエアの再利用も難しいという課題がありました。

オブジェクト指向はソフトウエアの保守や再利用をしやすくすることを重視する技術です。個々の部品により強く着目し、部品の独立性を高め、それらを組み上げてシステム全体の機能を実現することを基本にします。部品の独立性を高めることで、修正が起きた場合の影響範囲を最小限にし、他のシステムで容易に再利用できるようにします。

プログラミング言語から総合技術に進化した

オブジェクト指向は最初プログラミング言語として登場しました。その後、拡張・発展してソフトウエア開発のさまざまな分野に適用されていきました。この過程を簡単に振り返ってみましょう。**図1.1**に、オブジェクト指向の全体像と発展過程を示します。

オブジェクト指向の起源は、1967年にノルウェーで考案されたSimula67（シミュラ67）というプログラミング言語です。この言語はクラス、ポリモーフィズム、継承という、それまでなかった優れた仕組み

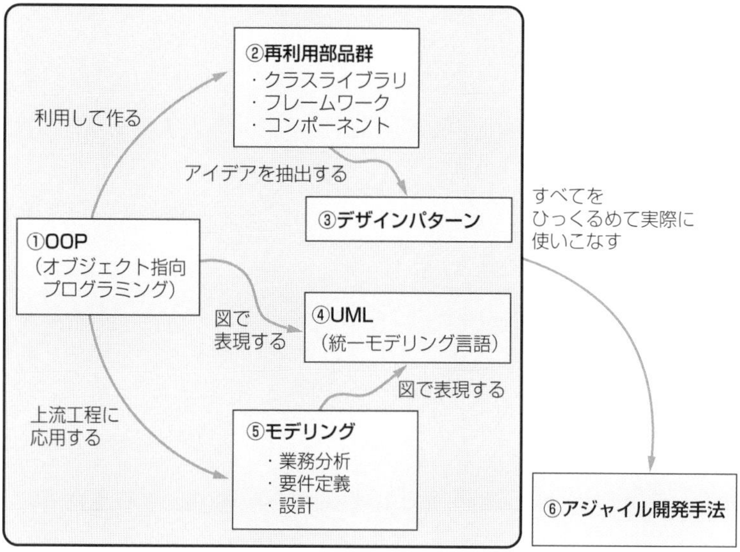

図 1.1　オブジェクト指向の全体像と発展過程

を備えており、後に最初の**OOP**[*1]（オーオーピー、Object Oriented Programming language：オブジェクト指向プログラミング言語）と呼ばれることになりました。この仕組みはアラン・ケイ氏の率いる米ゼロックス社のチームが開発した**Smalltalk**（スモールトーク）に引き継がれて、「オブジェクト指向」というコンセプトとして確立しました。その後、C++（シープラスプラス）やObjective-C（オブジェクティブシー）、Java（ジャバ）、C#（シーシャープ）、Ruby（ルビー）、Python（パイソン）など、同様の仕組みを備えたプログラミング言語が数多く考案されて現在に至ります。

＊1　厳密には「オブジェクト指向プログラミング言語（Object Oriented Programming Language）」をOOPL、OOPLを使ってプログラミングをすることをOOP（Object Oriented Programmingの略）と呼ぶのが正しい表現です。しかし本書では、オブジェクト指向言語の仕組みと、それを使ってプログラミングすることを厳密に区別せず説明する場面が多くありますので、すべてOOPと表現します。

このOOPを利用することで、それまでは不可能だった大規模なソフトウエアの再利用部品群を作ることが可能になりました。これらは**クラスライブラリ**や**フレームワーク**と呼ばれます。またそうした再利用部品群を作る際に利用されたお決まりの設計のアイデアが**デザインパターン**として抽出されました。

さらにOOPの仕組みを利用して作るソフトウエア構造を図式表現する方法が考案され、最終的に**UML**（ユーエムエル：統一モデリング言語）としてまとめられました。加えてOOPの考え方を上流工程にも応用した**モデリング**や、システム開発全体を柔軟に進めるための**アジャイル開発手法**も考案されました。

このように今では、オブジェクト指向はソフトウエア開発全体をカバーする総合的な技術になっています。これらの技術は、それぞれ対象とする領域や内容が異なりますが、ソフトウエア開発を円滑に進めるという目的では一致しています。そして、こうした先人の工夫やノウハウを活用することで、ソフトウエアの品質や再利用性を向上させることが可能になります。

オブジェクト指向が難しい理由

さて、このように優れた技術の集大成であるにもかかわらず、オブジェクト指向は難しく、とっつきづらいものと言われることがあります。抽象的な考え方が得意な人でないと身につけるのが難しく、習熟するまでに何年もかかるなどと説明されることもあります。いくら便利な道具でも、それを理解して使いこなすのが難しいようでは困ります。

オブジェクト指向が難しいと思われる理由は、いくつか考えられます。ここでは3つに分けて説明しましょう。

理由その 1 ― プログラミング言語の仕組みが複雑

1つめの理由はOOPの**仕組みが複雑**なことです。

オブジェクト指向以前のプログラミング言語の仕組みは比較的単純でした。演算子、グローバル変数とローカル変数、条件分岐、繰り返し、サブルーチン（または関数）あたりを押さえておけば、たいていのプログラミング言語の仕組みは理解できました。これらはCPUやメモリに直結する仕組みのため、コンピュータの動作をイメージして理解しやすいものでした。

しかしOOPには、たくさんの仕組みが加わっています。基本的な仕組みをざっと挙げるだけでも、クラスとインスタンス、インスタンス変数、メソッド、コンストラクタ、可視性、継承、スーパークラスとサブクラス、ポリモーフィズム、パッケージ、例外、ガベージコレクションなどがあります（**図1.2**）。これらの仕組みの名称の多くは風変わりで、コンピュータ内での動作もイメージしづらいため、プログラミング初心者がすべてを理解して使いこなせるようになるまでには相応の時間がかかることでしょう。

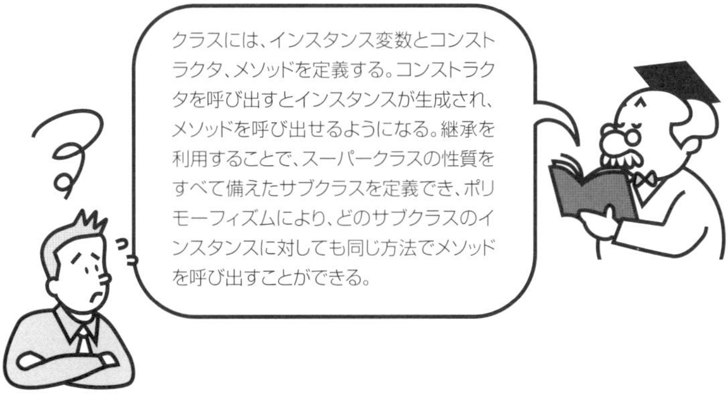

図 1.2　OOP にはたくさんの仕組みが備わっている

理由その２ — 比喩を使った説明による混乱

２つめの理由は、比喩を使った説明が混乱を招きやすいことです。**比喩による混乱**は技術そのものの問題というよりも、説明の仕方の問題と言えるでしょう。OOPの仕組みは、現実世界の様子になぞらえて、次のように説明することがよくあります（**図1.3**）。

> 「動物がスーパークラスで、哺乳類や魚類がサブクラス。卵を産みミルクで子供を育てるカモノハシは、は虫類と哺乳類を多重継承している」
>
> 「人は“生年月日”という属性を持つ。具体的な人である田中さんに“年令を教えてください”というメッセージを送ると、“28才です”と答えが返ってくる」
>
> 「病院で医師や看護師、薬剤師が連絡し合いながら仕事をするように、オブジェクトもコンピュータの中でメッセージを送り合いながら仕事をする」

こうした説明をすることで、複雑なOOPの仕組みを印象的に伝えるこ

図 1.3　たとえ話による説明で混乱している開発者

とができます。しかしこのような説明だけで終わらせてしまうと、比喩のほうが強い印象として残ってしまい、OOPが実際のプログラミングの場面でどう便利なのかは伝わりづらくなります。

理由その3 ― オブジェクト指向というコンセプトが抽象的

3つめの理由はオブジェクト指向というコンセプトが抽象的なことです。

1つめの理由で述べたように、オブジェクト指向プログラミングの仕組みはかなり複雑な一方で、「モノ中心」あるいは「モノ指向」というコンセプトはとてもシンプルなため、簡単に理解できます。そして、このコンセプトは応用範囲が広いため、現実世界の人や組織、物事や出来事、コンピュータシステムの機能、システムが管理する情報、プログラムの構成要素など、さまざまなものに当てはめることができます(**図1.4**)。

このため、このコンセプトをソフトウエアの設計やプログラミングだけにとどめず、要件定義や業務分析・企画などの上流工程にも適用しようとする考え方が登場しました。これは、ソフトウエア開発全体をオブジェクト指向の考え方で一貫して進める開発手法で、オブジェクト指向が普及し始めた1990年代には、数多くのオブジェクト指向分析・設計方法論が提唱されました[*2]。またOOPの仕組みが現実世界の様子とよく似ていることから、オブジェクト指向で現実世界の様子を整理して、それをそのままプログラミングすればうまくいくはずだとする考え方も生まれました。

しかし、こうした考え方にはまぎらわしい落とし穴がありました。それは、OOPの仕組みと現実世界の様子にはよく似ているところがあるもの

＊2　こうしたオブジェクト指向分析・設計方法論には、代表的なものだけでもOMT法、Booch法、OOSE法、マーチン・オデール法、シュレイヤー・メラー法、コード・ヨードン法、フュージョン法などがあります。

図 1.4　なんでもオブジェクトととらえることができる

の、まったく同じではないことです。加えて、現実世界で人間が行う仕事の範囲と、コンピュータ上でソフトウエアが行う仕事の範囲も多くの場合は異なるため、人間が行う仕事をオブジェクト指向で整理し、それをそのままプログラミングしようとしても実際にはうまくいきません。

このように、現実世界の様子とOOPの仕組みが「似て非なるもの」であることのまぎらわしさや、哲学的な響きを持つ「オブジェクト指向」というコンセプトが魅力的だったことが、かえってこの技術の実態をわかりづらくし、混乱を招きやすくしています。

オブジェクト指向技術の what と why を説明する

本書の目標は、オブジェクト指向としてひとくくりにされる個々の技術をわかりやすく、しかし論理の飛躍をせずにきちんと説明することです。

本書では、Javaなどのプログラミング言語の文法やUMLの詳しい表記法など、個々の技術の詳細な解説は行いません。その代わりに、それらの技術が何（what）なのか、なぜ（why）必要なのかを重点的に解説します。

先ほど述べたオブジェクト指向の理解を難しくしている3つの理由を考慮して、次のような方針を取ります。

- OOPの仕組みについては、プログラミング言語の進化の歴史を踏まえて、メリットを具体的に説明する。
- 比喩による説明は最小限に抑える。比喩を使う場合にはその旨を明示する。
- プログラミングの仕組みと、「モノ中心」で汎用的に物事をとらえる考え方は別物として、分けて説明する。

本書の構成

本書では、プログラミング技術を説明する前半部と、プログラミング技術から派生した応用技術を説明する後半部の2つに大きく分けてオブジェクト指向を解説します（**図1.5**）。

前半部の第2章から第6章までは、プログラミング技術について解説します。まずは現実世界とOOPの仕組みが似て非なるものであることの説明（第2章）から始めて、OOP以前のプログラミング言語の歴史（第3章）を振り返った後に、OOPの基本的な仕組みであるクラス、ポリモーフィズム、継承（第4章）を紹介します。続けて、OOPの実行時のメカニズム（第5章）と、OOPの発展がもたらした、再利用部品群とデザインパターンという2つの再利用技術（第6章）を紹介します。

後半部の第7章から第11章まではオブジェクト指向の応用技術を説明します。まずは、OOPの仕組みが上流工程に応用されて、集合論と役割分担を表現する「汎用の整理術」に変化したこと（第7章）を紹介します。

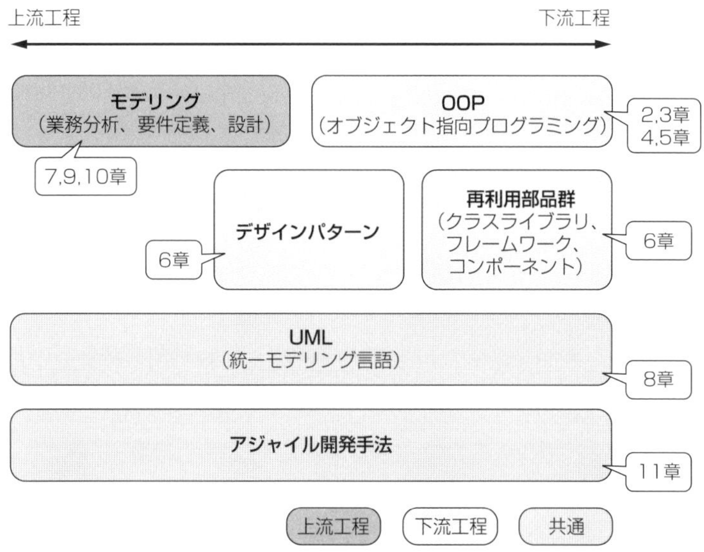

図 1.5　オブジェクト指向の全体像と本書の構成

続けて、ソフトウエアの機能を図式表現するUML（第8章）、業務分析と要件定義を支援するモデリング（第9章）、オブジェクト指向設計（第10章）、オブジェクト指向の普及と共に発展してきたアジャイル開発手法（第11章）までを紹介します。

この構成は、オブジェクト指向としてひとくくりにされる個々の技術を一つひとつ理解していくステップを考慮したものですが、オブジェクト指向が進化した過程にもほぼ沿っています。

加えて、補章では特別解説として、関数型言語の仕組みを紹介します。最近の多くのプログラミング言語はオブジェクト指向に加えて関数型もサポートしているため、関数型言語についても基本的な仕組みと考え方を解説します。

さて、前置きはここまでにして、中身に入りましょう。

まずは「オブジェクト指向は現実世界をそのままソフトウエアに表現する技術である」という、従来からしばしば行われてきた説明について考え直すことから始めようと思います。それでは第2章に進みましょう。

COLUMN

今ドキのOOP

とっつきやすくて、奥の深いPython

プログラミング言語のPythonが人気を集めています。最初に大きく注目されたのは、2010年代前半のAI（人工知能）ブームの際に、機械学習のライブラリが充実していたからでした。さらに、プログラミング教育に関心が集まる中で、初心者が読み書きしやすい文法になっていることも人気の理由です。

Pythonの文法は、直感的にわかりやすく、誰が書いても似たようなプログラムになるように配慮しています。具体的には、プログラムの制御構造を記述する際に、JavaやC言語のように中括弧（{ }）やセミコロン（;）などの記号を極力使わず、インデント（字下げ）で表現します。これをサッカーのオフサイドラインになぞらえて、オフサイドルールと呼びます。このルールによりプログラムの見た目がシンプルになり、コードの均一化が図りやすくなります（**リスト1.a**）。

＊　＊　＊

初心者がとっつきやすいとはいえ、Pythonはオブジェクト指向言語です。

Pythonのチュートリアルの多くは、"Hello, world"のサンプルから始まり、変数と型、演算子、条件分岐、繰り返し、関数、コンテナと進みます

リスト1.a　オフサイドルールの例（FizzBuzz問題）

```
for i in range(1, 101):
    if i % (3 * 5) == 0:
        print("FizzBuzz")
    elif i % 5 == 0:
        print("Fizz")
    elif i % 3 == 0:
        print("Buzz")
    else:
        print(i)
```

が、その次に登場するのは、クラスとインスタンス、メソッド、スーパークラスとサブクラス、オーバーライドといったオブジェクト指向の仕組みです。

Javaのようにオブジェクト指向を前面に出さないため、クラスに属さない関数やグローバル変数も定義できます。しかしPythonでは数値や文字列、真偽値を含めて、データ型はすべてクラスであり、個々のデータ値はすべてインスタンスになります。コンテナとして提供するリストやタプル、集合、辞書などのデータ構造も、実際にはクラスです。Javaでは、これらのデータ構造をList、Set、Mapなどのコレクションクラス（および配列）として提供しますが、Pythonではクラスであることをあまり意識させないように配慮しています。

Pythonで作られたライブラリの多くはクラスライブラリの形式で提供されており、デザインパターンを活用したものも数多くあります。

さらに、Pythonは関数型言語の仕組みもサポートしています。リストやタプルの操作でよく使うmap関数やfilter関数の第一引数は関数型言語の第一級関数であり、ラムダ式で書くのが一般的です。

＊　＊　＊

このようにPythonは初心者にとっつきやすい文法を持つ一方で、奥の深い本格的なプログラミング言語です。このため、Pythonで大規模なプログラムを書いたり、既存のライブラリを使いこなしたりするためには、オブジェクト指向言語をきちんと理解したうえで、関数型言語の基本も押さえておく必要があります[*1]。

＊1　オブジェクト指向言語の仕組みについては第4章で、関数型言語の仕組みについては補章で解説します。

第2章

この章のキーワード

オブジェクト指向の三大要素、
現実世界

オブジェクト指向と現実世界は似て非なるもの

ウォーミングアップ

本文を読む前に、ウォーミングアップとして以下のクイズに挑戦してください。

クイズ

次の中で、「ネオダマ」という言葉の意味を正しく説明した文はどれでしょうか。

ア．1960年代に考案された、Simula67の先駆けとなったプログラミング言語の名称
イ．1970年代に活躍したスーパープログラマのニックネーム
ウ．1980年代に日本が国家プロジェクトとして推進した人工知能研究プロジェクトの略称
エ．1990年代にIT業界で流行した、企業システムの目指す方向を表す言葉

答え

エ．1990年代にIT業界で流行した、企業システムの目指す方向を表す言葉

解説

筆者の知るかぎり、ネオダマという名前のプログラミング言語や著名なプログラマは聞いたことがありません。また、1980年代に日本が国家プロジェクトとして推進した人工知能研究プロジェクトの名称は「新世代コンピュータ技術開発機構（Institute for New Generation Computer Technology）」で、「アイコット（ICOT）」という略称で呼ばれていました。

「ネオダマ」は、「ネットワーク」「オープンシステム」「ダウンサイジング」「マルチメディア」のそれぞれの頭文字をまとめた言葉で、1990年代の前半頃に日本国内のIT業界で盛んに喧伝されました（「オ」はオブジェクト指向を、「マ」はマルチベンダーを指すこともあったそうです）。しかしインターネットの普及などにより、「ネオダマ」が指し示す技術はどれも一般的になったため、自然とこの言葉も使われなくなりました。

業界のトレンドを表すこのような言葉は、しばしば「バズワード（buzzword）」と呼ばれます。「オブジェクト指向」という言葉も、本格的に普及し始めた1990年代後半から2000年代初頭にかけて、「従来よりも飛躍的に生産性や保守性を高める技術」あるいは「現実世界の様子をそのままソフトウエアに表現できる革新的な技術」という意味のバズワードとしてしばしば使われました。

この章のポイント

OOPの仕組みは比喩を使って説明することで、印象的に伝えることができます。その一方で、比喩による説明だけで終わらせてしまうと、OOPが実際のソフトウエア開発の場面でどう役に立つのかはきちんと伝わりません。プログラミングの仕組みと現実世界の様子の共通点を強調し過ぎることで、下流工程で作成するソフトウエア部品と上流工程で整理する現実世界の物事を同じにできるのではないか、などと考えさせて混乱させてしまう可能性もあります。

本書は、下流工程のプログラミング技術と上流工程の整理術は「似て非なるもの」と割り切るスタンスを取ります。次章以降では、オブジェクト指向の各技術を紹介していきますが、基本的にプログラミング技術と整理術は別物として説明していきます。そこで、個々の技術の説明に入る前のこの章で、比喩を使った説明の功罪について議論します。

オブジェクト指向を現実世界に対比して説明する

以降ではまず、オブジェクト指向プログラミングの三大要素と呼ばれるクラス（カプセル化）、ポリモーフィズム、継承の3つの仕組みについて、従来からしばしば行われてきた現実世界の比喩を使った説明をします。

その際、「何か変なところはないだろうか」と考えながら読んでみてください。後で、オブジェクト指向プログラミングの仕組みが現実世界とどう違うのかを説明しますが、まずは一緒に考えていただきたいと思います。

なお説明の中ではJavaのサンプルコードを使いますが、Javaの言語仕様の解説を目的にしていませんので、詳しい説明は省略します。Javaに詳しくない方は、日本語のコメントからコードの内容を読み取ってみてください。

クラスは種類、インスタンスは具体的なモノ

最初はクラスから始めましょう。

オブジェクト指向の最も基本的な仕組みはクラスです。これと対になる要素にインスタンス[*1]があり、この2つはまとめて覚えるとよいでしょう。クラスは英語のclassで「分類」「種類」といった「同種のものの集まり」という意味を持ちます。インスタンスは英語のinstanceで「具体的なモノ」「実例」を意味します。クラスは種類、インスタンスは具体的なモノ、というわけです。数学の集合論における集合と要素に相当すると言ってもよいでしょう。

こうした関係は現実世界でもたくさん見つかります。

犬　：ポチ、コロ、タロー、ショコラ、キヌ……
国　：日本、韓国、中国、アメリカ、イギリス……
歌手：宇多田ヒカル、レディー・ガガ、マイケル・ジャクソン……

さて、続けてプログラミングの説明をしましょう。

オブジェクト指向では、クラスを定義することによってプログラムを書きます。そして、プログラムが動くときには、定義したクラスからインスタンスが作られて、それらが相互作用し合いながら、ソフトウエアの機能を実現します。これは現実世界の仕事が、人やモノの相互作用で実現されるのとよく似ています。

具体例を示しましょう。上の例にも挙げた犬クラスをJavaでコーディングしてみます。まずは犬クラスの定義です（**リスト2.1**）。

＊1　「インスタンス」は「オブジェクト」と呼ぶこともありますが、本書では「インスタンス」で統一します。

リスト2.1　犬クラスのサンプルコード

```
// 犬クラスの定義
class Dog {
  String name; // 名前
  Dog(String name){ // コンストラクタ（インスタンス作成時に動く）
    this.name = name;
  }
  String cry(){ // 命令されると「ワン」と吠える
    return " ワン ";
  }
}
```

この犬クラスを使うことで、2匹の犬を作って「ワン」と吠えさせることができます（**リスト2.2**）。

リスト2.2　2匹の犬を吠えさせるサンプルコード

```
// 2匹の犬を作る
Dog pochi = new Dog(" ポチ ");
Dog taro = new Dog(" タロー ");
// ポチとタローに「鳴け」と命令し、その結果を印字する
System.out.println(pochi.cry());  } (1)
System.out.println(taro.cry());   }
```

リスト2.2の(1)でcry()と書いてあるのは**メソッド**と呼ばれるものです。このメソッドを呼び出すことを、相手にメッセージを送って仕事を頼む様子に似ていることから**メッセージパッシング**と呼びます。

さて、リスト2.2に書かれているコードを実行すると、システムコンソールに2回「ワン」と表示されます[*2]。

あたかも現実世界の犬に対して、「お手！」とメッセージを送っているようです（**図2.1**）。

＊2　実際にはリスト2.2のコードをコンパイルして実行するためには、「飼い主」といったクラスの中に記述する必要がありますが、ここでは割愛しました。

図 2.1　たとえ話によるメッセージパッシングの説明

ポリモーフィズムはメッセージの送り方を共通にする

2つめはポリモーフィズムです。

ポリモーフィズム（polymorphism）とは聞き慣れない言葉ですが、英語で「いろいろな形に変わる」といった意味を持つ言葉で、日本語では「多態性」「多相性」などと訳されます。

この仕組みをひと言で表現すると「類似したクラスに対するメッセージの送り方を共通にする仕組み」と言えます。「相手が具体的にどのクラスのインスタンスであるかを意識せずにメッセージを送れる仕組み」と言ってもよいでしょう。

この仕組みを現実世界になぞらえて説明すると次のようになります。先ほど犬にcry（鳴け／泣け）というメッセージを送ると、「ワン」と応える例を示しました。このメッセージを受け取る側が赤ん坊だったら「オギャー」と泣き、カラスなら「カー」と応じるというものです（**図2.2**）。

これをプログラムで書いてみましょう。まずは全体で共通なAnimal（動物）クラスを定義します（**リスト2.3**）。

図 2.2　たとえ話によるポリモーフィズムの説明

リスト 2.3　動物クラス

```
class Animal {  // 動物クラス
  abstract String cry();  // ここでは具体的な鳴き方を定義しない
}
```

動物にはたくさんの種がありますから、それだけでは具体的な鳴き方を決めることができません。そのため、ここではcryというメッセージを受け付けることだけを定義し、具体的な動作までは定義しないでおきます。次に具体的な動物として、赤ん坊、犬、カラスの各クラスを定義します（**リスト 2.4**）。

リスト 2.4　赤ん坊、犬、カラスのクラス定義

```
class Baby extends Animal {  // 赤ん坊クラス（動物を継承）
  String cry(){
    return " オギャー ";  //「オギャー」と泣く
  }
}
class Dog extends Animal {  // 犬クラス（動物を継承）
  String cry(){
    return " ワン ";  //「ワン」と鳴く
  }
}
class Crow extends Animal {  // カラスクラス（動物を継承）
  String cry(){
    return " カー ";  //「カー」と鳴く
  }
}
```

リスト2.4のクラス名を宣言しているところで“extends Animal”と書いてあるのは継承の宣言で、そのクラスが動物の一種であることを意味します（継承については次の節でより詳しく説明します）。

これでポリモーフィズムの準備ができました。

ポリモーフィズムはメッセージを送る側が楽をするための仕掛けです。この例で言うと、「cry（泣け／鳴け）」と指示する側は相手が誰でも同じ指示の仕方ですませることができます。

そこで、相手が誰であっても「泣け／鳴け」と指示するトレーナー（Trainer）クラスを定義してみましょう（**リスト2.5**）。

リスト 2.5　トレーナークラス

```
class Trainer {  // トレーナークラスの定義
  void execute(Animal animal){ // 引数は動物
    // 相手を泣（鳴）かせてその結果を印字する
    System.out.println(animal.cry());
  }
}
```

たったこれだけで終わりです。

ここでのポイントはexecuteメソッドの引数が、Animal（動物）クラスのインスタンスになっていることです。これにより相手が赤ん坊だろうと、犬だろうと、カラスだろうと、何が来ても大丈夫というわけです。

継承は共通点と相違点を体系的に分類して整理する

最後は継承です。

継承をひと言で表現すると「モノの種類の共通点と相違点を体系的に整理する仕組み」です。オブジェクト指向では「モノの種類」はクラスのことですから、表現を変えると「似たもの同士のクラスの共通点と相違点を整理する仕組み」とも言えます。

先ほどのクラスとインスタンスは、集合と要素の関係に相当すると説明しましたが、この継承は全体集合と部分集合に相当します。

現実世界でもこうした関係はたくさん見つかります。たとえば**図2.3**に示す動物の分類です。動物には、哺乳類、鳥類、昆虫類、は虫類、両生類、魚類などがあり、それらはさらに細かい種に分類できます。

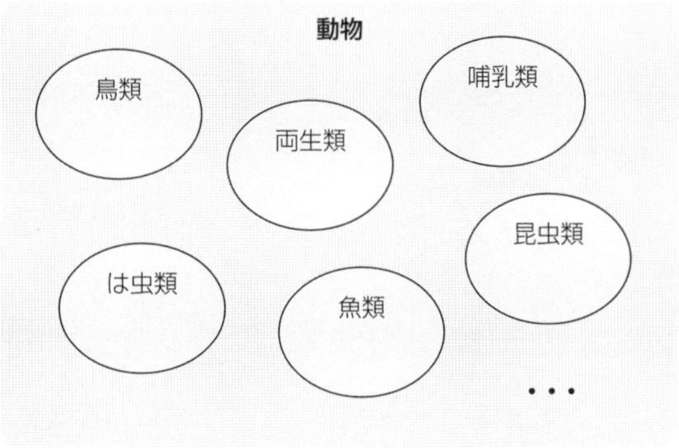

図2.3　動物の分類

オブジェクト指向では、全体集合を**スーパークラス**、部分集合を**サブクラス**と呼びます(これは集合論において、スーパーセット、サブセットと呼ぶのと同様です)。

この継承関係は、動物の分類体系だけでなく、医師を内科医、外科医、眼科医、歯科医に分類したり、会社員を営業職、技術職、事務職に分類したりと、現実世界のさまざまな状況に当てはめることができそうです(**図2.4**)。

さて、プログラミングの説明に進みましょう。

Javaなどのオブジェクト指向プログラミング言語では継承をそのまま記述することができます。具体的には、スーパークラスには全体集合で共通の性質を定義し、サブクラスには部分集合に固有の性質を定義します。こうすることで、よく似てはいるものの微妙に違いがあるクラスの共通点と相違点を無駄なく定義できます。そしてこのように共通の性質をスーパークラスに定義しておくと、サブクラスを楽に作成することがで

図2.4　たとえ話による継承の説明

きます。

動物の分類をプログラムに書いてみましょう。**リスト2.6**を見てください。ここではAnimal（動物）、Mammal（哺乳類）、Bird（鳥類）の３つのクラスを定義しています。MammalとBirdクラスの定義で“extends Animal”と書いてあるのは、Animalクラスを継承することの宣言です。これにより、Animalクラスで定義した性質（ここではmove、cryという２つのメソッド）が自動的にMammalとBirdにも定義されたことになります。

リスト2.6　継承のサンプルコード

```
// 動物クラス
class Animal {
  void move(){ /* ロジックは省略 */ }  // 行動する
  String cry(){ /* ロジックは省略 */ }  // 吠える／鳴く
}
// 哺乳類クラス（動物クラスを継承する）
class Mammal extends Animal {
  void bear(){ /* ロジックは省略 */ }  // 出産する
}
// 鳥クラス（動物クラスを継承する）
class Bird extends Animal {
  void fly(){ /* ロジックは省略 */ }  // 飛ぶ
}
```

つまり、共通の性質である「行動する」「吠える／鳴く」は、動物クラスに定義し、固有の性質である「出産する」は哺乳類クラスに、「飛ぶ」は鳥クラスに定義するというわけです。

比喩を強調した説明は混乱を招きやすい

さて、いかがだったでしょうか。クラス、ポリモーフィズム、継承という、オブジェクト指向プログラミングの三大要素を現実世界になぞらえて説明してみました。

OOPの仕組みはこんなふうに説明することで、印象的に伝えることができます。

しかしその一方で、比喩を強調しすぎると、比喩ばかりが強烈な印象として残ってしまい、プログラミング言語としてOOPの何が便利なのか、どんな場面で活用すればよいのかはきちんと伝わりません。現実世界とOOPの仕組みがよく似ているのだから、上流工程をオブジェクト指向で整理して、それをそのままプログラミングすればうまくいくのではないかと考えさせてしまったりします。

しかし実際に、「コンピュータの中で営業員オブジェクトと顧客オブジェクトが交渉して、商品オブジェクトを売買するようにソフトウエアを作ろう」などと考えてやってみると、ほとんどの場合うまくいきません。デザインパターンやクラスライブラリなどの、プログラミングから派生した技術も、現実世界と対比させようとするとうまく説明できません。すべてを現実世界に当てはめて概念的にとらえようとすると、オブジェクト指向はよくわからない技術に思えて混乱してしまうでしょう。

オブジェクト指向と現実世界は似て非なるもの

実際には、オブジェクト指向と現実世界は似て非なるものです。それでは、いったい何が違うのかを具体的に見ていきましょう。

まずはクラスとインスタンスです。先ほどクラスは種類で、インスタンスは具体的なモノであると説明しました。そして現実世界の例として、クラスとして犬、インスタンスとしてポチやタローの例を挙げました。ここまでは大丈夫です。しかし問題はその先です。

リスト2.1と2.2を見ると、オブジェクト指向の世界では、最初にクラスを定義し、そこからインスタンスを作る仕組みになっています。

しかし当たり前の話ですが、現実世界で犬が生まれるのは、メス犬が出産するからで、犬クラスから作るわけではありません。

基本的に、オブジェクト指向と現実世界では、クラスの位置づけが大きく違います。オブジェクト指向におけるクラスは、インスタンスを作るための仕組みであり、インスタンスが帰属するクラスは1つだけです[*3][*4]。しかし現実世界では先に具体的なモノ（インスタンス）があり、それを見る側の立場や興味の違いによって、いろいろな基準で分類（クラス）します。

メッセージパッシングも現実世界とまったく同じではありません。先ほどはポリモーフィズムの説明で、「泣け（鳴け）」というメッセージを送ると、赤ん坊は「オギャー」、犬は「ワン」、カラスは「カー」と応えると説明しました。しかし実際には、現実世界の人や動物は相手からの指示で動くわけではありません。人や動物は自らの意思で泣（鳴）きますし、相手から「泣け（鳴け）」と指示されてもその通りに行動するとは限りません。

オブジェクト指向の世界では、あらかじめすべての行動をメソッドとして準備しておく必要があります。そしてメッセージパッシングによってメソッドを呼び出すことで、物事が動き始めます。この世界では、指示に決して逆らわないのがお約束ごとです[*5]。

プログラミングのための仕組みと割り切って理解する

ここで紹介した、クラス、ポリモーフィズム、継承は、ソフトウエアの保守性や再利用性を向上させるための仕組みと割り切るべきです。クラスは、変数とサブルーチンをひとまとめにして独立性の高い部品を作

＊3　あるインスタンスが（継承関係ではない）複数のクラスに帰属できることを「多重分類」と呼びます。基本的にオブジェクト指向言語ではこの多重分類をサポートしません。また、あるインスタンスが別のクラスにくら替えできることを「動的分類」と呼びます。ほとんどのオブジェクト指向言語ではこの動的分類をサポートしません。

＊4　JavaScript（ジャバスクリプト）のようなプロトタイプベースのオブジェクト指向言語では、クラスがなくてもインスタンスを作れます。詳しくは第10章のコラムを参照してください。

＊5　このような受動的な性質しか持たないオブジェクト指向の限界を打ち破る技術として、能動的に振る舞う「エージェント」によってソフトウエアを構成する「エージェント指向」と呼ぶ技術がひと頃注目されました。しかし、そのコンセプトを具体的に実現するプログラミング言語はまだ現れていません。

る仕組みであり、ポリモーフィズムと継承は、コードの重複を排除して汎用性の高い部品を作る仕組みです。またインスタンスは実行時にインスタンス変数をコンピュータ内のメモリに展開したものです。これらを使いこなすことで、従来よりも保守に強く再利用しやすいソフトウエアを作ることができます。

混乱を避けるために、現実世界になぞらえた説明はあくまで比喩と割り切ったうえで、プログラミングのための仕組みとして理解するのがおすすめです。プログラミングの機能については「第4章 OOPは無駄を省いて整理整頓するプログラミング技術」で、実行時の仕組みについては「第5章 メモリの仕組みの理解はプログラマのたしなみ」で詳しく説明します。

そもそもソフトウエアは現実世界をそのまま表現しない

さて、ここまでの話で「たしかにオブジェクト指向の仕組みが現実世界と違うことはわかった。それでもよく似ているんだから、現実世界をそれなりに表現できるのではないだろうか」――そんなふうに思った方がおられるかもしれません。

実は、ここにはもうひとつ議論すべきことが残っています。それはシステム化範囲、すなわち「ソフトウエアが現実世界の仕事のどこまでをカバーするのか」という議論です。

結論から言うと、ほとんどのソフトウエアがカバーするのは人間の仕事の一部でしかありません。コンピュータがもっとも得意とするのは、大量の情報を記録してそれを瞬時に取り出す「覚える仕事」と、給与計算や利息計算のように手順の定まった処理を正確に実行する「決まり切った仕事」です。たいていのソフトウエアはこうした性質の仕事だけをカバーするため、コンピュータを導入してもたくさんの仕事が人間に残されます。そもそもコンピュータが現実世界の仕事をまるごと置き換えるわけではないので、「オブジェクト指向で現実世界をそのままプログラムに表現できるかどうか」を議論することにさほどの意味はありません。なお、このテーマについては「第9章 現実世界とソフトウエアのギャップを埋めるモデリング」で詳しく議論します。

現実世界と似ていることが可能性を広げた

この章では、オブジェクト指向が現実世界とは似て非なるものであることを説明してきました。このことはオブジェクト指向の理解を妨げる混乱要因になった一方で、この技術の可能性を広げる原動力にもなりました。

オブジェクト指向が業務分析や要件定義などの上流工程に応用されたのは、クラスとインスタンス、継承、メッセージパッシングといった仕組みが、現実世界の様子を彷彿とさせるものだったことが大きな理由でしょう。そして、抽象的な「オブジェクト指向」というコンセプトが人々のイマジネーションを刺激し、哲学や認識論に拡張しようとする人たちも現れました。一方で、実際のソフトウエア開発の分野では、OOPの仕組みを使ったフレームワークやクラスライブラリなどの大規模な再利用部品群が登場し、デザインパターンのような優れたアイデアも生まれました。これらが渾然一体となって「オブジェクト指向」というコンセプトの魅力を高め、IT業界のバズワードとしても使われるようになりました。なおフレームワークやデザインパターンなどのOOPが可能にした再利用技術については「第6章 OOPがもたらしたソフトウエアとアイデアの再利用」で、オブジェクト指向がプログラミングの枠を超えて整理術として応用されたことについては「第7章 汎用の整理術に化けたオブジェクト指向」で議論します。

COLUMN

オブジェクトの向こう側

バズワードになったオブジェクト指向

IT 業界では毎年のように、技術トレンドを表す新しい言葉が生まれています。こうした言葉には 2000 年以降に流行したものだけでも、ユビキタス、Web 2.0、SaaS、ビッグデータ、SOA、クラウドコンピューティング、DX などがあります。

このような言葉は、しばしばバズワード（buzzword）と呼ばれます。英単語の buzz は、蜂や機械がブンブンうなり続ける様子を表すため、「うっとうしい」「耳障りな」といったニュアンスを含むのでしょう。

バズワードには市場を作り出す役目があります。潜在的なニーズと技術の可能性をうまくとらえた言葉は顧客の関心を集めるため、ベンダーは製品やサービスのマーケティングに利用し、イベント会社はセミナーのテーマに取り上げ、マスコミは出版物で流布します。こうした動きが活発になると、関連する製品やサービスも充実し、さらに多くの顧客の関心を集めて、業界全体を巻き込む大きなムーブメントになることもあります。

しかし多くの場合、バズワードの寿命はさほど長続きしません。たいていは半年ぐらいで、3 年も持てば長持ちの部類に入るでしょう。

バズワードの寿命は、そのコンセプトがどれだけ魅力を持っているかに依存しますが、あわせて技術がどこまで成熟しているかにも依存します。第 2 章のウォーミングアップで取り上げた「ネオダマ」のように、対象とする技術が一般的に普及してしまうことで寿命が終わるものもあれば、「人工知能」のように、その時々の技術の発展状況に応じて表舞台に出たり消えたりを繰り返すものもあります。

＊　＊　＊

「オブジェクト指向」もバズワードのひとつと見ることができます。元をたどれば 1960 年代に誕生した古い技術ですが、2000 年以降に Java と .NET が企業システム開発の分野で主役になったことで、マーケティングやセールス目的でも時々使われるよう

になりました。

オブジェクト指向はプログラミング言語や設計手法などをカバーする開発技術であり、主にシステムを「作る人」のためのものです。システムを「使う人」には直接のメリットがないため、ユーザー企業向けのマーケティング用語としての訴求力は、さほど強くありませんでした。

その一方で、少なからぬ「作る人」、すなわち開発者にとっては、大きな魅力を持つ言葉でした。クラスや継承、ポリモーフィズムなどの独特な仕組みに加えて、Smalltalk や Java に備わる Object クラスを頂点としたクラスライブラリなどは、従来のプログラミング環境に慣れた人たちにとって、風変わりで摩訶不思議に思える仕組みだったはずです。デザインパターンや UML モデリング、アジャイル開発手法なども、多くの開発者の関心を集めました。そして、哲学的な響きを持つ「オブジェクト指向」というコンセプトが対象領域を広げたことで、全体像は把握しづらくなりました。

こうした状況の中で、開発者向けに製品やサービスを提供する人たちは、ときに「オブジェクト指向」を“魔法の技術”の意味を含んだセールス用語として利用しました。

「オブジェクト指向が現実世界をそのままソフトウエアに表現する技術である」という解釈は、この技術に触れた開発者の驚きから生まれ、さまざまな人たちの利害や思惑も取り込みながら広まっていったように思います。

第3章

この章のキーワード

機械語、アセンブリ言語、高級言語、
構造化プログラミング、GOTO文、
グローバル変数、ローカル変数

OOPを理解する近道はプログラミング言語の歴史にあり

ウォーミングアップ

本文を読む前に、ウォーミングアップとして以下のクイズに挑戦してください。

クイズ

次の中で、1960年代後半に開かれたNATO（北大西洋条約機構）の国際会議で「ソフトウエア危機」として宣言された内容はどれでしょうか。

ア．20世紀末にはコンピュータ関連の事業に従事する人口が増える一方で、農業や水産業に従事する人口が減るため、食糧危機が深刻になる
イ．20世紀末には世界の総人口がプログラマになっても、増大するソフトウエアへの需要に追いつかない状態になる
ウ．20世紀末には全世界のコンピュータがネットワークに接続される一方で、コンピュータウイルスによる被害が甚大になる
エ．20世紀末にはソフトウエアの違法コピーが横行し、ライセンス販売がビジネスとして成り立たなくなる

答え

イ．20世紀末には世界の総人口がプログラマになっても、増大するソフトウエアへの需要に追いつかない状態になる

解説

「ソフトウエア危機（software crisis）」は、増大するソフトウエア開発への需要に対して供給能力が追いつかない状況を指す言葉で、1968年に西ドイツのガルミッシュで開かれたNATO（北大西洋条約機構）主催の国際会議で宣言されました。

あわせてこのときに「ソフトウエア工学（software engineering）」という言葉も作られ、品質の高いソフトウエアを効率的に開発するための各種の手法やプログラミング技法の研究が学問として成立しました。

なお本書では、この「ソフトウエア工学」という言葉が、学問的な堅いニュアンスを持つため、代わりに「ソフトウエア開発技術」という言葉を使っています。

この章のポイント

さっそくOOP（Object Oriented Programming：オブジェクト指向プログラミング）の話に入りたいところですが、その前にこの章ではOOPが登場する以前のプログラミング言語の話をしたいと思います。

OOPの仕組みは洗練されていますが、一方でかなり複雑なものになっています。このため、その仕組みがどういうもので、かつそれが何のためにあるのかを理解するのは必ずしも簡単ではありません。しかしOOPを理解するための近道があります。それはOOP以前のプログラミング技術で何ができて、どこが限界なのかを先に押さえてしまうことです。

そこでこの章では、機械語からアセンブリ言語、高級言語、構造化言語までのプログラミング言語の進化の歴史をたどることにします。「急がば回れ」「故きを温ねて新しきを知る」という格言もあります。きっと新しい発見があると思いますよ。

OOPは必然性を持って登場した

オブジェクト指向言語が普及し始めた頃には、それ以前のものとはまったく異なる新しい開発技術だと説明されることがよくありました。しかし実際には、OOPはそれ以前のプログラミング技術を基礎として、その欠点を補うための技術と考える方が自然です。連綿と続いてきたプログラミング技術の工夫と改良の歴史の中で、必然性を持って登場したものと言ってもよいでしょう。そして「オブジェクト指向」という枠組みでくくられるその他の技術も、OOPを発展、応用させたものであると共に、それ以前の優れた開発技術の延長線上にあるものばかりです。

そこでこの章では、OOPの仕組みの説明に入る前段階として、OOP以前のプログラミング言語、すなわち機械語から構造化プログラミングまでの進化の歴史を簡単に振り返ることにします。これをきちんと理解できれば、オブジェクト指向が品質の良いプログラムを高い生産性で作るための実践的な技術であるときっと納得できることでしょう。

黎明期には機械語でプログラムを書いていた

コンピュータは2進数で書いた**機械語**しか解釈できません。そしてその機械語に何の疑問も持たずに、猛烈なスピードで実行するだけの機械です。このため、コンピュータに思いどおりの仕事をさせるためには、最終的に機械語で書いた命令群を用意してやらなければなりません。幸いなことに現在ではJavaやC言語、あるいはCOBOL、FORTRAN、さらにはPythonやPHPといったプログラミング言語があるため、プログラマが機械語を意識する場面はほとんどなくなりました。しかし、コンピュータが初めて登場した1940年代の頃にそんな便利なものはなく、プログラマ自身が機械語を使って1行1行プログラムを書かなければなりませんでした。

リスト3.1に機械語で書いた16進数表現によるプログラムの例を示します。

リスト3.1　機械語によるプログラム例

```
A10010
8B160210
01D0
A10410
```

ここにはごく簡単な算術計算を実行する命令が書かれているだけですが、これを見ても何が書いてあるのかさっぱりわかりませんよね。コンピュータの黎明期は、こうした機械語を使いこなせる、ごく限られたスーパープログラマだけがコンピュータを操れる時代だったというわけです。余談ですが、当時のコンピュータは真空管を使って作られており、あまりに巨大なため、コンピュータを作る前に、それを収納する建物の建設から始めたという話を聞いたこともあります。それでも今のPCよりずっと能力が低いというのだから驚きです。そんな時代だから、機械語で地道にプログラムを書いても間に合ったのでしょう。

プログラミング言語の最初の一歩はアセンブリ言語

そこでこうした非効率なプログラミングを改善するためにアセンブリ言語が登場しました。アセンブリ言語では、無機質な機械語を人間がわかりやすい記号に置き換えて表現します。先ほどのリスト3.1をアセンブリ言語で書き換えると**リスト3.2**のようになります。

リスト3.2　アセンブリ言語によるプログラム例

```
MOV      AX, X
MOV      DX, Y
ADD      AX, DX
MOV      Z, AX
```

まだこの記述レベルでは、専門家でないかぎり、プログラムの内容を把握することは難しいでしょう。しかしアセンブリ言語を知らないプログラマでも、リスト3.2を眺めて多少の想像力を働かせれば、MOVは何かの情報の移送で、ADDは足し算であることが理解できそうです。

このアセンブリ言語こそがプログラミング言語の最初の一歩でした。アセンブリ言語を使って書いたプログラムは、それをコンパイルするアセンブラと呼ばれる別のプログラムに読み込ませて機械語を生成します。もともとコンピュータは人間の仕事を楽にするために考案された機械ですが、それを動かすプログラムを作る仕事もまた、コンピュータを使って楽に行おうとしたわけです。この発明のおかげでプログラムは格段にわかりやすくなりました。また間違いも減り、後からの修正も非常に楽になりました。

しかしアセンブリ言語によるプログラミングでは、命令をほんの少し間違えただけでもプログラムは暴走してしまいました。またわかりやすくなったとはいえ、コンピュータの実行命令を一つひとつ指定するプログラミングは非常に煩わしいものでした。

高級言語の発明でプログラムはより人間に近づいた

そこで次に、より人間に親しみやすい表現形式でプログラムを書くための**高級言語**が発明されました。高級言語では、コンピュータが理解する命令を一つひとつ記述するのではなく、より人間にわかりやすい「高級な」形式で表現します。

リスト3.2を**FORTRAN**で書くと**リスト3.3**のようになります。

リスト3.3　FORTRANによるプログラム例

```
Z=X+Y
```

リスト3.2とリスト3.3を比べてみれば、高級言語の便利さは明らかです。リスト3.3のプログラムは数学の計算式とよく似た形式をしていますから、プログラムをまったく書いたことがない人でも理解できるでしょう[*1]。こうした高級言語は、コンピュータが登場して間もない1950年代にはすでに考案されていました。今でも現役で使われているFORTRANが登場したのは1957年、**COBOL**は1960年だそうです。技術革新の速いコンピュータ業界でこんなにも長い間使われてきたわけですから、実にすごい発明です。

高級言語の登場により、プログラミングの生産性や品質は大きく向上

＊1　実際には数式と同じではありません。プログラミング経験のない人がリスト3.3の式を見たら両辺の値が同じことを意味する方程式と解釈することでしょう。しかしこのイコール記号は右辺から左辺への代入を意味します。

しました。しかし、それ以上にコンピュータの普及と発展のほうが爆発的に進んだため、生産性向上に対するニーズは収まりませんでした。1960年代後半にはNATO（北大西洋条約機構）の国際会議で、「20世紀末には世界の総人口がプログラマになっても、増大するソフトウエアへの需要に追いつかない」という、**ソフトウエア危機**が宣言されたほどです。

わかりやすさを重視する構造化プログラミング

このソフトウエア危機に対応するため、さまざまなアイデアや新しいプログラミング言語が提案されました。

その中で当時最も注目を集めたのが**構造化プログラミング**です。

構造化プログラミングは、オランダ人の学者であるエドガー・ダイクストラ氏[*2]によって提唱されました。基本的な考え方は「正しく動作するプログラムを作成するためには、わかりやすい構造にすることが重要である」というものです。

具体的な方法として、プログラムをわかりづらくしている元凶である**GOTO文**[*3]を廃止して、ロジックを順次進行、条件分岐、繰り返しの3つの構造だけで表現することを提唱しました（**図3.1**）。

1つめの順次進行は文字通りプログラムに書かれた命令を上から順に次々と実行させることです。2つめの条件分岐は何らかの判定を行い、その結果によって次の命令を決めることを指します。if文やcase文のことと言えば、プログラミング経験のある方ならすぐおわかりでしょう。3つめの繰り返しは、一定回数またはある条件が成立する間は特定の命令群を繰り返し実行することです。一般的なプログラミング言語の命令ではfor文やwhile文が該当します。これら3つを合わせて**基本三構造**と呼び

＊2　プログラミング言語に関する研究業績により、情報技術分野のノーベル賞と言われるACMチューリング賞を1972年に受賞しています。

＊3　プログラム内の任意のラベルに無条件で分岐する命令です。Javaにはありませんが、C言語やC++には備わっています。

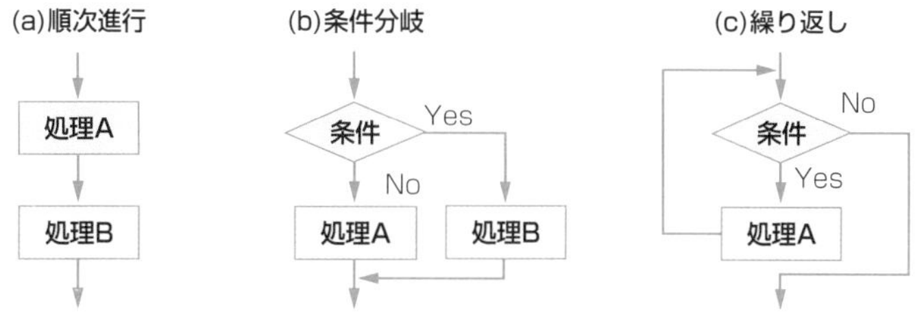

図 3.1　基本三構造

ます。この理論は非常に強力でありながら、シンプルで受け入れやすかったため、幅広く支持されました。

また構造化プログラミングはGOTO文の廃止を主張したことから、別名**GOTOレスプログラミング**とも呼ばれます。GOTO文を使わないことは、今ではほとんどのプログラマにとって常識になっていることでしょう。しかし1970年代当時はメモリ容量やCPU速度などハードウエア能力が貧弱だったことから、1バイトでも小さく、1ステップでも短いプログラムを書くことが推奨されていました。このためプログラムはしばしばトリッキーになりました。特にGOTO文を乱用してしまうと、プログラムの全体構造がごちゃごちゃして非常に理解しづらくなりました。現在でもわかりづらいプログラムのことをスパゲッティコードと言いますが、そもそもはGOTO文を使いすぎて、制御の流れがまるで絡み合った麺のようになってしまった状態を表現したことに始まります。

こんな時代だったため、当初は構造化プログラミングに対しても、プログラムサイズの増大や実行速度の遅延を招くという批判があったそうです。しかし時代が進み、ハードウエア能力が進歩したことから、わずかな実行効率の改善は、システム全体から見れば無駄な努力となってしまい、それよりもわかりやすいプログラムを書くことのほうが重要な課題になりました。

サブルーチンの独立性を高めて保守に強くする

もうひとつこの当時、プログラムを保守に強くするために工夫されたのが、**サブルーチン**[*4]の独立性を高めることです。

サブルーチンはコンピュータの黎明期である1940年代にはすでに発明されていました。この仕組みは、プログラムの複数の場所に現れる同じ命令の並びを1カ所にまとめて、プログラムサイズを小さくし、プログラム作成の手間を減らすためのものです。しかしこの時代になると、たんに同じ並びを持つ命令文を1つにまとめるだけでは不十分で、プログラムの保守性を高めるためにはサブルーチンの独立性を高めることが重要だと認識されてきました。

サブルーチンの独立性を高める方法は、呼び出し側(メインルーチン)とサブルーチンで共有する情報を少なくすることです。共有する情報とは、変数に格納されるデータを指します。複数のサブルーチンが共有するこうした変数のことを**グローバル変数**と呼びます。

プログラムのロジックは順番に追いかけていけば解読できます。しかし変数はプログラムのどこで参照されているのかをひと目で見分けるのが困難なため、多くの変数が定義されているプログラムの保守は難しくなります。特にグローバル変数は、プログラム全体のどこからでもアクセスできるため、デバッグ時に変数の内容が不正なことがわかったりすると、すべてのソースコードを調べなければなりません。このため、こうしたグローバル変数をいかに減らせるかが、全体の保守性を向上させるために重要だと認識されてきました。

具体的に説明しましょう。**図3.2**を見てください。ここではA、B、C

*4　サブルーチンは、プロシージャ、関数、副手続きなどさまざまな呼び名がありますが、本書では中でも最もコンピュータ用語らしい「サブルーチン」を使います。

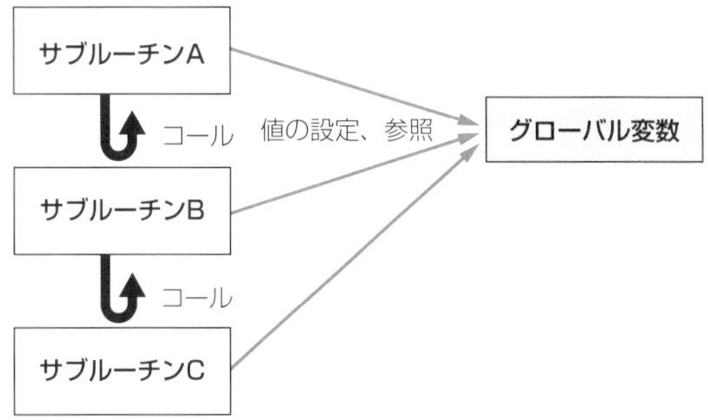

図 3.2　グローバル変数による情報の受け渡し

という3つのサブルーチンがあり、それぞれの間ではグローバル変数を使って情報をやりとりしています。こうした構造では、どのサブルーチンがグローバル変数をどういうタイミングで変更したり参照したりしているのかがわかりづらくなります。グローバル変数はプログラムのどこからでもアクセスできる可能性があるため、なんらかの事情でグローバル変数を変更する場合にはプログラムのすべてのロジックを確認しなければなりません。この例のようにサブルーチンが3つしかなく、ロジックも短ければたいした問題にはならないでしょう。

しかし数百から数千のサブルーチンを含むような本格的なアプリケーションにおいては、グローバル変数の変更は深刻な問題になります。人手で影響を調べるのが大変なのは当然ですが、当時のマシン能力では、コンピュータを使って調べることもきわめて困難でした。何しろ当時は、ちょっとしたアプリケーションでも全体をビルドするのに数時間かかるのが当たり前だったため、グローバル変数の変更による影響をビルドで確認するためには、ひと晩待つ必要があったからです。

こうした問題を避けるために2つの仕組みが考案されました。ひとつが

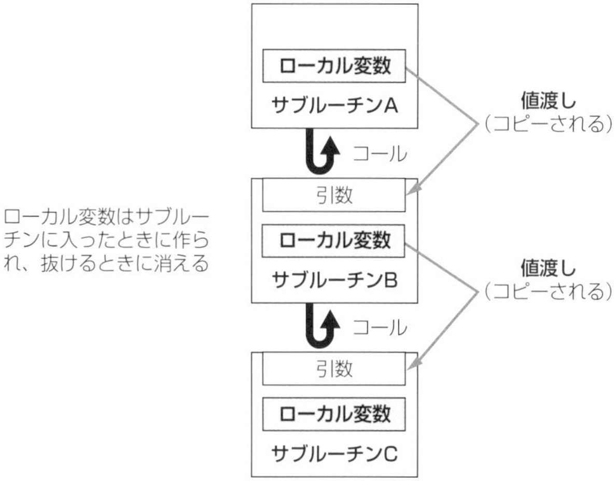

図 3.3　ローカル変数と引数の値渡しによる情報の受け渡し

ローカル変数[*5]で、もうひとつが**引数の値渡し**(call by value)です(**図 3.3**)。

ローカル変数はサブルーチンの中だけで使われる変数です。この変数はサブルーチンに入ったときに作られて、サブルーチンから抜けるときには消える性質を持ちます。

もうひとつの値渡しは、サブルーチンに引数として情報を渡す際に、呼び出し側が参照している変数を直接使わずに、値をコピーして渡す仕組みです。サブルーチンの処理結果も**戻り値**として値渡しでやりとりすることで、呼び出し側が参照している変数に影響を及ぼさないようにします。この仕組みを使えば、呼び出されたサブルーチン側で受け取った引数の値を変更しても、呼び出す側が参照している変数に影響を与えることがなくなります。

*5　「局所変数」「自動変数」などと呼ばれることもあります。

ローカル変数と値渡しの仕組みは、グローバル変数の使用を最小限にし、サブルーチン間で共通にアクセスする変数を減らすためのものです。この仕組みをうまく使うことで、サブルーチンの独立性を高めることが可能になります。

GOTOレスプログラミングを実現する構造化言語

構造化プログラミング理論の浸透に合わせて、これに基づくプログラミング言語、すなわち**構造化言語**が登場しました。代表的なものにALGOL（アルゴル）、Pascal（パスカル）、C（シー）言語があります。

構造化言語では、if文やcase文、while文、for文などの命令を使って、明確な制御構造を記述できるようになりました。これは今となっては当たり前に思えるかもしれません。しかし、それまで主流だったCOBOLやFORTRANなどでは、必ずしも基本三構造を素直に記述できない文法だったため、こうした言語の登場は大きな進化でした（現在では、その後の言語仕様の改訂によりCOBOLやFORTRANでも基本三構造を明示的に記述できるようになっています）。

ところで構造化プログラミングは別名GOTOレスプログラミングと呼ばれますが、面白いことにPascalやC言語ではGOTO文が用意されています。これはGOTO文による制御構造の記述に慣れ親しんだプログラマへの配慮に加えて、実行効率とのトレードオフでどうしてもGOTO文を使いたい場合の逃げ道を用意する意図もあったようです。コンピュータの能力が向上したとはいえ、わずかな実行効率の考慮が幅を効かせる時代でした。

また構造化言語は、先ほど説明した変数定義を局所化するローカル変数や引数の値渡しの機能も提供しました。これらの仕組みも現在ではほとんどのプログラミング言語が採用しています。

構造化言語で最も有名な言語といえば、なんと言っても**C言語**でしょう。C言語は構造化プログラミングの機能を完全にサポートしたことに加えて、従来はアセンブリ言語でしかできなかったビット演算や、メモリ領域を効率的に使用するためのポインタなどのきめ細かな機能を備えていました。このためUNIX OSの記述言語に使われるなど、アプリケーション開発からシステムプログラミングまで幅広く使われました。

C言語のもうひとつの特徴は、プログラミングに必要な機能のすべてを言語仕様で提供せずに、関数ライブラリで組み上げるようにしたことです。例として、C言語では書式付きで文字列を出力する機能をprintf関数で実現していますが、COBOLやFORTRANでは言語仕様として対応しています。この仕組みにより、言語コンパイラを改良しなくても、言語仕様レベルの機能追加ができるようになりました。これは、現在のJavaなどのオブジェクト指向言語にも引き継がれている重要な考え方です。

現在広く使われているJavaやC++、C#は、C言語の直系の子孫であり、多くの性質を受け継いでいます。

進化の方向は保守性と再利用性重視に変化した

ここまでのプログラミング言語の進化の歴史をまとめてみましょう。

機械語からアセンブリ言語、高級言語までの進化では、プログラミング言語の表現力向上、すなわち「コンピュータにやらせたい仕事を、いかに簡単に、かつ人間に親しみやすい方法で表現するか」を追求してきました。このため代表的な高級言語であるFORTRANは数式で、COBOLは英文の報告書の形式でプログラムを記述するというコンセプトで作られていました(COBOLでは全体構造が4つのDIVISION(部)に分かれており、その下にSECTION(節)を配置する構成になっています)。人間に親しみやすい形式でプログラムを書くという目的は、この時代にほぼ達成できたと言ってもよいでしょう。しかし残念ながら、それだけではソ

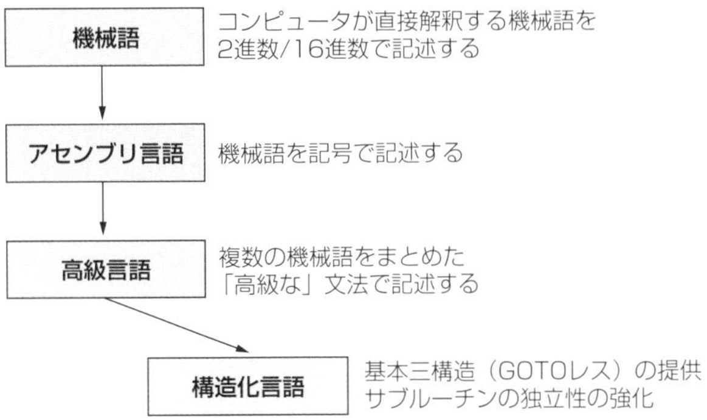

図3.4　プログラミング言語の進化の方向

フトウエア危機を救えませんでした。

　このため次の構造化言語への進化では、違った方向を目指す必要がありました（**図3.4**）。これをひと言で表現すれば「保守性を向上させるための進化」となります。GOTOレスプログラミングやサブルーチンの独立性を高める仕組みは、新規に作ることよりも、できあがったプログラムの理解しやすさや修正しやすさに配慮した機能です。

　この背景には、プログラムの寿命が最初の想定よりも長くなったことがあります。コンピュータが登場した当初は、毎回ゼロからプログラムを作り直していました。しかしソフトウエアに対する要求がどんどん膨らみ、プログラムの規模が大きくなってくると、毎回すべてを作り直していたのでは間に合わなくなりました。このため、できあがったプログラムに修正を加えながら対応するケースが増えてきました。

　プログラムの寿命が想定よりも長くなったことの例としては、20世紀末に世界中を騒がせた**西暦2000年問題**が挙げられるでしょう。当時は多くのプログラムが年号を2桁で表現していたため、政府や金融機関を初めとする多数のシステムが西暦2000年に誤動作し、社会が大混乱する可能性がある、と大きな問題になりました。対象のプログラムはアプリケーションだけでなく、コンピュータメーカーが提供するOSや基本ソフトなど多岐にわたっていました。しかし後から考えてみれば、なぜこんな単純なことに誰も気づかなかったのかと不思議に思えるような話です。確かに当時はメモリが非常に高価だったために、2バイトの無駄遣いも無視できなかったのでしょう。しかし筆者はそれ以上に、この問題の原因はプログラムの寿命に対する認識違いにあるのではないかと想像しています。

問題になったプログラムの多くは汎用機やUNIXで動くOSなどの基本ソフトで、それらの初期バージョンは1960年代から1970年代初頭にかけて作られました。このときプログラマは自分の書いたプログラムの寿命を5年、せいぜい10年ぐらいと考えていたのではないでしょうか。何しろ21世紀といえば、鉄腕アトムが空を飛び、気軽に宇宙旅行ができることが期待されていた時代です。そんな遠い未来になっても、自分の書いたプログラムが修正を加えて使い続けられることなど、想像を絶する出来事だったのではないでしょうか。

このようにプログラムの寿命が延びた結果、プログラミング言語に求められる機能も変わってきました。最初は機械語の命令を簡単に表現することでしたが、それが一段落ついた後は、できあがったプログラムを理解するための機能（保守性向上）や、複雑さを避け、間違いを起こさないようにする機能（品質向上）を重視するようになりました。また実績のあるプログラムを使い回して全体の生産性を上げること（再利用促進）も重要になってきました。

これをまとめると**図3.5**のようになります。

残された課題はグローバル変数問題と貧弱な再利用

構造化プログラミングはプログラマにとって常識になりました。今で

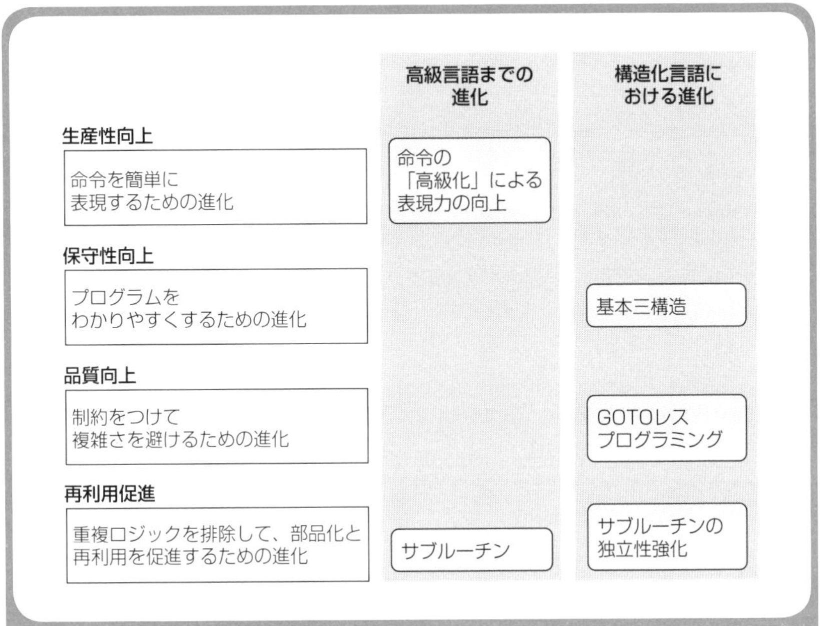

図 3.5　プログラミング言語の進化（その 1）

はすっかりオブジェクト指向や関数型言語の陰に隠れてしまいましたが、以前は大学の講義や企業の新人研修などで必ず取り上げられるテーマでした。

しかし構造化プログラミングでは解決できない2つの問題が残りました。それはグローバル変数問題と貧弱な再利用です（**図3.6**）。

1つめはグローバル変数問題です。構造化言語では、ローカル変数や値渡しの仕組みを導入したため、グローバル変数経由での情報の受け渡しを必要最小限に抑えることが可能になりました。しかしローカル変数は、サブルーチン呼び出しが終わると消えてしまう一時的な変数です。サブルーチンの実行期間を超えて保持する必要のある情報はサブルーチンの外側、すなわちグローバル変数として保持せざるをえませんでした。

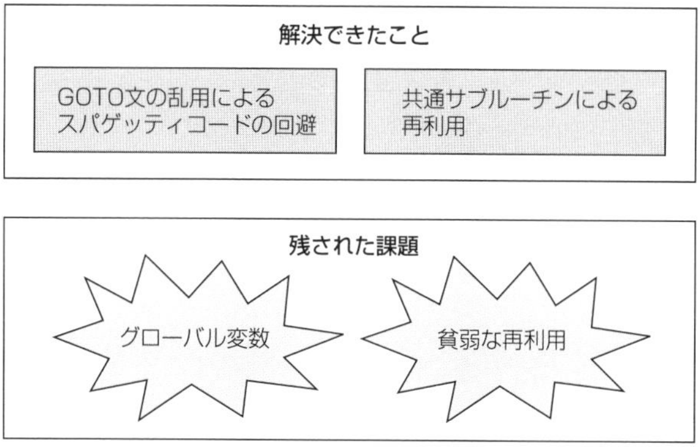

図 3.6　構造化プログラミングで解決できたことと残された課題

GOTO文の乱用はプログラムの可読性を著しく悪化させますが、それでもそのロジックが書いてある部分だけに限定できます。しかしグローバル変数は、潜在的にプログラムのどこからでも使われる可能性があるため、何らかの事情でグローバル変数を変更するときには、影響範囲を確かめるためにロジックをすべて調べなければなりません。プログラムのサイズが大きくなればなるほど、このグローバル変数の問題は深刻になります。構造化言語ではこの問題を避けることが困難でした[*6]。

もう1つの問題は貧弱な再利用です。構造化言語で再利用できるのはサブルーチンでした。この時代には、コード変換や入出力処理、数値計算、文字列処理などの汎用ライブラリが提供され、基本的な処理については既存のプログラムを再利用することがある程度可能になりました。しかしそれでも増大するアプリケーションの規模全体からすると効果は限定的でした。

＊6　C言語ではstaticという修飾子をつけることで、グローバル変数にアクセスできる範囲を限定する機能があります。この仕組みとOOPのインスタンス変数の違いについては次章で説明します。

より大規模な再利用の必要性はソフトウエア開発者の共通認識でしたが、なかなか実現できませんでした。これは共通部品として作れるのがサブルーチンだけだったことが大きな原因でした。

こうした限界を打ち破るのがOOPです。

第1章で書いたように、OOPはすでに1967年にSimula67として姿を現していました。しかし、当時のハードウエアの能力不足やそのあまりの先進性のため、長い間一部の研究機関を中心に細々と使われていただけでした。しかし1980年代にGUI（グラフィカル・ユーザー・インタフェース）を備えたワークステーション上で動作する商用のSmalltalk（スモールトーク）が登場し、C言語の発展形としてC++が考案され、GUIライブラリの開発で柔軟性と再利用性が実証されはじめた頃から徐々に頭角を現してきました。そして1990年代のインターネットブームの中でJavaが登場してからOOPは一気に主役の座に躍り出ました。

次章はいよいよオブジェクト指向プログラミングの話に入ります。

より深く学ぶための参考書籍

高橋麻奈 著『やさしいC 第5版』(SBクリエイティブ、2017年)☆☆
柴田望洋 著『新・明解C言語 入門編』(SBクリエイティブ、2014年)☆☆
C言語を使ってアプリケーションを開発する機会は少なくなったが、コンピュータの基礎知識としてC言語の仕様は押さえておきたい。C言語の原典は、カーニハン＆リッチー著『プログラミング言語C 第2版』(共立出版、1989年)だが、数多く出版されている入門書の中でも、上記の２冊は日本人著者による定番の書籍。

矢沢久雄 著『情報はなぜビットなのか―知っておきたいコンピュータと情報処理の基礎知識―』(日経BP、2006年)☆☆
身近な例を引きながら、コンピュータと情報処理の基礎知識を気軽に読めるように解説した書籍。ビットとバイトから始まり、文字コード、アルゴリズム、統計、確率、オペレーションズリサーチ、リレーショナル理論、通信プロトコルなど幅広い分野を対象にしている。コンピュータの発展に貢献した人物の豊富な写真も掲載されている。

COLUMN

プログラミング昔話

COBOLコンパイラのニワトリとタマゴの話

筆者が若いころの話です。あるとき先輩から「COBOLコンパイラがどんなふうに書かれているか知ってるかい？」と尋ねられました。コンパイラは毎日使っていましたが、それ自体もプログラムであることはあまり意識していませんでした。また当時はコンパイラがどんなふうに作られるのかなど、まるで想像がつかなかったので、「いや、よくわかりません」と答えました。

するとその先輩は「COBOLコンパイラもCOBOLで書かれているんだよ」と少々意外なことを言いました。これを聞いたときは「ふーん。COBOLでコンパイラまで作れるのか」と思っただけでしたが、その日の帰りに電車の中で考え直してみると、この話がニワトリとタマゴ問題であることに気づいて、軽い混乱を覚えました。

もちろんこの問題の答えは簡単です。最初に作られたCOBOLコンパイラは、COBOLではない別のプログラミング言語（FORTRANなど）で書かれたというのが正解です。つまり最初のヒヨコの親はニワトリではなく別の鳥だったいうわけです。

＊　＊　＊

ここまではわかりました。でもじゃあ、そのCOBOLコンパイラを書いた別の言語のコンパイラは最初どう作ったのか？　世界初の高級言語を作ったときは？　最初のアセンブリ言語のときは？　とそのまま頭の中で考えを巡らせたら、我ながら大発見をした気がして、思わずハッとしてしまいました。

世界初の高級言語のコンパイラは、その当時の最新のプログラミング言語であるアセンブリ言語を使って書いたはずです。そして世界初のアセンブラは機械語で書いたことでしょう。無から有は生まれませんからこれは当然のことです。

つまり自分が毎日使っているコンパイラは、コンピュータの発展の歴史の

中で作り込まれた先人の知恵と工夫の賜物だったわけです。これこそ既存の道具を利用して次の道具を作り出す、人類の進化の縮図ではありませんか！

＊　＊　＊

プログラミング言語は、機械語から始まって、アセンブリ言語、高級言語、構造化言語、OOP と発展してきました。そこでは言語の文法を進化させただけでなく、コンパイラを作る際にも、その時点の最新のプログラミング言語を使って先人の業績を利用してきたわけです。

したがって、OOP の次に登場するプログラミング言語は、当然 OOP で書かれることでしょう。この先どんなプログラミング言語が登場するのか、楽しみではありませんか。

しかしどんなに優れたプログラミング言語が登場したとしても、一番偉いのは、最初にアセンブリ言語を考えて、そのコンパイラを機械語で作った先駆者でしょう。みなさんもそう思いませんか。

第4章

この章のキーワード

クラス、インスタンス、インスタンス変数、メソッド、ポリモーフィズム、継承、パッケージ、例外、ガベージコレクション

OOPは無駄を省いて整理整頓するプログラミング技術

ウォーミングアップ

本文を読む前に、ウォーミングアップとして以下のクイズに挑戦してください。

クイズ

ACM（米国計算機学会）では、計算機科学の分野で革新的な功績を残した人物に毎年「チューリング賞」という賞を贈っていますが、このチューリングという名前は何にちなんだものでしょうか。

ア．最初のコンピュータを開発したプロジェクトの名前
イ．最初にコンピュータを考案した人の名前
ウ．最初に作られたコンピュータの名前
エ．最初にコンピュータが設置された場所の名前

答え

イ．最初にコンピュータを考案した人の名前

解説

チューリング賞は、ACM（Association for Computing Machinery：米国計算機学会）が計算機科学の分野で革新的な功績を残した人物を毎年選出して贈る賞で、情報技術分野のノーベル賞とも言われる、非常に権威ある賞です。2000年以降は、オブジェクト指向技術の発展に貢献した人たちも受賞しています。

この賞は、最初にコンピュータを考案した一人と言われる、アラン・チューリング（Alan Turing）[*1]氏にちなんで命名されました。チューリング氏は数学者で、計算とアルゴリズムの概念を形式化した「チューリングマシン」を考案したことにより、「計算機科学の父」と呼ばれています。このチューリングマシンは現在実用化されているコンピュータの基本原理となっています。

なお、コンピュータは第2次世界大戦時に、ミサイルの弾道計算を主目的として、米国を中心に研究と開発が進められました。世界初のコンピュータとしてよく知られているのは1946年に公開されたENIAC（Electronic Numerical Integrator and Computer：エニアック）ですが、最初のコンピュータに関しては議論があり、現在では1937年に試作機が完成した、ABC（Atanasoff-Berry Computer：アタナソフ&ベリー・コンピュータ）が世界初のコンピュータとされています。

＊1　アラン・チューリング氏を主役にした歴史ドラマとして『イミテーション・ゲーム／エニグマと天才数学者の秘密』（原題はThe Imitation Game）というタイトルの映画が2014年（日本では2015年）に公開されています。

この章のポイント

この章ではオブジェクト指向プログラミング、略してOOP（Object Oriented Programming）の基本的な仕組みを説明します。

前半では、第2章でも紹介したクラス、ポリモーフィズム、継承の3つの仕組みを改めて紹介します。あわせて、インスタンス変数と従来のグローバル変数やローカル変数との違い、および型としてのクラスの役割についても考察します。後半では、進化したOOPの仕組みとして、パッケージ、例外、ガベージコレクションを紹介します。

ここでは、現実世界の比喩を極力使わず、純粋にプログラミング言語の仕組みとして、OOPがそれ以前の言語と比べてどう優れているのかを説明します。日頃からOOPでのプログラミングに親しんでいる人にとっては、当たり前のことを改めて文章にしているように感じられるかもしれませんが、この機会にOOPがそれ以前のプログラミング言語からどのように進化したのかを一緒に考えていただければと思います。

OOPが持つ構造化言語にはない3つの仕組み

OOPにはそれ以前のプログラミング言語にはない3つの優れた仕組みが備わっています。これは「クラス」「ポリモーフィズム」「継承」の3つで、OOPが一般に普及し始めた1990年代には、しばしばこれらをOOPの三大要素[*2]と呼んでいました。

前章の最後で、構造化言語では解決できない課題が2つあることを書きました。ひとつはグローバル変数問題で、もうひとつは貧弱な再利用です。

OOPの3つの仕組みはまさにこの課題を解決するためのものです。

＊2　OOPの三大要素は、一般的には「カプセル化」「継承」「ポリモーフィズム」と言われます。しかし、クラスの役割は「カプセル化」だけではないため、本書では「クラス」としました。

1) OOPにはグローバル変数を使わずに済ませる仕組みが備わっている。
2) OOPには共通サブルーチン以外の再利用を可能にする仕組みが備わっている。

OOPの3つの仕組みを、もう少しくだけた表現で説明すれば「プログラムの無駄を省いて整理整頓するための仕組み」と言ってもよいでしょう。

たとえて言うならば、手がつけられないほどわかりづらくなったプログラムは、散らかり放題の部屋のようなものです。必要な物がすぐに見つからないため、持っている物をまた買ってしまったり、ある場所をきれいにしようとしても、周りにある物がどんどん崩れはじめてしまったり、といった状態です。部屋をこんなふうにしないためには、日頃の心がけが大切なのはもちろんですが、不要になった物を片づける（無駄を省く）掃除機や、必要な物をきちんと収納する（整理整頓する）棚が必要になります（**図4.1**）。

OOPの3つの仕組みは、重複した無駄なロジックを排除し、必要な機能を整理整頓する仕組みをプログラマに提供します。

クラスは、関連性の強いサブルーチン（関数）とグローバル変数を1つにまとめて粒度の大きいソフトウエア部品を作る仕組みです。この仕組みを使うことで、従来はバラバラに存在していたサブルーチンとグローバル変数をまとめて整理整頓できます。ポリモーフィズムと継承は、共通サブルーチンではうまく対処できない重複したコードを一本化する仕組みです。この仕組みを利用することで、ソースコードの無駄を徹底的に省くことができます。これらの仕組みを使って汎用性の高い機能をうまく切り出せば、複数のアプリケーションにまたがる大規模な再利用も

図4.1　部屋を散らかさないためには、強力な掃除機と収納棚が必要

可能になります。

それにしてもクラス、ポリモーフィズム、継承とはずいぶん変わった名前をつけたものです。確かにこれらは、それまでのプログラミング言語にない新しい仕組みだったため、別の名前をつける必要があったのでしょう。オブジェクト指向がとっつきづらいと思われてしまう理由の一つとして、プログラミング言語の仕組みにこんな風変わりな名前がついていることがあるように思います。

しかし安心してください。これらはきわめて地に足のついた、実用的な仕組みです。そして大げさに聞こえるかもしれませんが、プログラミング言語の分野における歴史的な大発明です。その証拠にこれらの仕組みを最初に考案し、オブジェクト指向言語の元祖となったSimula67を開発したノルウェーの２人の技術者（O. J. ダール氏とK. ニガード氏）は、2001年に情報技術分野のノーベル賞といわれる**チューリング賞**を受賞しています。またその２年後には、Smalltalkを開発し、オブジェクト指向というコンセプトを提唱したアラン・ケイ氏もチューリング賞を受賞しています。

それではその大発明が実際にどんなものなのかを見ていきましょう。

OOPの仕組みは言語ごとに微妙に異なる

OOPに分類される言語としてはJava、Python、Ruby、PHP、C#、JavaScript、Visual Basic.NET、C++、Smalltalkなどたくさんのものがあり、それぞれで提供機能や文法は異なっています。ここでは簡単なJavaのサンプルコードを使ってOOPの一般的な機能を説明しますが、各プログラミング言語の詳しい仕組みについてはそれぞれの言語仕様を確認してください。

この章で例に取り上げるのは、ファイルを開く／閉じる、1文字読み込むという単純な機能を持つファイルアクセス処理です。言語にはJavaを使いますが、Javaがサポートしていない文法をあえて便宜的に使っている個所があります。したがって、このコードをJavaコンパイラにかけても通らない場合があることをあらかじめご承知おきください。

三大要素1―クラスに備わる3つの仕組み

まずは三大要素の1番目としてクラスを説明します。

ここでは、クラスの仕組みを「まとめて、隠して、たくさん作る仕組み」として説明します。

> クラスは「まとめて、隠して、たくさん作る」仕組み
>
> 1) サブルーチンと変数を「まとめる」
>
> 2) クラスの内部だけで使う変数やサブルーチンを「隠す」
>
> 3) 1つのクラスからインスタンスを「たくさん作る」

クラスの仕組み自体はそれほど難しいものではありません。しかし、それがプログラミングにもたらす効果はいろいろあります。裏を返せばそれだけ強力な仕組みであるとも言えます。これらをいっぺんに話すと、いささか混乱する可能性があるので、段階的に説明していきます。

クラスの効能1 ― まとめる

リスト4.1を見てください。ここではopenFile（ファイルを開く）、closeFile（ファイルを閉じる）、readFile（1文字読み込む）という3つのサブルーチンと1つのグローバル変数を定義しています[*3]。これから、このプログラムをクラスの機能を使って徐々に変えていきます。

リスト4.1　構造化プログラミングによるファイルアクセス処理

```
// アクセス中のファイル番号を格納するグローバル変数
int fileNum;

// ファイルをオープンするサブルーチン
// (引数にパス名を受け取る)
void openFile(String pathName){ /* ロジックは省略 */ }

// ファイルをクローズするサブルーチン
void closeFile() { /* ロジックは省略 */ }

// ファイルから１文字を読み込むサブルーチン
char readFile() { /* ロジックは省略 */ }
```

さてそれでは、最初の「まとめる」仕組みから始めましょう。

クラスにより、変数とサブルーチンをまとめることができます。ここでいう変数とはC言語やCOBOLなどにおけるグローバル変数のことです。OOPではクラスにまとめたサブルーチンを**メソッド**と呼び、グロー

＊3　ここでは、便宜的に独立したグローバル変数とサブルーチンを定義していますが、実際にはJavaの文法ではクラスに属さない変数やサブルーチンの存在を許していません。

バル変数を**インスタンス変数**（別名は属性、フィールド）と呼ぶため、以降では必要に応じてこの用語を使います。

早速リスト4.1のコードを、クラスを使ってまとめてみましょう。Javaでクラスにするには、先頭でクラス名を宣言し、まとめる範囲を中括弧でくくります。ここではテキストファイルの読み込みを目的としたサブルーチン群と変数をひとまとめにするため、TextFileReaderというクラス名にしましょう。すると**リスト4.2**のようになります。

リスト4.2　クラスを使って「まとめる」

```
class TextFileReader {
  // アクセス中のファイル番号を格納する変数
  int fileNum;

  // ファイルをオープンする
  // （引数にパス名を受け取る）
  void open(String pathName) { /* ロジックは省略 */ }

  // ファイルをクローズする
  void close() { /* ロジックは省略 */ }

  // ファイルから1文字読み込む
  char read() { /* ロジックは省略 */ }
}
```

いかがでしょう。ただサブルーチンと変数をまとめただけじゃないか、そう思われた方も少なくないでしょう。実際そのとおりです。しかしまとめて整理整頓することはそれ自体に価値があります。比喩で説明するならば、散らかった部屋を片づけるのに、大きな箱を1つだけ用意するよりも、複数の箱を用意して洋服、書籍、文房具、小物と種類別に分けて入れるほうが使い勝手が良いのと同じ理屈です。

もっともリスト4.2の例ではあまりに小さいため、まとめることの効果は実感できないかもしれません。しかし企業の基幹システムで使われるような大規模なアプリケーションを想像してみてください。こうしたアプリケーションの規模は、ソースコード行数にして数十万行から数百万行程度になることが珍しくありません。これをC言語で1サブルーチンあたり平均50～100行になるように書いたとすると、サブルーチンの数は数千から数万にもなります。これを、OOPを使って1クラスあたり平均10個のサブルーチンをまとめることができれば、全体のクラスの数は1桁減って数百から数千にできます（**図4.2**）。もちろんこれでも多すぎることには変わりありませんが、全体の部品の数を1桁削減できる効果は決し

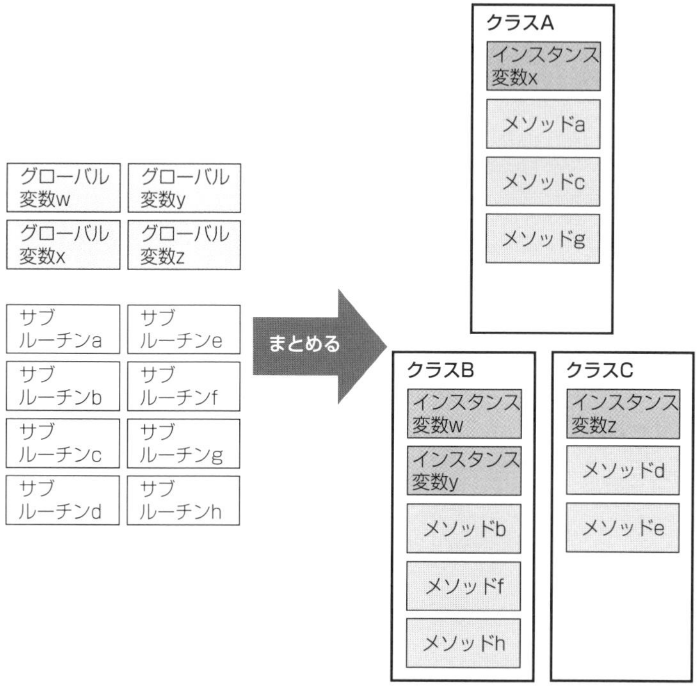

図4.2　クラスの効能１ーまとめる

て小さくないでしょう（なお、こうした大規模なソフトウエアをさらに整理整頓するために複数のクラスをグループ化する「パッケージ」という機能については後ほど説明します）。

まとめることの効果はたんに全体の部品の数を減らせるだけではありません。リスト4.1とリスト4.2をもう一度比べてみてください。実はクラスにまとめる際に少しだけ変更を加えています。これが何か気づいたでしょうか。

そう、サブルーチンの名前を変えました。リスト4.1のときは、サブルーチンの名前はopenFile、closeFile、readFileとなっており、Fileがついていました。しかしリスト4.2では、Fileを取ってopen、close、readとしています。

2つめの効果は、名前づけが楽になることです。クラスがない構造化言語では、すべてのサブルーチンに違う名前をつけなければなりませんでした。しかしクラスに格納する要素の名前は、その中で重複しなければよい約束になっています。リスト4.2では、クラスに対してTextFileReaderという名前をつけており、このクラスがファイルを読むためのものであることを宣言しているため、いちいちメソッドの名前にFileをつける必要がなくなっています。もし他のクラスにopen、read、closeという同じ名前のメソッドがあったとしても問題になることはありません。やはり比喩で説明すると、同じ家族の中では全員違う名前にするものの、名字が違うご近所同士で同じ名前の人がいても支障がないことと似ています（クラス名の衝突は、やはりこの章の後半で紹介する「パッケージ」を利用することで回避できます）。

適切な名前をつけたクラスにまとめることは、サブルーチンを探しやすくする効果もあります。これは一見地味ですが、再利用を促進するための重要な機能のひとつです。いくら使い勝手が良く品質の高いサブルーチンを作ったとしても、あまりに数が多くて見つけられなければ意味がありません。作ったものを後から探しやすければ、それだけ再利用がしやすくなります。

さて、そろそろ「まとめる」話のまとめに入りましょう。

> ＜クラスの効能1：まとめる＞
> 結びつきの強い(複数の)サブルーチンと(複数の)グローバル変数を1つのクラスに「まとめる」ことができる。
> これにより次のメリットが得られる。
> - 部品の数が減る。
> - メソッド(サブルーチン)の名前づけが楽になる。
> - メソッド(サブルーチン)が探しやすくなる。

クラスの効能2 — 隠す

次は2つめの「隠す」仕組みです。

リスト4.2では、サブルーチンとグローバル変数をクラスにまとめました。しかしこの状態では、まだfileNum変数はクラスの外側からアクセスできてしまいます[*4]。このfileNum変数は、TextFileReaderクラスのopen/read/closeメソッドからアクセスしますが、そのほかの処理からアクセスする必要はありません。このため、この変数にアクセスできる範囲を3つのメソッドだけに限定できるとよさそうです。そうしておけば、fileNum変数におかしな値が入ったことが原因となり、プログラムが不正な動作をした場合には、この3つのメソッドだけを調べればよくなるからです。また後からfileNum変数の型をintからlongなどに変更する必要が

＊4 正確に言うと、Javaの文法では、リスト4.2のfileNum変数や3つのメソッドは同一パッケージ内のクラスからのみ自由にアクセスできます。

出た場合にも、変更による影響範囲を限定できます。

OOPでは、インスタンス変数にアクセスできる範囲をそのクラス内だけに限定する機能が備わっています。これを加えたコードを**リスト4.3**に示します。

リスト4.3　インスタンス変数を「隠す」

```
class TextFileReader {
  // アクセス中のファイル番号を格納する変数
  private int fileNum;

  // ファイルをオープンする
  // (引数にパス名を受け取る)
  void open(String pathName) { /* ロジックは省略 */ }

  // ファイルをクローズする
  void close() { /* ロジックは省略 */ }

  // ファイルから1文字読み込む
  char read() { /* ロジックは省略 */ }
}
```

先ほどのリスト4.2と比べてみると、違いはほんのわずかしかありません。インスタンス変数を宣言している部分の先頭に「private」とつけただけです。これが隠す仕組みです（**図4.3**）。ここではfileNum変数を隠しました。英語のprivateは、「プライベート」のカタカナ語でもおなじみの「私的な」「秘密の」を意味する形容詞です。この指定により、fileNum変数へのアクセスは、クラスの内部にあるメソッドだけに限定できました。もはやこの変数はグローバルではありません。

OOPでは、変数やメソッドを隠すだけでなく、明示的に公開する機能も備わっています。TextFileReaderクラスの3つのメソッドは、いずれもプログラムの他の部分から利用するために用意したものですから、明示的に公開することを宣言しておきましょう。この変更を加えたコード

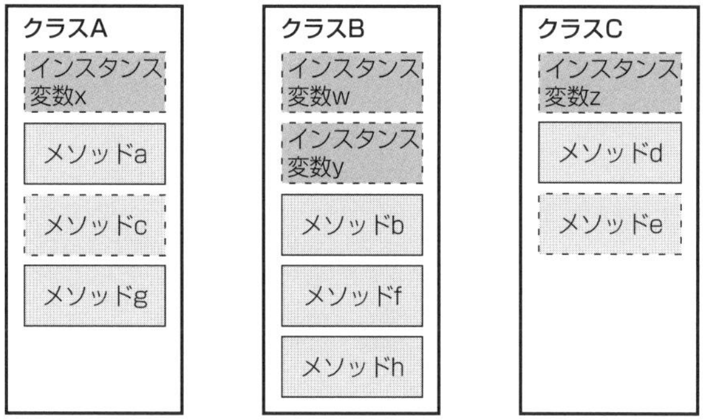

修正の影響範囲を小さくするため、クラスの外部から使われない変数やメソッドを「隠す」ことができる。

図 4.3　クラスの効能 2 ー隠す

を**リスト4.4**に示します。

リスト 4.4　クラスとメソッドを公開する

```
public class TextFileReader {
  // アクセス中のファイル番号を格納する変数
  private int fileNum;

  // ファイルをオープンする
  // (引数にパス名を受け取る)
  public void open(String pathName) { /* ロジックは省略 */ }

  // ファイルをクローズする
  public void close() { /* ロジックは省略 */ }

 // ファイルから 1 文字読み込む
  public char read() { /* ロジックは省略 */ }
}
```

ここでは、クラスとメソッドの宣言部に「public」と指定したため、これらはアプリケーションのどこからでも呼び出すことが可能になりました。

＜クラスの効能2：隠す＞
クラスに定義した変数とメソッド（サブルーチン）を、他のクラスから「隠す」ことができる。
これにより、プログラムの保守性悪化の元凶となるグローバル変数を使わずにプログラムを書くことが可能になる。

クラスの効能3 ― たくさん作る

最後は「たくさん作る」仕組みです。

もしかすると、ここまで説明した2つの仕組みの「まとめる」「隠す」については、C言語でも実現できることに気づいた方もおられるかもしれません[*5]。しかしこの「たくさん作る」仕組みは、従来のプログラミング言語では実現が難しいOOP特有の機能です。

プログラムの例で説明しましょう。

先ほどのリスト4.4を見てください。このプログラムはファイルを開いて、文字を読み込み、最後にファイルを閉じるためのものです。対象のファイルが1つだけなら問題はありません。しかしもし2つのファイルを比べて差分を表示するようなアプリケーションで使うとどうなるでしょうか。つまり複数のファイルを同時にオープンして、それぞれの内容を読み出すような処理です。リスト4.4を見ると、アクセスしているファイル番号を保持する変数は1つしか定義していません。そのためには「ファ

＊5 C言語では、ソースプログラムを複数のファイルに分割し、変数やサブルーチンに「static」と指定すれば、別のファイルからアクセスできなくなります。

イル番号を格納している変数を配列にすればよいのでは？」そんなふうに考えた方もおられるかもしれません。でも安心してください。このまま何も変更しなくても、もう複数ファイルの同時アクセスへの対応ができています。

その秘密はインスタンスにあります。

第2章でクラスとインスタンスの話をしました。犬がクラスで、ポチやタローなどの具体的な犬がインスタンスと書いた、あの話です。

しかしインスタンスは現実世界に存在するモノをそのまま表現する仕組みではなく、クラスで定義したインスタンス変数が確保されるメモリ領域と考えるべきです。そして、このインスタンスはクラスを定義しておけばそこから実行時にいくつでも作る、すなわちいくつでもメモリ領域を確保することができます（**図4.4**）。

先ほどクラスはインスタンス変数とメソッドをまとめたものであると説

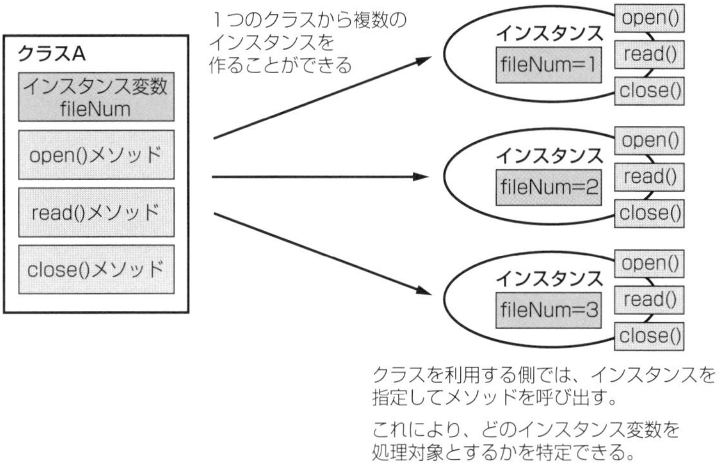

図4.4 クラスの効能3ーたくさん作る

明しました。しかしインスタンスを同時に複数作れるのだとすると、メソッドを呼び出したときに、いったいどのインスタンス変数が処理対象になるのかわからなくなってしまいます。そのためにOOPのメソッド呼び出しのコーディングでは少し特別な書き方をします。

従来のサブルーチン呼び出しの場合は、たんに呼び出すサブルーチン名を指定するだけでした。しかしOOPの場合、呼び出すメソッド名に加えて、対象とするインスタンスを指定します。Javaの文法では、次のようにインスタンスを格納する変数名にピリオドをつけて、その後にメソッド名を書きます。

> インスタンスを格納する変数名. メソッド名(引数)

リスト4.4のプログラムを呼び出す側がどうなるかを説明しましょう。**リスト4.5**を見てください。

リスト4.5　インスタンスを「たくさん作る」

```
// TextFileReader クラスから 2 つのインスタンスを作る
TextFileReader reader1 = new TextFileReader();
TextFileReader reader2 = new TextFileReader();

reader1.open("C:¥¥aaa.txt"); // 1 番目のファイルをオープンする
reader2.open("C:¥¥bbb.txt"); // 2 番目のファイルをオープンする

char ch1; // 1 番目のファイルを読み込む変数の宣言
char ch2; // 2 番目のファイルを読み込む変数の宣言
ch1 = reader1.read(); // 1 番目のファイルから 1 文字読み込む
ch2 = reader2.read(); // 2 番目のファイルから 1 文字読み込む

reader1.close(); // 1 番目のファイルをクローズする
reader2.close(); // 2 番目のファイルをクローズする
```

ここでは最初にTextFileReaderクラスから2つのインスタンスを作り、reader1とreader2の2つの変数に格納しています。そして以降のファイルのオープン、文字の読み込み、クローズの各処理では変数reader1とreader2を指定してメソッドを呼び出しています。このようにOOPでは、メソッドを呼び出す際にどのインスタンスを対象にするのかを指定する必要があります。

この「たくさん作る」仕組みにより、クラスに書くメソッドのロジックは単純になります。リスト4.4にはfileNum変数が1つしか書いてありません。これは、定義したクラスの側では、そのインスタンスが複数同時に動くことをまったく意識する必要がないことを意味しています。こうした仕組みがない従来の言語で同じ機能を実現する場合、配列などを使って必要な数だけ変数領域を用意する必要があるため、それを処理するサブルーチンのロジックも複雑になってしまいます。

一般的にアプリーションでは同種の情報を複数同時に扱う場合がよくあるため、この仕組みは非常に強力です。こうした例としてはファイル、文字列、GUIのボタンやテキストボックス、ビジネスアプリケーションの顧客や注文や社員、通信制御プログラムの電文やセッションなどいくらでも挙げることができます。OOPの場合、この仕組みを実現するために必要なことは、たんにクラスを定義するだけです。

＜クラスの効能3：たくさん作る＞

いったんクラスとして定義すると、実行時にそこからいくつでもインスタンスを作ることができる。

これにより、ファイル、文字列、顧客情報など、同種の情報を複数同時に扱う処理であっても、そのクラス内部のロジックをシンプルにできる。

「まとめて、隠して、たくさん作る仕組み」の説明は以上です。

クラスの仕組みは、プログラムを作るうえで便利な機能をたくさん提供してくれます。しかしJavaやPython、Rubyなどの実際のプログラミング言語にはそれぞれ個別の機能や細かい規則があるため、クラスの仕組みをきちんと理解して使いこなせるまでには少し時間がかかるかもしれません。その過程で混乱しないためにも、ぜひここで説明した3つの仕組みを押さえておくことをおすすめします。

＜OOPの三大要素１―クラス＞

クラスは「まとめて、隠して、たくさん作る」仕組み

1) サブルーチンと変数を「まとめる」

2) クラスの内部だけで使う変数やサブルーチンを「隠す」

3) １つのクラスからインスタンスを「たくさん作る」

インスタンス変数は「仲間内だけのグローバル変数」

さて、クラスの仕組みを少し違った観点から見てみましょう。

先ほどこの仕組みのおかげで、従来はグローバル変数として定義していたものをクラス内部のインスタンス変数として隠せることを説明しました。この仕組みと従来の仕組みの違いについてもう少し理解を深めるために、インスタンス変数と、グローバル変数やローカル変数を比較してみましょう。

インスタンス変数は次のような性質を持ちます。

＜インスタンス変数の性質＞

1) 別のクラスのメソッドからアクセスできないように隠すことができる。

2) いったんインスタンスが作られた後は、必要なくなるまでメモリ上に残される。

グローバル変数はプログラムのどこからでもアクセスできてしまうことが問題でした。しかしグローバル変数は、プログラムの最初から最後まで存在しているため、サブルーチンの実行期間を超えて管理したい情報を保持するのには便利です。一方**ローカル変数**は、特定のサブルーチンからしかアクセスできない性質を持ちますが、そのサブルーチンの実行期間中にだけ存在する一時的な情報しか保持できません。

これをまとめると**表4.1**のようになります。

つまり、インスタンス変数は、影響範囲を局所化できるローカル変数のメリットと、存在期間が長いグローバル変数のメリットの良いとこ取

表4.1　3種類の変数の比較

	ローカル変数	グローバル変数	インスタンス変数
複数サブルーチンからのアクセス	×（できない）	○（できる）	○（できる）
アクセス可能範囲の限定	○（1つのサブルーチンからしかアクセスできない）	×（プログラムのどこからでもアクセスできる）	○（同じクラス内のメソッドからのみアクセス可能と指定できる）
存在期間の長さ	×（サブルーチン呼び出し時に作られ、抜けるときに破棄される一時的なもの）	○（アプリケーションの開始から終了まで）	○（インスタンスが作られてから必要なくなるまで）
変数領域の複製	×（1時点では1つしか作れない）	×（1変数につき1つしか作れない）	○（実行時にいくつでも作れる）

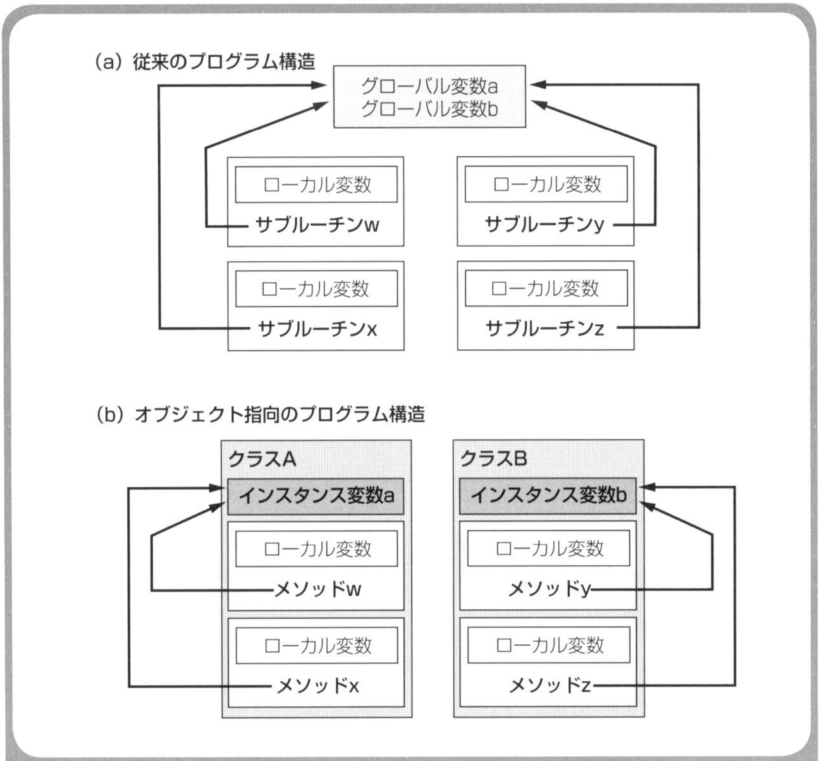

図 4.5　従来のプログラムとオブジェクト指向プログラムの構造の違い

りをした仕組みです。インスタンス変数は**長持ちするローカル変数**あるいは**仲間内だけのグローバル変数**と覚えてもよいでしょう。

> インスタンス変数は「長持ちするローカル変数」または「仲間内だけのグローバル変数」である。

加えて、このインスタンス変数は、グローバル変数のようにプログラムの中に唯一存在するものではなく、インスタンスを作ることで、必要な数だけ変数領域を作ることができます。こうした柔軟性を持つ強力な変数の仕組みは、従来のプログラミング言語にはありませんでした(**図4.5**)。

三大要素2 ― 呼び出す側を共通化するポリモーフィズム

さて、次に三大要素の2つめとしてポリモーフィズムを取り上げましょう。**ポリモーフィズム**(polymorphism)は「いろいろな形に変わる」といった意味を持ち、日本語では「多態性」「多相性」などと訳されます。しかしこれらも馴染みづらい言葉のせいか、ポリモーフィズムとそのまま呼ぶことが多いようです。

ポリモーフィズムはひと言で表現すると、**共通メインルーチン**を作るための仕組みと言えます。共通サブルーチンは呼び出される側のロジックを1つにまとめますが、ポリモーフィズムは反対に、呼び出す側のロジックを一本化します(**図4.6**)。

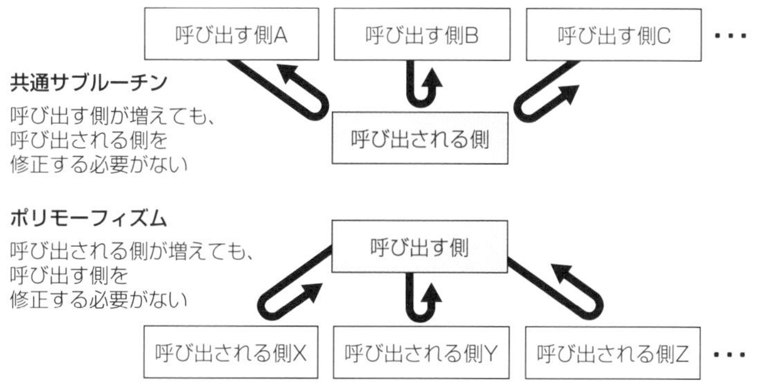

図 4.6 ポリモーフィズムの仕組み

＜OOPの三大要素2―ポリモーフィズム＞
ポリモーフィズムはサブルーチンを呼び出す側のロジックを一本化する仕組み、すなわち「共通メインルーチン」を作る仕組みである。

「共通メインルーチン」とひと言で言ってしまうと、何やら陳腐なものに感じられるかもしれません。しかし、この仕組みを侮ることはできません。サブルーチンの呼び出し側を共通化する、ただそれだけのことですが、先ほどのクラスに負けず劣らず重要な仕組みです。何しろOOPが登場するまで、共通サブルーチンはあったものの、共通メインルーチンはありませんでした。フレームワークやクラスライブラリと呼ばれる大規模な再利用部品群も、このポリモーフィズムがあったからこそ可能になったものです。したがって、「サブルーチン」に匹敵する大発明と言っても過言ではないでしょう。

さて、ポリモーフィズムについても簡単なプログラムの例を示しましょう。先ほどはテキストファイルを読み込むクラスを作りましたが、今度はネットワーク経由で送信された文字列を読み込むクラスを作ってみます。クラスの名前はNetworkReaderとします（**リスト4.6**）。

リスト4.6　NetworkReaderクラス

```
public class NetworkReader {
  // ネットワークをオープンする
  public void open() { /* ロジックは省略 */ }

  // ネットワークをクローズする
  public void close() { /* ロジックは省略 */ }

  // ネットワークから1文字読み込む
  public char read() { /* ロジックは省略 */ }
```

ポリモーフィズムを利用するためには、呼び出されるメソッドの引数や戻り値の形式を統一する必要があります。先ほどのリスト4.4に書かれていたTextFileReaderのopenメソッドでは、引数にファイルのパス名を指定するようになっていましたが、これをネットワーク処理と統一するためには、ファイルのパス名を指定するのは不適切です。そこでTextFileReaderクラスを変更して、インスタンス作成時にファイルのパス名を指定するようにします（**リスト4.7**）。

リスト4.7　ポリモーフィズムを利用するための準備

```
public class TextFileReader {
  // アクセス中のファイル番号を格納する変数
  private int fileNum;

  // コンストラクタ（インスタンス作成時に呼び出されるメソッド）
  //（引数にパス名を受け取る）
  public TextFileReader(String pathName) { /* ロジックは省略 */ }

  // ファイルをオープンする
  public void open() { /* ロジックは省略 */ }

  // ファイルをクローズする
  public void close() { /* ロジックは省略 */ }

  // ファイルから１文字読み込む
  public char read() { /* ロジックは省略 */ }
}
```

また呼び出す側、すなわち共通メインルーチン側ではテキストファイルとネットワークを意識しない作りにするために、新しいクラスを用意します。これをTextReader[*6]としましょう（**リスト4.8**）。

＊6　TextReaderはクラスではなく、メソッドの仕様だけを宣言するインタフェースを使っても実現できます。

リスト4.8　TextReaderクラス

```
public class TextReader {
  // オープンする
  public void open() { /* ロジックは省略 */ }

  // クローズする
  public void close() { /* ロジックは省略 */ }

  // 1文字読み込む
  public char read() { /* ロジックは省略 */ }
}
```

そして、TextFileReaderとNetworkReaderでは、このTextReaderで決められたメソッドの呼び出し方法に従うことを宣言します。**リスト4.9**でextends TextReaderと書かれているのは、この後で説明する「継承」の宣言で、スーパークラスのTextReaderで定義されたメソッドの呼び出し方法に従うことを意味します。

リスト4.9　継承の宣言

```
public class TextFileReader extends TextReader {
  // その他はリスト4.7と同じ。
}

public class NetworkReader extends TextReader {
  // その他はリスト4.6と同じ。
}
```

これで準備ができました。ポリモーフィズムの仕組みを使えば、入力元がファイル、ネットワークのいずれであっても文字数をカウントするプログラムを簡単に書くことができます（**リスト4.10**）。

リスト4.10 ポリモーフィズムの利用

```
int getCount(TextReader reader) {
  int charCount = 0; // 文字数を格納する変数の定義
  while (true) {
    char = reader.read();  // ポリモーフィズムを使って文字を読む
    // 終了条件になったらループから抜けるロジックは省略
    charCount++; // 文字数をカウントアップ
  }
  return charCount; // 文字数をリターン
}
```

リスト4.10のgetCountメソッドの引数には、TextFileReader、NetworkReaderのどちらでも指定することができます。そして、文字列を入力するほかの方法、たとえばコンソール入力などを追加したとしても、リスト4.10のプログラムはいっさい修正する必要がありません(**図4.7**)[*7]。

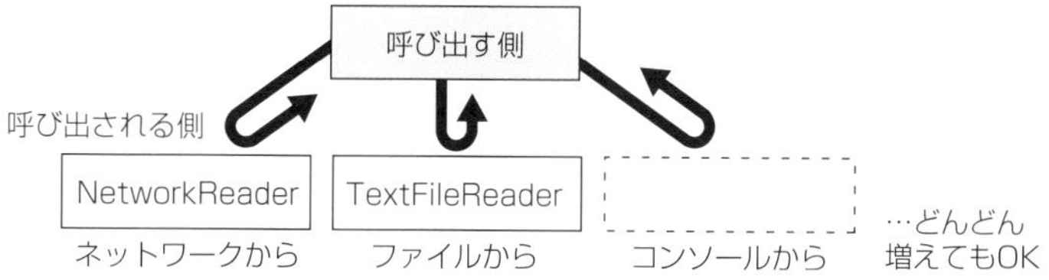

図4.7 ポリモーフィズムの利用による拡張性の確保

三大要素3 — クラス定義の重複を排除する継承

OOPの三大要素の最後は継承です。

継承はひと言で表現すると「クラスの共通部分を別クラスにまとめる仕組み」と言えます。この仕組みを利用することで、変数とメソッドをまと

*7 関数型言語では、一部の処理を入れ替え可能にする、より簡便な仕組みを提供しています。詳細は補章の図A.2(329ページ)を参照してください。

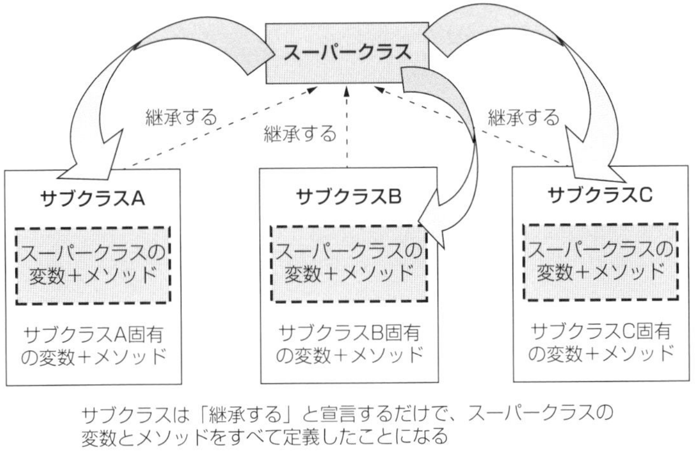

図4.8　継承の仕組み

めた共通クラスを作り、別のクラスからその定義を丸ごと拝借することが可能になります（**図4.8**）。

サブルーチンでソフトウエアを構成するOOP以前のプログラミング言語では、共通サブルーチンを作って重複する命令群を1つにまとめました。これと同じように、クラスでソフトウエアを構成するOOPでは、変数とメソッドをまとめた共通クラスを作ることができます。先ほどのポリモーフィズムで呼び出し側を一本化するだけでは飽きたらず、似たようなクラスの共通部分もまとめてしまおうという機能です。まさに徹底した合理化、プログラミングを楽にする機能はなんでも用意してしまえ、という発想です。

継承を使う場合、共通に使いたいメソッドとインスタンス変数を共通

＊8　ここで説明した継承とポリモーフィズムはそれぞれ「実装の継承」と「インタフェースの継承」と表現することもあります。

クラスに定義し、利用したいクラスはその共通クラスを「継承すること」を宣言します。これにより共通クラスの定義内容がそのまま使えるようになります。OOPでは、この共通クラスのことを**スーパークラス**と呼び、それを利用するクラスのことを**サブクラス**と呼びます。

なお継承を宣言することは、この前に説明したポリモーフィズムの利用を宣言することでもあります[*8]。このため継承を宣言したサブクラスでは、メソッドの呼び出し方法を統一するために、継承したメソッドの引数や戻り値の型をスーパークラスに合わせる必要があります（**図4.9**）。

継承のサンプルコードについてはここでは割愛しますが、次の第5章で紹介しますので、興味のある方はそちらをご覧ください。

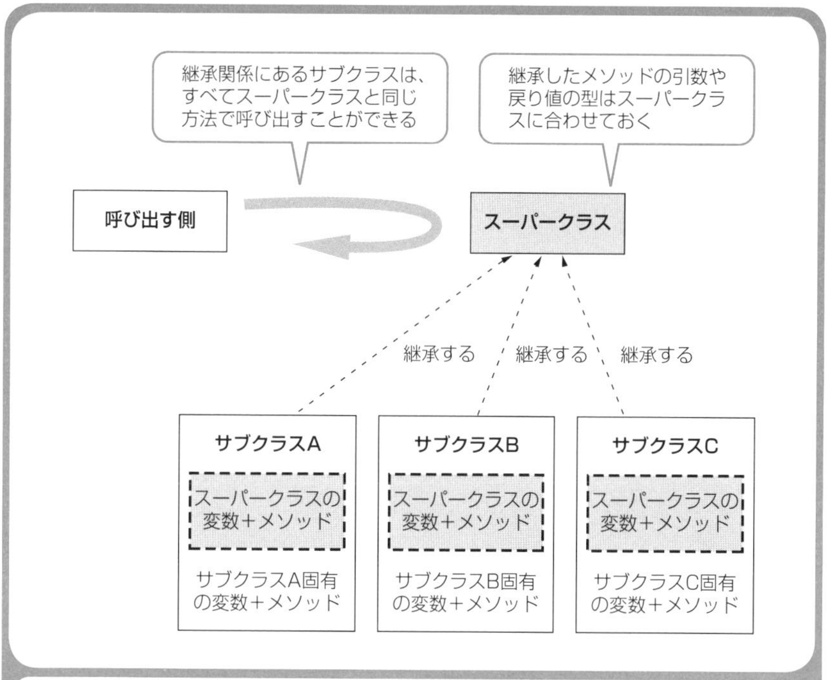

図4.9　継承とポリモーフィズム

最後に継承の仕組みをまとめておきましょう。

＜OOPの三大要素３ — 継承＞
継承は、クラス定義の共通部分を別クラスにまとめて、コードの重複を排除する仕組みである。

三大要素のまとめ

以上でOOPの三大要素であるクラス、ポリモーフィズム、継承の説明は終わりです。ここでおさらいのために、もう一度整理しておきましょう（**表4.2**）。

OOP以前のプログラミング言語では、共通ロジックをまとめる仕組みはサブルーチンだけでした。そしてサブルーチンとグローバル変数が独立して存在していたため、グローバル変数をどのサブルーチンで変更しているのかわかりづらいことが大きな問題でした。

OOPではこのグローバル変数問題を解決する仕組みとして、クラスを用意しました。クラスは、サブルーチンと変数を「まとめる」ことで、部品の数を減らして全体の見通しを良くする効果も発揮します。さらにポ

表4.2　OOPの三大要素のまとめ

三大要素	クラス	ポリモーフィズム	継承
説明	サブルーチンと変数をまとめてソフトウエア部品を作る	メソッドを呼び出す側を共通化する	重複するクラス定義を共通化する
目的	整理整頓	無駄を省く	無駄を省く
覚え方	まとめて、隠して、たくさん作る仕組み	共通メインルーチンを作る仕組み	クラスの共通部分を別クラスにまとめる仕組み

リモーフィズムと継承という２つの仕組みを提供したことで、サブルーチンではできなかったロジックの共通化が可能になりました。

この３つの仕組みがバラバラに登場したのではなく、最初のオブジェクト指向言語のSimula67にすべて備わっていたというのも驚きです。何しろ1967年といえば、GOTOレスプログラミングでさえ一般的でなかった時代です。OOPは構造化言語の発展形と見ることができますが、この時代に登場したことを考えると、プログラミング言語の突然変異ともいうべき大きな進化と言えるでしょう。

そして、これらの仕組みを組み合わせることで、従来のサブルーチンだけでは実現できなかった大規模な再利用が可能になりました（フレームワークやクラスライブラリと呼ばれる、大規模なソフトウエア部品群に関しては第６章で説明します）。

型にはめられるとプログラマは楽になる

さて、ここまででOOPの三大要素の説明は終わりですが、もうひとつ大事な話が残っています。それは「型にはめて楽をする仕組み」です。これは主にクラスの役割ですが、三大要素すべてに関わる内容でもあるため、ここで説明します。

ところで「型にはめて楽をする」と聞いて、「おや？」と思った方もおられることでしょう。普通の感覚からすると「型にはまる」のは、息苦しいものです。しかしプログラミング言語の話になるとだいぶ様子が違います。プログラマは、型にはめられるほど楽ができるようになります（**図4.10**）。

プログラムで値を格納するための変数を定義するときには、整数型、浮動小数点型、文字型、配列型などの「型」を指定します。

ところで、なぜこのように変数に対して型を指定するのでしょうか。日頃からプログラムを書いている方にとっては、変数に型を指定するのはもう習慣になってしまっていて、改めて型の意味など考える必要もな

図 4.10　型にはめられるとプログラマは楽になる

いかもしれません。

理由は2つあります。

1つめの理由はコンパイラにメモリ領域の大きさを教えるためです。変数に必要なメモリ領域は、整数型なら32ビット、浮動小数点型なら64ビットといったように、型によって自動的に決まります（実際にはこうしたビット数はハードウエアやOS、あるいはコンパイラによっても変わります）。このため変数の型を宣言することで、コンパイラはその変数をメモリ上に確保するために必要なメモリ容量の計算が可能になります。

2つめの理由はプログラムのエラーを防止するためです。整数と文字のかけ算、あるいは配列からの浮動小数点の引き算など、意味的におかしなロジックが書かれた場合、プログラムのコンパイル時や実行時にエラーを明示することができます。

クラスを型として利用する

OOPでは、この型の仕組みをさらに推し進めて、プログラマが自分で定義したクラスも型として利用できるようになりました[*9]。

OOPではクラスを型として扱うことができる。

型としてのクラスは、数値型や文字列型と同様に、変数定義やメソッドの引数、戻り値の宣言などで指定することができます（**リスト4.11**）。

リスト4.11　クラスを使った型宣言

```
// 変数の型にクラスを指定する
TextFileReader reader;

// メソッドの引数の型にクラスを指定する
int getCount(TextReader reader) { /* ロジックは省略 */ }

// メソッドの戻り値の型にクラスを指定する
TextReader getDefaultReader() { /* ロジックは省略 */ }
```

型にクラスを指定した変数や引数や戻り値に対して、そのクラス（およびサブクラス）以外のインスタンスを格納しようとすると、プログラムのコンパイル時や実行時にエラーになります[*10]。

たとえばJavaで次のようなロジックを書いた場合、コンパイル時点でエラーになります（**リスト4.12**）。

リスト4.12　変数の代入に対する型チェック

```
TextFileReader reader;―――――――― (1)
reader = 100;  // <- エラー      }
reader = new NetworkReader();  // <- エラー } (2)
reader = new TextFileReader();  // <- OK―――――― (3)
```

＊9　この仕組みを「ユーザー定義型」と呼びます。

＊10　PythonやPHP、Rubyなどの動的な型づけ言語では、変数にはすべてのオブジェクトを格納できるため、コンパイル時にはエラーにならず、格納したインスタンスへのメソッド呼び出し時にエラーが起きます。

(1) ではreaderという名前の変数をTextFileReader型であると宣言しているため、reader変数にはTextFileReaderクラス（およびそのサブクラス）のインスタンスしか格納できません。そのreader変数に対して (2) では数値や別のクラスのインスタンスを格納しようとしているため、エラーになります。(3) ではTextFileReaderクラスのインスタンスを格納しているため、問題ありません。

同様に、メソッドの引数や戻り値の型に関しても、間違ったインスタンスを指定しようとするとエラーになります（**リスト4.13**）。

リスト4.13　メソッドの引数や戻り値に対する型チェック

```
obj.getCount(new JLabel()); // <- エラー（引数の型が不正）

TextReader getDefaultReader() {
    return new JButton(); //  <- エラー（戻り値の型が不正）
}
```

機械語やアセンブリ言語の時代には、こうした**型チェック**の仕組みはほとんどありませんでした。高級言語や構造化言語では、プログラミング言語があらかじめ用意したデータ型や構造体[*11]について使い方をチェックする仕組みが導入されました。そしてOOPではさらにそれを一歩進めて、変数とメソッドをまとめたクラスを型として定義することで、プログラム内のルールとして強制する仕組みが備わりました。

このようにコンパイラや実行環境が「型に当てはめて」ロジックをチェックしてくれるおかげで、プログラマは楽ができるようになりました。

なおこの型チェックの仕組みはプログラミング言語の種類によって異なっており、静的な型づけと動的な型づけと呼ばれる2つの仕組みがあり

＊11　複数の値をまとめて保持できるデータ型を指します。C言語ではstructキーワードを使って定義します。

ます。**静的な型づけ**方式は、プログラムのコンパイル時点でエラーを検出する方式で、JavaやC#などが採用しています。**動的な型づけ**方式はプログラムの実行時点でエラーを検出する方式で、PythonやRuby、PHP、Smalltalkなどが採用しています。

> 型チェックには「静的な型づけ」と「動的な型づけ」の2つの方式がある。

プログラミング言語は「退化」した？

話は少し変わりますが、プログラムの間違いを事前に防止するという点で、型チェックの強化と同じ目的を持つ変化がプログラミング言語の仕様にも起きています。

比較的新しいプログラミング言語であるJavaはスパゲッティコードの原因になるGOTO文をサポートしていません。Javaの基本的な言語仕様はC言語とC++から受け継いでいますが、C言語やC++で使えていた機能で割愛されたのはGOTO文だけではありません。明示的なポインタ、共用体、グローバル変数、マクロなど、実に多くの機能がJavaでは使えなくなっています。これはプログラムを難しくしたり、間違いやすくしたりする機能は最初から提供しないほうがよいという判断から、あえて機能を削ったものです。

つまりプログラミング言語は進化するにつれて、機能を増やすだけでなく、不要な機能を使えなくする「退化」の方向にも進んできたというわけです。これはあたかも人類が進化した結果、脳が大きくなっただけでなく、使わなくなった尻尾や盲腸が退化したのと同じ道をたどっているようです。

さらに進化したOOPの仕組み

さてここまで、OOPの三大要素としてクラス、ポリモーフィズム、継承、そして型チェックと言語仕様の退化までを説明してきました。

しかしJavaやC#、Python、PHP、Rubyといった現在主流のプログラミング言語ではさらに進んだ機能を用意しています。こうした仕組みの代表的なものとしては、「パッケージ」「例外」「ガベージコレクション」があります。これらの機能は、全体の見通しを良くしたり、再利用を促進したり、間違いを減らしたりするために考案されたものです。これらについても簡単に説明しておきましょう。

進化したOOPの仕組み1 — パッケージ

まずはパッケージです。

先ほどは「まとめる」仕組みとしてクラスを紹介しました。パッケージは、そのクラスをさらに「まとめる」仕組みです(**図4.11**)。

パッケージはただまとめるだけの容れ物であり、クラスと違ってメソッドやインスタンス変数を定義することはできません。こんな仕組みがいったい何の役に立つのかと思われるかもしれませんが、ファイルシステ

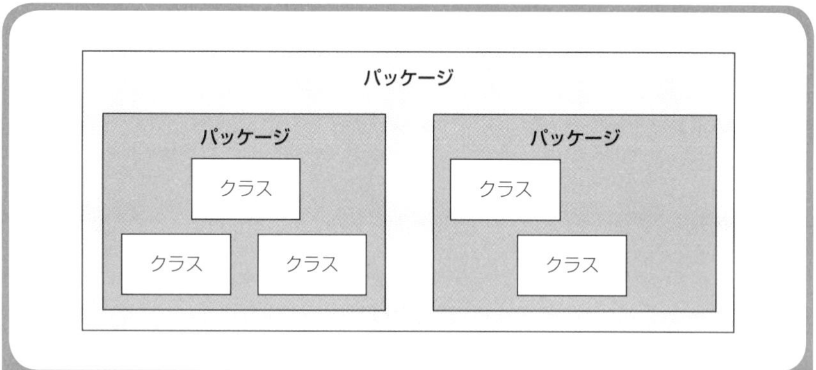

図4.11　パッケージの仕組み

ムのディレクトリ（フォルダ）を思い出してください。ディレクトリはファイルを格納するだけの容れ物です。しかしディレクトリに名前をつけて、その配下にファイルを格納することで、ファイルの管理は非常に楽になります。その反対にディレクトリが存在せず、ルートディレクトリ配下にすべてのファイルが格納されている状態を想像してみてください。もしファイルシステムがこんな仕組みだったとしたらさぞかし使いづらいことでしょう。パッケージの役割もまさにこれと同じです。パッケージもディレクトリと同様に、クラスだけでなく、別のパッケージを格納して階層構造を作ることができます。

この仕組みにより、コード行数が数十万、数百万行に達するような大規模なアプリケーションであっても、全体を数十程度のパッケージに収めることができます。パッケージの役割を決めて、関連する役割を持つクラスを集めれば、全体の見通しもつきやすくなります。

さらにパッケージには、クラスの名前の重複を全世界で避ける重要な役割があります（**図4.12**）。Javaでは、インターネットのドメイン名に似た形で、パッケージの名前づけの規則が決まっています。これは最初が国名、次に組織の種類（会社、学校、政府など）、続いて組織名、とするのが基本的な約束事です。たとえば日経BPならjp.co.nikkeibpとなりま

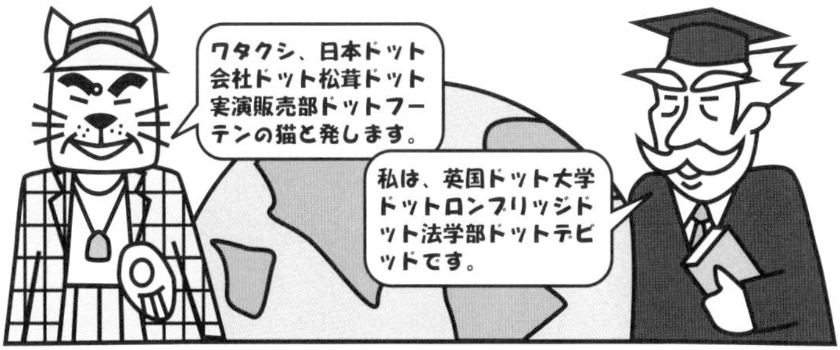

図4.12　パッケージで名前の衝突を全世界で避ける

す。これに従うことで、他の組織や国で作ったどんなクラスであっても、名前の重複を気にせずに再利用できます。

進化したOOPの仕組み2 — 例外

次は例外です。

例外をひと言で表現すると「戻り値とは違う形式で、メソッドから特別なエラーを返す仕組み」と言えるでしょう。

こうした特別なエラーの例としては、ネットワークの通信障害や、ディスクのアクセス障害、データベースのデッドロックなどが挙げられます。また障害以外でも、ファイルの読み込み処理でのEOF検出（End Of File：ファイルの終わり）のように、戻り値として適切な値を返せない場合もあります。従来のサブルーチンの仕組みでこうした状況に対応するためには、エラーコードを使うのが常套手段でした。これはエラーコードが1のときはデッドロック、2のときは通信障害、3のときはその他の致命的エラー、といった具合に値の意味を決めて、サブルーチンの戻り値として返す方法です。

しかしこの方法には2つの問題があります。

1つめの問題は、エラーコードの判定処理をアプリケーションで確実に行う必要があることです。もし判定処理を書き忘れたり、値を間違えたりしてしまうと、障害発生時に原因を特定するのが難しくなります。またエラーコードの値を追加・削除する場合には、関係するサブルーチンをプログラマがすべて自力で調べて書き換える必要があります。

2つめの問題は、エラーコードを判定する同じようなロジックがサブルーチンの間で連鎖してしまうことです。呼び出す側のサブルーチンでは、エラーコードの値を判定するロジックを常に書かなくてはなりません。そして呼び出す側のサブルーチンでそのエラーの後処理ができない場合、さらに同様のエラーコードを返すことになります。このようにエ

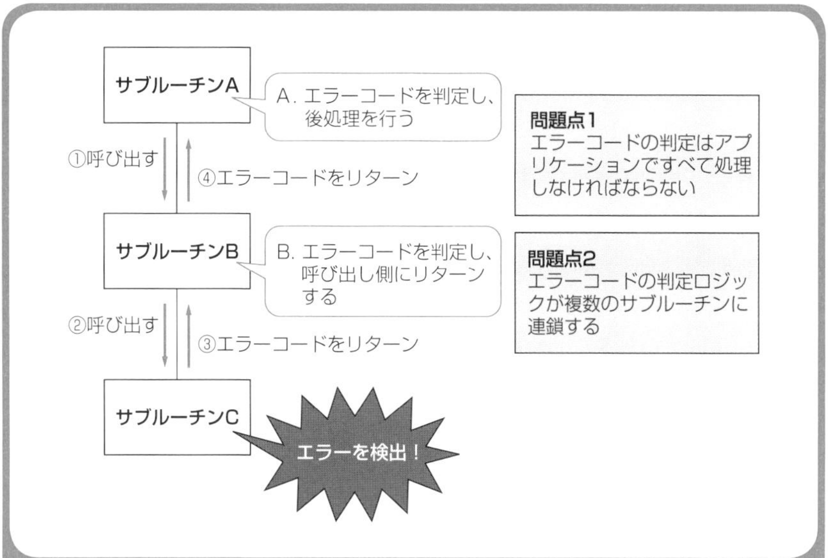

図 4.13　エラーコード方式によるエラー処理の連鎖

ラーコードの判定処理がアプリケーション全体に連鎖してしまうと、プログラムのロジックは非常に冗長になります（**図4.13**）。

例外は、こうした課題を解決する仕組みです。

例外の仕組みでは、特別なエラーを返す可能性があることをメソッドで宣言します。この特別なエラーの返し方が例外であり、サブルーチンの戻り値とは違う文法を使います。

例外を宣言しているメソッドを呼び出す側では、例外を処理するロジックを正しく書いていないと、プログラムはエラーになります[*12]。これにより1つめの問題が解決します。

また例外が宣言されているメソッドを呼び出す側では、エラー発生時に特別な処理を行わずに、さらに上位のメソッドにエラーを伝えればよ

＊12　JavaやC#などの静的な型づけ言語の場合にはコンパイルエラーとなり、PythonやPHP、Rubyなどの動的な型づけ言語の場合は実行時エラーになります。

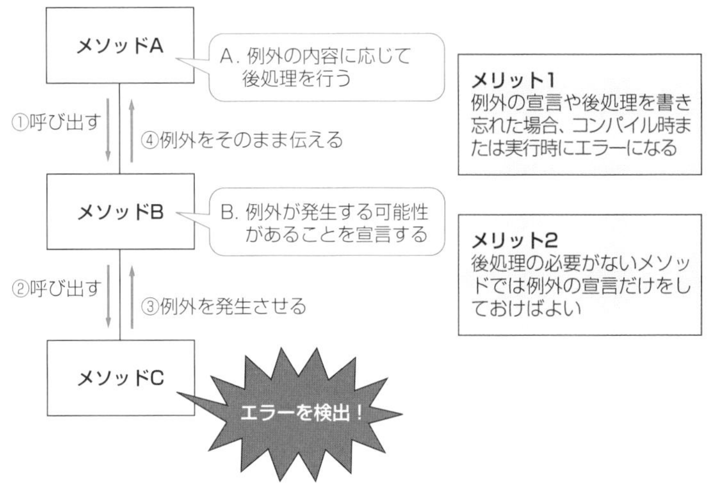

図4.14　例外の仕組みを利用したエラー処理

い場合もあります。そうした場合には、例外が発生する可能性があることをメソッドで宣言するだけで、エラー処理を書く必要がなくなります。これにより2つめの問題も解決します（**図4.14**）。

この仕組みは、重複したエラー処理を1カ所にまとめることができ、かつ必要な個所でエラー処理の記述を忘れた場合にはコンパイラや実行環境が教えてくれる便利な仕組みです。この仕組みには、無駄を省くことと、間違いを防止することの2つの効果があります。

進化したOOPの仕組み3 — ガベージコレクション

先ほど、クラスの「たくさん作る」仕組みのところで、実行時にインスタンスを作成する話を書きました。しかしそのインスタンスをどうやって削除するかについては触れませんでした。インスタンスを作成すると、インスタンス変数のためのメモリ領域が確保されます。OOPで書いたアプリケーションが動くときには、クラスからインスタンスが作られて動作するため、アプリケーションによっては、非常にたくさんのインスタンスが実行時に作られる可能性があります。

C言語やC++などの以前のプログラミング言語では、不要になったメモリ領域を削除する処理はアプリケーションで明示的に指示する必要がありました。しかしインスタンスを削除する処理のコーディングは注意が必要でした。もし別の場所で使われているインスタンスを誤って削除してしまうと、後からそのインスタンスを使うロジックが動いたときにプログラムは不正な動作をしてしまいます。また反対に、どこからも使われなくなったインスタンスの削除を忘れると、不要なインスタンスがどんどん増えてメモリを圧迫してしまう、メモリリーク問題が起きてしまいます。OOPでは「たくさん作る」仕組みを利用することで、インスタンスを自由に作成できますが、削除は慎重に行う必要があります。

JavaやC#など多くのOOPでは、こうしたインスタンスを削除する処理をシステムが自動的に実行する仕組みを採用しています。これを**ガベージコレクション**(garbage collection：ゴミ集め)と呼びます。

この仕組みでは不要になったインスタンスをメモリ上から削除するのは、ガベージコレクタと呼ばれる、システムが用意する専用のプログラムの仕事です。この仕組みにより、間違いやすいインスタンスの削除処理をプログラマが記述しないで済むようになりました(**図4.15**)。

この仕組みは、間違いやすいメモリの解放処理を言語の文法として提供せずに、システムが自動的に行うものです。先ほど説明した、プログラマに楽をさせるために退化した言語仕様の一種と見ることもできるでしょう。

このガベージコレクションのより詳しい仕組みについては、次の第5章で説明します。

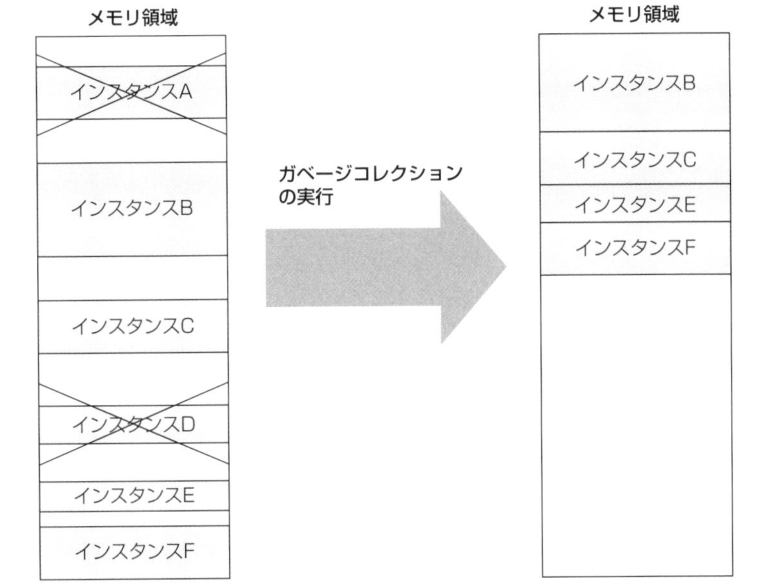

図4.15　ガベージコレクタは不要なインスタンスをメモリから削除する

OOPの進化のまとめ

この章ではプログラマに楽をさせるためにOOPが提供する機能を説明しました。クラス、ポリモーフィズム、継承、さらにパッケージ、例外、ガベージコレクション、これらの仕組みはいずれも品質の良いプログラムを作るためにプログラミング言語が提供する機能です。第3章では、機械語から構造化言語までの進化を説明しましたが、さらにOOPでどのような進化が起きたのかを整理しておきましょう。

高級言語までの進化では、命令の高級化による表現力の向上と、サブルーチンによる重複ロジックの排除を実現しました。

次の構造化言語では、プログラムを保守するための機能を強化し、基本三構造やGOTOレスプログラミング、そしてサブルーチンの独立性を高める仕組みを導入しました。

そしてOOPでは保守性の向上をさらに推し進めて、品質向上のために制約をつけて複雑さを避ける機能を用意しました。加えて、部品化や再利用の機能を大幅に強化しました。これらをまとめると**図4.16**のようになります。

以上のことからわかるようにOOPは決して従来のプログラミング技術を置き換えるものではありません。それ以前のプログラミング技術を基盤として、その欠点を補うために考案されたものです。確かに従来の言語から比べると突然変異とも言える風変わりな仕組みを数多く導入して

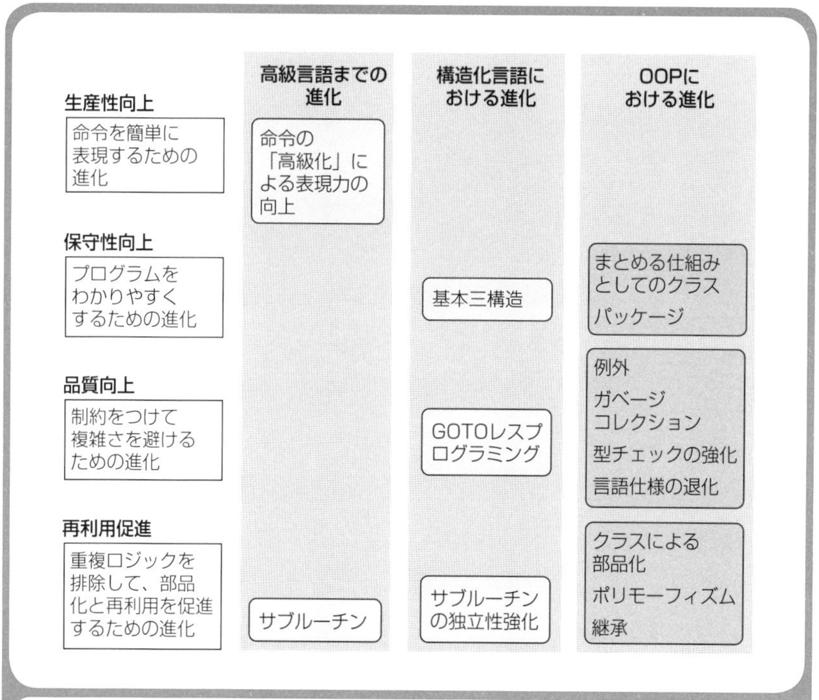

図4.16　プログラミング言語の進化（その2）

います。しかし、それらも連綿と続いてきたプログラミング技術の工夫と改良の歴史の中で必然性を持って登場したものばかりです。

品質が高く、保守に強く、再利用しやすいソフトウエアを作りたいならぜひOOPを使いましょう。その理由は、OOPが先人の知恵と工夫を詰め込んだプログラミング技術だからです。

OOPを生かすも殺すも心がけ次第

オブジェクト指向は仕組みの問題ではなく、考え方だという意見を聞くことがあります。C++やJavaが普及する以前に、やる気になればC言語でもCOBOLでもオブジェクト指向プログラミングができるという意見を聞いたこともあります。これはある意味で真実だと思います。

なぜならOOPは手段であって、決してそれを使うことが目的ではないからです。より大切なのはプログラムの品質や保守性、そして再利用性の向上という目的のほうです。

この章の始めに、OOPはプログラムの無駄を省いて、整理整頓するための仕組みであると書きました。そして、散らかった部屋を整理するために強力な掃除機と整理棚が必要になるのと同じだというたとえ話を引き合いに出しました。

しかし当たり前のことですが、新しい掃除機と使いやすい整理棚を用意しただけで部屋がきれいになるわけではありません。より大切なことは、部屋をきれいにしようとする心がけです。そしてその心がけを行動に移すことです。

この話はプログラミングについてもまったく同じです。クラス、ポリモーフィズム、継承の仕組みを使うだけで保守性や再利用性が向上するわけではありません。それどころか、ひとつ間違えるとトリッキーになってしまうこれらの仕組みを闇雲に使ってしまえば、プログラムはわかりづらくなるばかりでしょう。

特にOOPのような面白い仕組みが理解できると、どうしてもすぐに使いたくなるのが人情です。趣味で書くプログラムならそれで構わないかもしれませんが、実際の仕事で利用するプログラムがそんなことでは困ります。大切なのは品質が高く、保守や再利用がしやすいプログラムを作るという目的です。オブジェクト指向はそのための手段でしかありません。

OOPの機能を生かせるかどうかは、それを使うプログラマにかかっています。まずどうやったら保守がしやすくなるか、再利用がしやすくなるかを考えましょう。次に、基本三構造や共通サブルーチンを使って実装することを考えてみましょう。そして、それでは物足りないとわかったときこそが、クラス、ポリモーフィズム、継承の出番です。

より深く学ぶための参考書籍

第4章および第5章に関する参考書籍は次のとおりです。

小森裕介 著『なぜ、あなたはJavaでオブジェクト指向開発ができないのか―Javaの壁を克服する実践トレーニング』（技術評論社、2004年）☆☆☆
じゃんけん、ばば抜き、七並べという、身近でシンプルなゲームプログラムを通じて、Javaに備わるOOPの仕組み、UMLを使ったクラス設計、再利用可能なフレームワークの作り方を具体的かつ丁寧に解説している。若手プログラマおよび、COBOLやCに親しんだプログラマに特におすすめしたい1冊。

結城浩 著『改訂第3版 Java言語プログラミングレッスン（下）―オブジェクト指向を始めよう』（SBクリエイティブ、2012年）☆☆☆
制御構文や変数定義など、Javaの基本的な文法を解説した上巻に続いて、この下巻ではクラスとインスタンス、継承とポリモーフィズム、パッケージ、例外、ガベージコレクションに加えて、Javaのクラスライブラリに含まれる基本クラスの使い方やスレッド機能までを網羅している。文章は非常に丁寧で、理解を確実にするためのクイズや練習問題など、多くの工夫を凝らした力作。Javaのオブジェクト指向機能を本格的に学ぶのにはおすすめの1冊。

高橋征義、後藤裕蔵 著、まつもとゆきひろ 監修『たのしいRuby 第6版』（SBクリエイティブ、2019年）☆☆
Rubyプログラミングの体験から始まり、文法の説明、基本的なクラスの使い方、Ruby特有機能の解説と進み、最後に応用例の紹介までステップバイステップで進む、非常によく練られた構成を取っている。はじめてRubyを学ぶプログラミング初心者には最適な1冊。

コーリー・アルソフ 著『独学プログラマー ―Python言語の基本から仕事のやり方まで』清水川 貴之 ほか訳（日経BP、2018年）☆☆
Pythonの基本的な文法やオブジェクト指向プログラミングの機能を要領よく解説している。それほど厚くない本だが、Pythonの解説だけにとどまらず、Bashや正規表現、Gitなどの職業プログラマーが身につけておくべき技術も簡単に紹介している。後半に出てくる米国におけるIT業界の仕事の探し方や面接のコツはとても興味深い。

梅澤真史 著『自由自在Squeakプログラミング』（ソフトリサーチセンター、2004年）
☆☆
「オブジェクト指向」というコンセプトを体感したいなら、一度はSmalltalkに触れてみることをおすすめする。「すべてがオブジェクト（“everything is an object”）」の開発環境は“OOPは構造化言語の進化形である”という本書の主張を超越するインスピレーションを与えてくれることだろう。600ページ近い大作だが、Smalltalkを深く理解した日本人著者による丁寧で明快な文章のためテンポ良く読み進めることができる。

中村成洋 著、相川光 著、竹内郁雄 監修『ガベージコレクションのアルゴリズムと実装』（秀和システム、2010年）☆☆☆
ガベージコレクションについて体系的にまとめた日本人著者による野心作。アプリケーションシステムの縁の下で動くガベージコレクションのアルゴリズムと実装について、豊富な図とサンプルコードを示しながら、丁寧かつ明快に解説している。一流のアーキテクトを目指す技術者にはぜひ読んでほしい1冊。

COLUMN

今ドキのOOP

ホームページツールから進化したPHP

PHPは、Webシステム開発用に考案されたプログラミング言語です。マークアップ言語のHTMLにロジックを埋め込んでWebサーバーで動かし、動的にWebページを生成します。

PHPという名前は、そもそもはPersonal Home Page Toolsの頭文字だったそうです。その後多くの機能拡張を行って本格的なプログラミング言語に進化し、PHP：Hypertext Processorが正式名称になりました。

Webシステムの開発言語としてはPythonやRubyも人気がありますが、シェアという点ではPHPの強さは圧倒的です。ポータルサイトやブログ、SNS、ショッピングサイトなど、多くのWebシステムで利用しており、実に世界全体の約80％のWebシステムがPHPで書かれているそうです[*1]。

＊　＊　＊

PHPはHTMLの中にロジック記述するというコンセプトのため、非常に簡単に記述できます。"Hello world"の文字列を出力するだけなら、HTMLの中に1行を追加するだけで、関数やクラスを宣言する必要がありません（**リスト5.a**）。

実際のWebシステムでは、Webブラウザからの入力情報を取得して、データベースにアクセスし、出力用のWebページを編集する必要があります。ログイン制御やセキュリティ対策も必要になります。

PHPではそうした処理を実現するために、Webブラウザから入力された文字列を自動的にグローバル変数に

リスト5.a　PHPで書いたHello world

```
<?php echo '<p>Hello world</p>'; ?>
```

＊1　2021年2月時点のW3Techs調査結果（https://w3techs.com/）では、WebシステムにおけるPHPのシェアは79.2％でした。

格納したり、データベースから読み込んだ情報を出力用のHTMLに埋め込んだりする機能を提供します。また、入力内容の妥当性を判定したり、データベースから読み込んだレコード分だけ処理をしたりするために、条件分岐や繰り返しなどの一般的なプログラミング言語の機能も提供します。

しかし、Webシステムの機能が複雑になるにつれ、PHPのプログラムの規模はどんどん大きくなり、機能拡張が繰り返されるようになりました。その状況に対応するためには、プログラムを簡単に作れるだけでなく、できあがったプログラムの保守や再利用も重要になりました。

2004年にリリースしたPHP5以降ではオブジェクト指向プログラミングを本格的にサポートしています。クラス、継承、ポリモーフィズムはもちろんのこと、名前空間（パッケージ相当）、例外、ガベージコレクションもサポートします。これらの機能を活用して多くのフレームワークが整備されたことで、さらにPHPは普及しました。

＊　＊　＊

PHPはインターネットの黎明期に登場し、Webシステムの発展と共に進化を遂げてきました。最初はHTMLの拡張ツールから始まったPHPがプログラミング言語になり、オブジェクト指向言語に進化したのは興味深いことです。

これは、ソフトウエアが大規模で複雑になり、保守や再利用が重視されるようになったことで、オブジェクト指向プログラミングが主流になった状況と同じです。PHPの進化の歴史は、ソフトウエア開発技術の進化の歴史の縮図と言えるでしょう。

第5章 メモリの仕組みの理解はプログラマのたしなみ

この章のキーワード

コンパイラ、インタプリタ、仮想マシン、スレッド、静的領域、ヒープ領域、スタック領域、ポインタ、メソッドテーブル

ウォーミングアップ

本文を読む前に、ウォーミングアップとして以下のクイズに挑戦してください。

クイズ

次の絵を見て、ガベージコレクションの対象になるインスタンスを選んでください（A～Lの長方形はインスタンスを、矢印は参照関係があることを示します）。

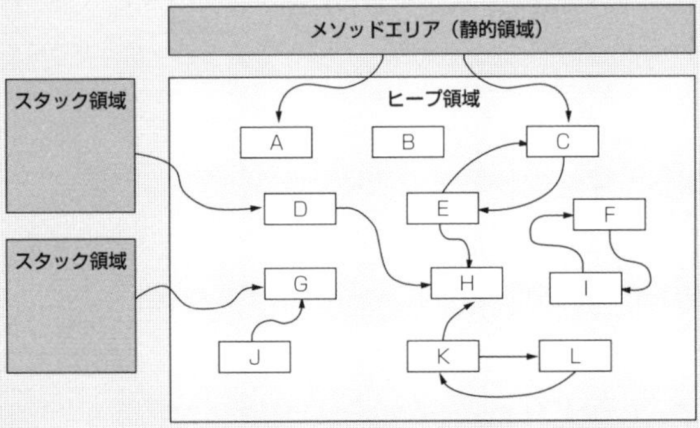

答え

B、F、I、J、K、Lの6つです。

解説

インスタンスのネットワークの根元である、スタック領域とメソッドエリアからたどれないインスタンスが削除対象となります。詳しい説明は本文を読んでください。

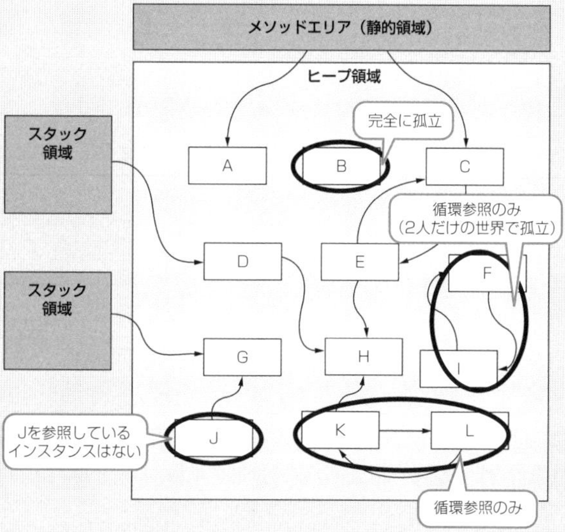

この章のポイント

第4章ではプログラミングの観点からOOPの仕組みがどのように便利なのかを説明しました。この章では視点を変えて、OOPを使って書いたプログラムがコンピュータの中でどのような仕組みで動くのかを説明します。

この章はそれだけで独立したトピックになっています。この章の内容は、OOPを使ってプログラムを書く立場の人にとっては基本知識として押さえておくべきことばかりです。内部の仕組みを把握することで、OOPが提供する機能についても、より具体的に理解できることでしょう。もし知らなかったことがあればこの機会にぜひ身につけておくことをおすすめします。

OOPのプログラムが動く仕組みを理解しておこう

JavaやC#、Python、PHP、Rubyといった現在主流のプログラミング言語では、それを使って書いたプログラムが実際どのように動くのかをさほど意識しないですむように考えられています。このため日頃からこうした言語を使ってプログラムを書いている人の中には、自分の作ったプログラムがどんな仕組みで動くのかよく知らない人もおられることでしょう。OOPを使って書いたプログラムは特にメモリの使い方に特徴があります。内部の仕組みをまったく知らずにプログラムを書いてしまうと、メモリ使用量が多すぎてマシン環境を圧迫するようなプログラムを気づかずに作ってしまうかもしれません。あるいはデバッグ時にそうした問題が発覚したとしても、何もできず途方に暮れてしまうかもしれません。

したがって、自分の書いたプログラムがどのような仕組みで動くのかについて、最低限のことを理解しておく必要があります。こうした最低限の知識は、アセンブリ言語が主流だった時代にはハードウエアのレジスタの仕組みであり、C言語の時代はポインタの仕組みでした。プログラミング言語が進化した今は、「メモリの使い方の理解」が最低限の知識であると筆者は考えます。これはOOPを使うプログラマのたしなみといってもよいでしょう。

コンパイラとインタプリタの2つの実行方式

まずはプログラムの基本的な実行方式について説明しましょう。これには大きく分けて、コンパイラ方式とインタプリタ方式の2つがあります（**図5.1**）。

コンパイラ方式では、プログラムに書かれた命令をコンピュータが理解できる機械語に変換してから実行します。この機械語に変換するプログラムのことをコンパイラと呼びます。

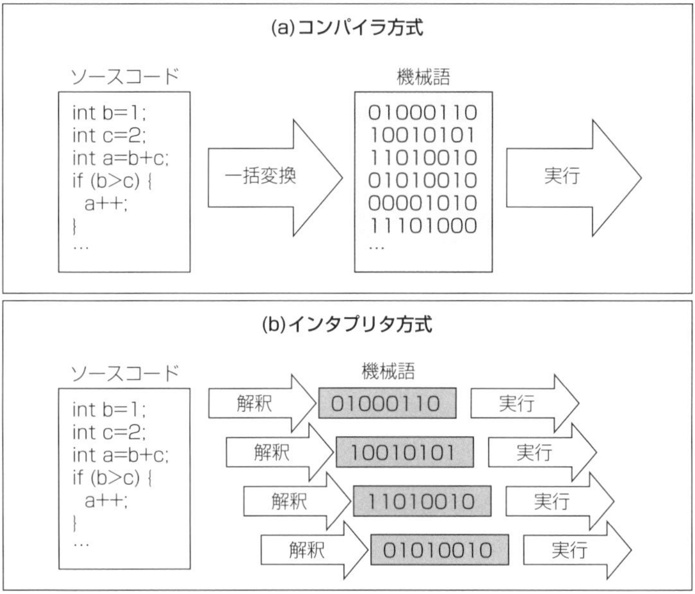

図5.1　コンパイラ方式とインタプリタ方式

インタプリタ方式では、ソースコードに書かれたプログラムの命令をその場で逐次解釈しながら実行します。この方式ではいきなりソースコードを読みながら動くため、コンパイラは必要ありません。もしプログラムの文法が間違っていた場合は、実行時にエラーとなります。

これら2つの方式には、各々メリットとデメリットがあります。

コンパイラ方式のメリットはなんといっても実行効率の良さです。この方式ではコンピュータは機械語を直接読んで動作しますから、プログラム命令を解釈する余分な動作が入りません。このため実行速度が速くなります。一方、デメリットは実行するのに手間がかかることでしょう。プログラムを書いてもすぐに実行することができず、まずコンパイルを行う必要があります。そこでエラーが見つかった場合、エラーがなくなるまで修正してから動かします。

インタプリタ方式のメリットは、手軽に実行できることでしょう。この方式の場合、プログラムを書いただけですぐに実行して結果を見ることができます。また異なるプラットフォーム（マシンやOS）で互換性を保てることも大きなメリットです。機械語のコードは異なる環境のハードウエアに配布して動かすことは基本的にできません[*1]。しかしインタプリタ方式の場合はマシン環境に合うように解釈しながら実行するため、同じプログラムを変更せずに複数の環境で動かすことができます。デメリットはコンパイラ方式のメリットの裏返しで、実行速度の遅さです。

> プログラムの実行方式にはコンパイラ方式とインタプリタ方式の２つがある。コンパイラ方式は実行効率が良く、インタプリタ方式では同じプログラムを異なる環境で動かすことができる。

＊1　ただしハードウエアやOSの仮想化技術を利用すれば、異なる機械語のコードを実行できます。

このように2つの方式には一長一短があるため、状況に応じて使い分けるのが一般的です。特定のマシン環境を前提として、高い処理性能が求められるアプリケーションならコンパイラ方式を採用するのが一般的です。政府や銀行のシステム、企業の基幹システムの多くはコンパイラ方式を採用してきました。

インタプリタ方式が強みを発揮するのは、インターネットを経由してさまざまな種類のマシンにダウンロードして動かすソフトウエアです。これはWebブラウザで表示する画面の操作性を良くするために使われるスクリプト言語などが典型的です。また最終的にコンパイラ方式で実行する場合でも、コンパイル作業の手間を省くため、コーディングからデバッグまでをインタプリタで実行する開発環境もあります。

この2つの実行方式とプログラミング言語の対応関係は基本的にありません。実際にコンパイラ方式とインタプリタ方式の両方に対応しているプログラミング言語はたくさんあります。

ところが比較的新しい言語であるJavaやC#では少々様子が違っています。面白いことにこれらのプログラミング環境では、この2つのどちらでもない**中間コード方式**と呼ぶ方式を採用しています(**図5.2**)。

この方式ではまずコンパイラを使って、ソースコードを特定の機械語に依存しない中間コードに変換します。そしてその中間コードを専用のインタプリタによって解釈して実行します。

なぜこんな面倒なことをするのかというと、両方の良いとこ取りをするためです。異なるマシンに同じプログラムを配布することを可能にしながら、コンパイラによる実行効率の良さのメリットも得ようというわけです。通常はこうした欲張りなことをすると「二兎を追う者は一兎をも得ず」という結果になりがちですが、ハードウエアの進歩と、さまざまなマシンが共存するインターネット環境に後押しされて、この方式が定着しました。

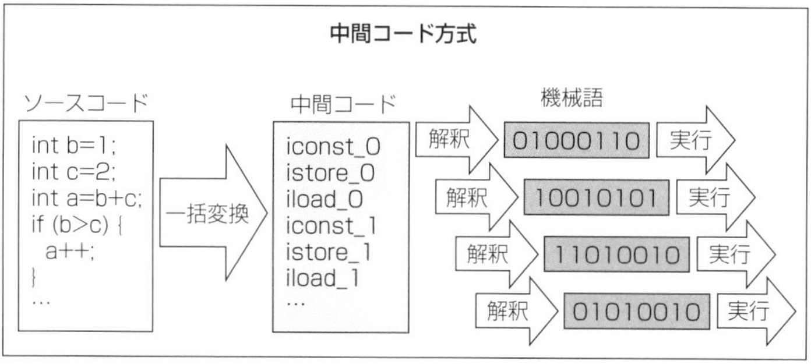

図 5.2　中間コード方式

> 中間コード方式により、同じプログラムを異なる実行環境で効率良く動かすことができる。

中間コードを解釈して実行する仮想マシン

中間コード方式を実現する仕組みについても簡単に説明しておきましょう。中間コードの命令は特定の動作環境に依存しない形式になっているため、CPUがそのまま読み込んで実行することはできません。このため、中間コードを解釈して動作する仕組みが必要になります。一般的にこの仕組みを**仮想マシン**（Virtual Machine）と呼びます[*2]。Javaの場合は、Java VM（Java Virtual Machine：Java仮想マシン）と呼ぶ仕組みがこれに相当します。Java VMはプラットフォームごとに提供されており、実行時にJavaの中間コードであるバイトコードを解釈してプログラムを

＊2　ここで説明するのはプログラミング言語レベルの仮想マシンですが、このほかにハードウエアやOSレベルの仮想マシンもあります。

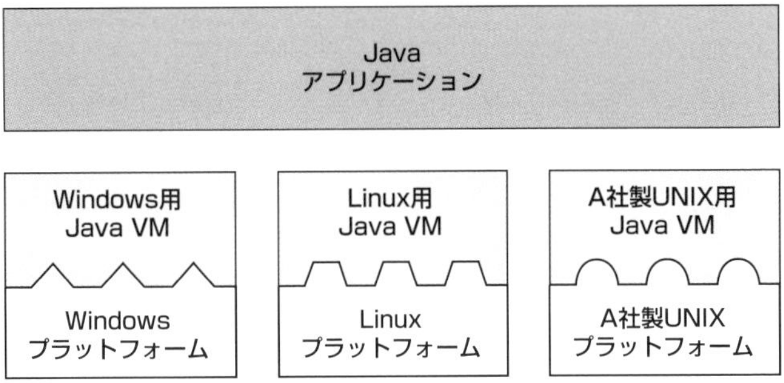

図 5.3　仮想マシンがプラットフォームの違いを吸収する

実行します（**図5.3**）。

マイクロソフト社の.NETも同様の仕組みですが、.NETではC#やVisual Basicをはじめとするさまざまなプログラミング言語で共通の仮想マシンになっているため、CLR（Common Language Runtime：共通言語ランタイム）と呼んでいます。

大規模な再利用、すなわちクラスライブラリやフレームワークといった再利用部品群を作れるようになったのは、クラス、ポリモーフィズム、継承などの優れた機能をOOPが提供したためです。しかし広範囲な再利用、すなわち作成したソフトウエア部品をさまざまなプラットフォームで利用できるようになったのは、この仮想マシンの仕組みのおかげです。この仮想マシンの仕組みはソフトウエアの再利用を促進するうえで重要な貢献をしています。

CPUは複数のスレッドを掛け持ちで実行する

さて次に、プログラムが動く仕組みを説明するうえで、もうひとつの重要な概念であるスレッドについて説明しておきましょう。

今ではスレッドというと、メーリングリストや電子掲示板のスレッド、すなわち「関連する複数の記事をひとまとまりに管理する単位」の方が一般的かもしれません。しかしここで説明するスレッドは、「プログラムの実行単位」の意味を持つコンピュータの基本用語です[*3]。英語のthreadは「糸」を意味する単語で、そこから派生して「命の糸」「寿命」といった意味も持ちます。英語のニュアンスではこの「命の糸」という表現が、コンピュータの処理の実行単位を表すのにピッタリなのでしょう。

ここで「プログラムの実行単位」という説明を聞いて、メールソフトやWebブラウザ、表計算ソフトやゲームソフトといった、コンピュータ上で独立して動くアプリケーションプログラムをイメージした方もおられるかもしれません。確かにそれらもコンピュータの中で動くひとまとまりの実行単位ですが、それらはプロセスと呼んでおり、スレッドよりも大きな単位を表す概念です[*4]。

スレッドはプロセスよりも小さな単位で、1つのプロセスの中に複数存在できます。実際に多くのアプリケーションが、複数のスレッドにより実現されています。身近な例としては、ワープロソフトの文書作成と印刷処理や、Webブラウザのリクエスト処理と「中止」ボタン処理などが挙げられます。これらの独立した処理は、1つのアプリケーションの中で異なる役割を持つ複数のスレッドが同時に並行して動くことで実現しています（**図5.4**）。

さてここで「複数のスレッドが同時並行して動作する」と説明しましたが、厳密にいうとこれは正確な表現ではありません。実際にはコンピュータの心臓部であるCPUが一時点で実行できる処理は1つだけです。ではいったいなぜこのような同時並行処理を実現できるのかというと、CPUが複数のスレッドの処理を少しずつ順繰りに実行しているためです。

＊3　メインフレーム用語では「タスク」と呼びます。
＊4　メインフレーム用語では「ジョブ」と呼びます。

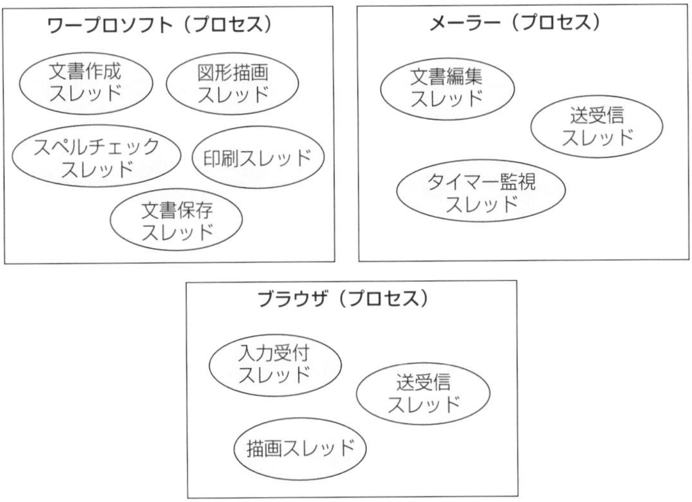

図5.4　プロセスとスレッドの例

CPUはスレッドの処理を実行するとき、ある1つのスレッドを最初から最後まで一気に実行するのではなく、決められた非常に短い時間(通常はミリ秒単位)だけ実行します。そしてその時間だけ処理をしたら、たとえそのスレッドの処理が中途半端な状態であっても、いったん中断し、次のスレッドの処理に移ります。そしてまた次のスレッドでも同じように規定時間だけ処理をしたら、さらに次に移ります。実際には、CPUはこうしていくつものスレッドの処理を掛け持ちして動いていますが、処理速度が非常に速いため、コンピュータの利用者から見ると複数の仕事を同時に実行しているように見えるというわけです[＊5]（**図5.5**）。このようにスレッドを複数同時に実行できる環境を**マルチスレッド環境**と呼びます。

＊5　ただし、1台のコンピュータに複数のCPUを搭載するマルチプロセッサ構成やマルチコアのCPUの場合、CPUやコアの数だけ複数の処理を並行動作させることが可能です。

図5.5　複数の仕事を少しずつ実行するマルチスレッド機能

このマルチスレッド機能は基本的にはOSの機能として提供されます。

ところでなぜこんなややこしいことをするのでしょうか。その理由は、無駄な待ち時間を減らして全体の処理効率を高めるためです。

コンピュータの仕事は機械語の命令の実行だけではありません。ディスクの読み書きをしたり、プリンタに印刷したり、ネットワークにつながっている別のコンピュータと通信したり、マウスやキーボードなどからの入力を待ったりと、外部とのやりとりがたくさんあります。こうした外部とのやりとりは人間から見れば瞬時かもしれませんが、マイクロ秒、ナノ秒の単位で仕事をするCPUにとっては気の遠くなるような長い待ち時間です。したがって、この間をただじっと待ってしまうと、CPUは仕事をせずに遊んでいる時間ばかりが多くなってしまいます。

こうした状態を回避するため、1つのスレッドの仕事に集中するのではなく、いくつものスレッドの仕事を掛け持ちして、各々を少しずつ実行する仕組みになっています。

複数のスレッドを同時並行で処理することで、CPUリソースを効率的に利用できる。

静的領域、ヒープ領域、スタック領域で管理

さてここからメモリの使い方の説明に入ります。この章の最初にも書いたようにOOPの動作環境の特徴はメモリの使い方にあります。しかし一方で、従来のプログラミング言語で書かれたプログラムの動作環境と共通する点もたくさんあります。そこでまずOOPの特徴的な部分を除いた、プログラムが動作するときの一般的なメモリの使い方を説明します。

プログラムのメモリ領域は基本的に、「静的領域*6」「ヒープ領域」「スタック領域」の3つに分けて管理します（**図5.6**）。

プログラムのメモリ領域は、静的領域、ヒープ領域、スタック領域の3つに分けて管理する。

各々について説明しましょう。

1つめの**静的領域**は、プログラムの開始時に確保され、以降プログラムが終了するまで配置が固定される領域です。「静的（static）」と呼ぶ理由は、この領域に格納される情報の配置がプログラムの実行時に変化しないためです。ここには静的な変数、すなわちグローバル変数と、プログラムの命令を実行可能な形式に変換したコード情報が格納されます。

*6　静的領域は、コード領域と変数領域に分けてそれぞれを「プログラム領域」「静的変数領域」と呼ぶこともあります。本書ではこれらをまとめて静的領域と呼びます。

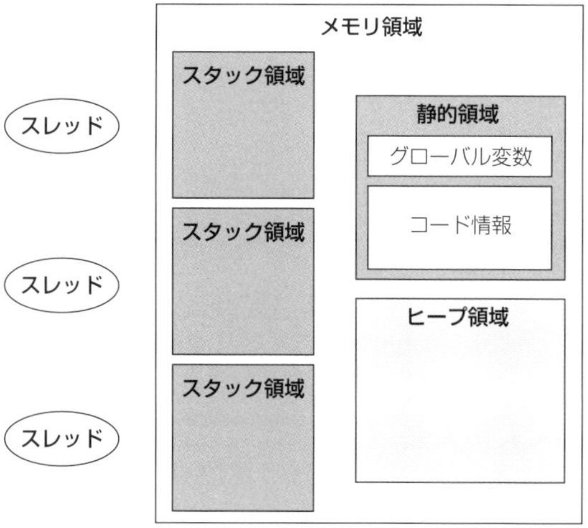

図 5.6　3つのメモリ領域

2つめの**ヒープ領域**はプログラムの実行時に動的に確保するためのメモリ領域です。英語のheapは「たくさん」「山ほど」といった意味を持つ単語で、プログラムの開始時にたくさんのメモリ領域をあらかじめ確保しておくことからこの名前がついたのでしょう。

この領域は、プログラムの実行中にアプリケーションから必要なサイズを要求することで割り当てを行い、不要になれば元に戻します。この領域は、まとまった空き領域をなるべく大きくしてメモリの有効活用を図ることや、複数のスレッドから同時に割り当て要求が来た場合に整合性を保つ必要があるため、OSや仮想マシンが管理機能を提供します。実際の割り当てや解放処理は、この管理機能を介して行います。

3つめの**スタック領域**はこの前の節で説明したスレッドの制御のために使うメモリ領域です。ヒープ領域は複数のスレッドから共用されますが、このスタック領域はスレッドに1つずつ用意されます。一つひとつのス

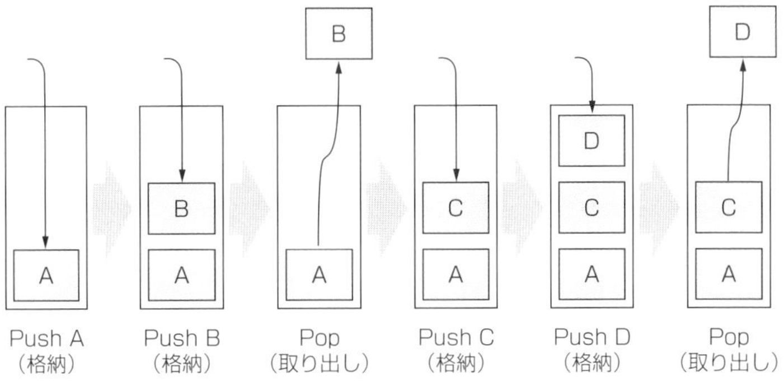

図 5.7　スタックの使い方

レッドはサブルーチン（OOPではメソッド）を次々と呼び出すことで動作します。スタック領域はサブルーチン呼び出しの制御のために使われるメモリ領域で、サブルーチンの引数やローカル変数、戻り先などの情報を格納します。

このメモリ領域をスタックと呼ぶのは、その使い方に由来しています。英語のstackは「積み重ね」の意味を持ちます。このメモリ領域は新しい情報をどんどん上に積み上げ、使うときには一番上に乗っているものから使います（**図5.7**）。こうした使い方を**LIFO**（Last In First Out：後入れ先出し方式）と呼びます。サブルーチン呼び出しは、呼び出したサブルーチンの処理が終了する前にさらに次のサブルーチンを呼び出す入れ子構造になるため、この方式によりメモリ領域を効率的に使用することができます。

3つのメモリ領域の特徴を**表5.1**にまとめます。

OOPの特徴はメモリの使い方にあり

ここまで一般的なプログラムの動作環境として、コンパイラとインタ

表 5.1　3つのメモリ領域の特徴

種類	静的領域	ヒープ領域	スタック領域
使い方	アプリケーション開始時に確保する	開始時に一定領域を確保し、必要の都度アプリケーションに割り当てる	LIFO（後入れ先出し方式）
格納される情報	グローバル変数、実行コード	任意（アプリケーションによる）	呼び出したサブルーチンの引数、ローカル変数、戻り先
確保される単位	アプリケーションでまとめて1つ	システムまたはアプリケーションで1つ	スレッドごとに1つ

プリタ、仮想マシン、スレッド、メモリ管理の説明をしてきました。これらの内容は、プログラマにとっては「たしなみ」以前の「常識」といってよい知識です。知らなかった方はぜひこの機会に覚えておいてください。

さて、以降ではOOP固有の話に入ります。OOPで書いたプログラムであっても、基本的な仕組みはここまでの話と同じです。しかしOOPを使って書いたプログラムは、メモリの使い方が従来とだいぶ異なるため、主にその点について説明します。

もっともひと口にOOPといっても、Java、C++、C#、Smalltalk、Ruby、Python、Visual Basic.NET、PHP、JavaScriptなど実にたくさんのプログラミング言語があります。これらのプログラミング言語はいずれも、三大要素であるクラス、ポリモーフィズム、継承の機能をサポートしていますが、基本的な仕組みであってもプログラミング言語ごとに微妙に仕様は違っています。またコンパイラやOS（オペレーティングシステム）などによっても実行時の仕組みは異なる場合があります。

以降では、Javaを前提にして、プログラムが動作する仕組みを説明します。ただしここでの目的はOOPの仕組みを原理的に説明することであり、Javaの詳しい仕組みを説明する意図はありません。したがって、

Javaを含めた具体的なプログラミング言語の動作環境の仕組みを知りたい方は、関連書籍やWeb情報などを調べてください。

クラス情報はクラスにつき1つだけロードする

OOPを使って書いたプログラムが動くときには、クラスからインスタンスを作って動作することを第4章で説明しました。しかし実際にプログラムが動くときには、インスタンスを作る前に対応するクラスの情報をメモリにロードしておく必要があります。

ここでいうクラス情報とは、個々のインスタンスに依存しないクラス固有の情報です。クラス情報の内容はプログラミング言語によって若干バリエーションがありますが、どの言語でも共通であり、かつ最も重要なものは、メソッドに書かれたコード情報です。同じクラスから作られたインスタンスであっても、インスタンス変数の値は各々で変わりますが、メソッドに書かれたコード情報は変わりません。したがって、コード情報はクラス固有の情報として、1クラスに1つだけロードします。

> メソッドに書かれたコード情報は1クラスに1つだけロードする。

このクラス情報をメモリにロードするタイミングには大きく分けて2つの方式があります。ひとつは事前にすべてのクラス情報を一括してロードする方式で、もうひとつは必要な時点で逐次ロードする方式です。

前者は定義したすべてのクラス情報をアプリケーションの開始時にまとめてメモリにロードする方式です。コード情報を最初にすべてロードする方式は、従来の多くのプログラミング言語で一般的な仕組みでした。OOPでも、C言語との互換性を考慮して作られているC++ではこの方式を採用しています。

後者の方式はJavaや.NETなどが採用しています。インタプリタで動かすことが多いPythonやPHP、Rubyなどもこの方式が基本です。この方式では、新しいクラスを使うコードを実行するたびに、ファイルから対応するクラス情報を読み込んでメモリにロードします。そしてそのタイミングで、ロード済みの他のクラス情報との関連づけを行います。この方式では新しいクラスを読み込むたびにオーバーヘッドがかかるため、実行性能は悪くなりますが、実際に動くコードの分だけメモリを使うので、全体のメモリ使用量を減らせるメリットがあります。またネットワーク越しに分散して管理しているプログラムファイルを実行時に結合して動かすことが容易になるなど、実行時の柔軟性も確保できます。

クラス情報をロードするメモリ領域は図5.6（135ページ）の静的領域に相当する場所です。しかしJavaでは必要なクラス情報を逐次ロードする方式を採用しており、実行時にメモリの配置が変化することから、「静的領域」ではなく「メソッドエリア」と呼びます*7。本章でも以降の説明では、「静的領域」の代わりに「メソッドエリア」という用語を使います。ただしここまでの説明との対比をしやすくするため、必要に応じて「メソッドエリア（静的領域）」とします。

インスタンス生成のたびにヒープ領域が使われる

次はインスタンスの仕組みです。

インスタンスを作る命令（Javaではnew命令）を実行すると、そのクラスのインスタンス変数を格納するために必要な大きさのメモリがヒープ領域に割り当てられます。このとき、インスタンスを指定してメソッドを呼び出す仕組みを実現するため、インスタンスからメソッドエリアにあるクラス情報への対応づけも行います。

*7 Javaでは、クラス情報としてロードされるのは、メソッドだけでなく、クラス自身に定義されたクラス変数（static変数）や定数情報、さらにはクラス名やメソッド名などのシンボル情報も含みます。

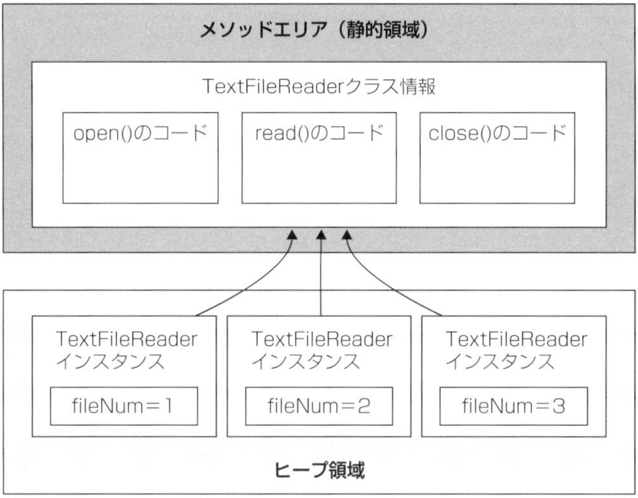

図 5.8　ヒープ領域にメモリが確保されるインスタンス

第4章の図4.4（89ページ）では、インスタンスごとにメソッドと変数がメモリに展開されているような絵を描きました。しかしこれはあくまでもイメージを表現する絵です。実際には、メソッドに書かれたコード情報はクラスごとに1カ所にだけ存在し、インスタンスからはその場所を指し示すように管理します。

この関係を、第4章で書いた3つのメソッドを持つTextFileReaderクラスを例にして図にまとめると**図5.8**のようになります。

OOPにおけるメモリの使い方の最大の特徴はこのインスタンスの作り方にあります。

従来のプログラミング言語で書いたプログラムではヒープ領域はあまり使わないのが一般的でした。コードとグローバル変数を静的領域に配置し、サブルーチン呼び出しの情報はスタック領域を使って受け渡すことで、ほとんどの処理を実現していました。ヒープ領域は、割り当て処理のオーバーヘッドがかかりますし、使い終わった後にメモリの解放を忘れてしまうことでメモリリーク問題も起こしやすかったからです。

しかしJavaのような多くのOOPでは、作成したインスタンスはすべてヒープ領域に配置されます。プログラマは「OOPを使って書いたプログラムは、有限のメモリ領域であるヒープ領域を大量に使って動くこと」を認識しておく必要があります。

> OOPで書いたプログラムは、有限のメモリ領域であるヒープ領域を大量に使って動く。

最近はハードウエア能力が向上したため、ヒープ領域にメモリを確保したり解放したりすることによるオーバーヘッドは全体から見れば非常に小さくなりました。また使わなくなったメモリの解放忘れによるメモリリーク問題も、後述するガベージコレクションの仕組みによりほとんど気にする必要がなくなっています。

しかしいくらメモリ容量が大きくなったとはいえ、数万、数十万といった膨大な数のインスタンスを一時期に作ったりすれば、CPUに大きな負荷がかかりますし、ひどいときにはメモリ領域不足でシステム障害になることさえあるでしょう。

このため、大量の情報をまとめて読み込んで処理をするアプリケーションのプログラムを書く場合には、その処理によってヒープ領域をどれだけ使うのかをあらかじめ見積もっておくなどの対応が必要となるでしょう。

変数にはインスタンスの「ポインタ」が格納される

さてここで、作成したインスタンスがどのように変数に格納されるのかを説明しておきましょう。第4章のTextFileReaderクラスからインスタンスを作成するコーディング例をもう一度見てみます(**リスト5.1**)。

リスト5.1　TextFileReaderのインスタンス生成

```
TextFileReader reader = new TextFileReader();
```

先ほど説明したように、作成したTextFileReaderクラスのインスタンスはヒープ領域に確保されます。

それでは、変数readerにはどういう情報が格納されるのでしょうか。

この変数はヒープ領域にあるとは限りません。メソッドの引数やローカル変数ならスタックに置かれますし、メソッドエリア(静的領域)にあるクラス情報に配置することも可能です。

このため、変数readerにはTextFileReaderクラスのインスタンスそのものを格納しません。その代わりにこの変数には、ヒープ領域に作られたインスタンスのポインタ[*8]を格納します。

> インスタンスを格納する変数にはインスタンスそのものではなく、インスタンスの「ポインタ」が格納される。

ポインタは「メモリ領域の場所を示す情報」です。たとえ話で説明するなら、ヒープ領域に確保されたメモリ領域が土地で、ポインタはその住

*8　C++にはメモリの場所を指す仕組みの用語として、加減算などの演算が可能な「ポインタ」と、変更が不可能な「参照」の2つがあります。本書ではメモリ内部の仕組みを説明するため、コンピュータをイメージしやすい用語の「ポインタ」で統一します。

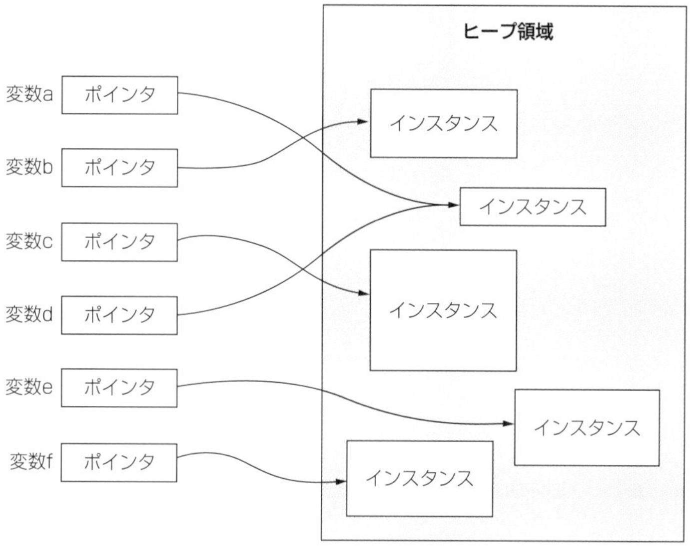

図 5.9　変数にはポインタを格納する

所に相当します。土地の広さにかかわらず、住所の形式が都道府県、市区町村、番地と決まっているように、ポインタもメモリ領域の大きさにかかわらず表現形式は一定です。この方法を使えば、インスタンスの大きさに関係なく、常に同じ形式でインスタンスを管理できます（**図5.9**）。

C++では変数にインスタンス自体を格納するか、ポインタを格納するかを指定できましたが、Javaでは変数にインスタンスを直接格納することができなくなっています。Javaでは言語仕様を単純にするとともに、ヒープ領域に格納したインスタンスをガベージコレクタが自動的に管理できるようにするため、インスタンスは常にヒープ領域に作成し、変数にはポインタを格納するようにしています。

インスタンスを格納する変数のコピーに要注意

さて、ここまで進んだところで、プログラミングをする際に気をつけるべきことを1つ説明しておきましょう。

それはインスタンスを格納する変数をコピーした場合の動作です。これを意識せずにプログラムを書いてしまうと、わかりづらいバグを作り込んでしまう可能性があります。

以降では少し長くなりますが、Javaのコードを使って説明しましょう。

まずは名前だけをインスタンス変数として持つ、非常にシンプルなPersonクラスを定義します（**リスト5.2**）。

リスト5.2　シンプルなPersonクラス

```
class Person {            // Personクラス
  private String name;   // インスタンス変数として名前を持つ
  public void setName(String nm) {  // 名前を設定するメソッド
    this.name = nm;      // 名前をインスタンス変数に設定する
  }
  public String getName() {  // 名前を取得するメソッド
    return this.name;        // 保持している名前をリターン
  }
}
```

そして、このPersonクラスのインスタンスを格納する変数を2つ用意して、各々に名前を設定します（**リスト5.3**）。

リスト5.3　Personに名前を設定するコード

```
Person musician = new Person(); // (1) Personインスタンスの作成
Person john = musician; // (2) 変数johnに代入する
john.setName("John");   // (3) 変数johnに名前を設定する
Person paul = musician; // (4) 変数paulに代入する
paul.setName("Paul");   // (5) 変数paulに名前を設定する
```

この後で、2つの変数の名前を印字します（**リスト5.4**）。

リスト5.4　Personの名前を印字するコード

```
System.out.println(john.getName()); // 変数johnの名前を印字する
System.out.println(paul.getName()); // 変数paulの名前を印字する
```

結果は、次のようになります（**リスト5.5**）。

リスト5.5　Personの名前を印字した結果

```
Paul
Paul
```

あれ、おかしいですよね？　変数johnには“John”を、paulには“Paul”と名前をつけたのに、なぜか両方とも“Paul”になってしまっています。ここで「そんなの当たり前じゃないか！」と思った方は心配無用です。以降の説明は読み飛ばして次の節に進んでください。

残念ながらよくわからなかったという人は、インスタンスとそれを格納する変数の関係をきちんと理解できていない可能性がありますので、ぜひ次の説明を読んでください。

それではリスト5.3のコードの実行結果を、最初から順を追って説明しましょう。まず(1)からです。ここではPersonインスタンスがヒープ領域に作られ、そのインスタンスのポインタ（場所を示す情報）が変数musicianに格納されます。このときのメモリの状態は**図5.10**のようになります。

ここまでは問題ありません。そして、その次の(2)では変数johnに変数musicianの内容を代入し、(3)で名前を“John”に設定しています。このときのメモリの状態は**図5.11**のようになります。

ここで気をつけるべきことは(2)の代入処理です。図5.11を見るとわ

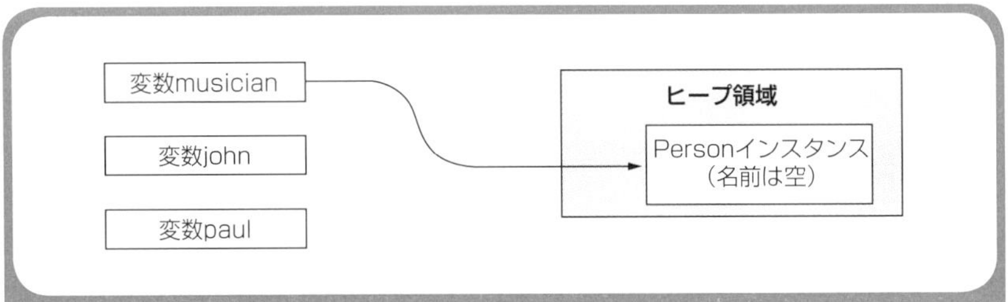

図5.10　リスト5.3 (1) 時点のヒープ領域

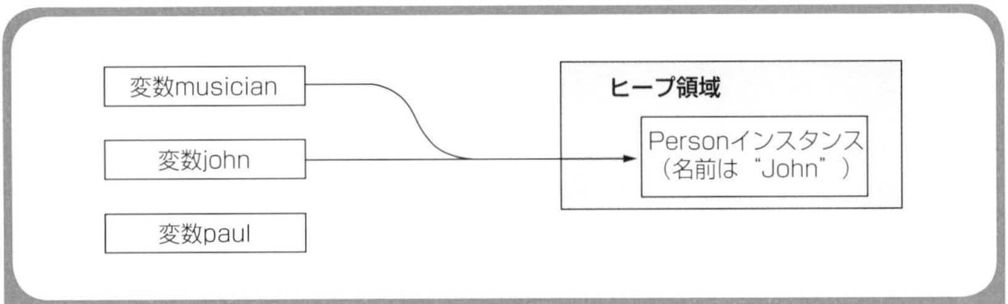

図5.11　リスト5.3 (3) の時点のヒープ領域

かると思いますが、ここではPersonインスタンスのポインタをコピーするだけで、ヒープ領域に配置されているPersonインスタンスは依然として1つのままです。これは、リスト5.3のコードを見てもすぐにはわかりづらいかもしれません。しかしJavaではインスタンスをヒープ領域に新たに確保するのはnew命令を実行した場合だけであって、(2)のようにインスタンスを格納する変数の代入を行った場合にはポインタをコピーするだけです。

この状態から(4)で再度変数musicianの内容を変数paulに代入しても、Personインスタンスは1つしかないため、変数johnが指しているものと同じになります。したがって(5)で名前を“Paul”に設定したあとでは、**図5.12**のような状態になってしまいます。

この状態で、変数johnとpaulの指しているインスタンスの名前を印刷

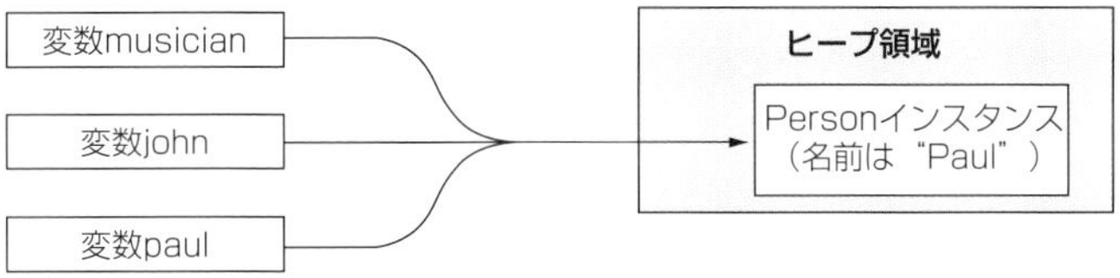

図 5.12　リスト 5.3（5）時点のヒープ領域

すれば、どちらも"Paul"になってしまうというわけです。3つの変数すべてがどれも同じインスタンスを指しているのですから当たり前ですよね。

気をつけるべきことはリスト5.3の(2)や(4)でいくら変数をコピーしても、インスタンスを格納する「ポインタ」(場所を示す情報)がコピーされるだけで、肝心のインスタンス自体はずっと1つのまま変わらないことです。

Javaでヒープ領域にインスタンスを確保するためにはnew命令を使う必要があります。参考までにPersonインスタンスの名前が正しく設定されるコードを**リスト5.6**に示しておきましょう。

リスト 5.6　Person の名前が正しく設定されるコード

```
Person john = new Person(); // Person インスタンスを作成する
john.setName("John");       // 変数 john に名前を設定する
Person paul = new Person(); // Person インスタンスを作成する
paul.setName("Paul");       // 変数 paul に名前を設定する
```

このように2つの変数それぞれに対してnew命令を使ってインスタンスを作成すれば、メモリは**図5.13**のような状態になります。こうしておけば2つの変数の指すそれぞれのインスタンスに対して別の名前を設定する

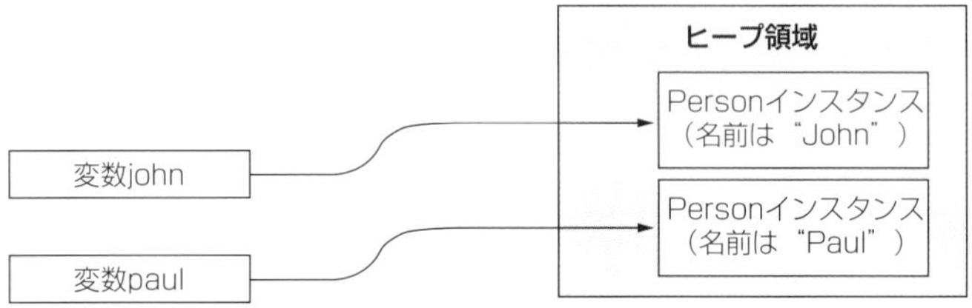

図 5.13　リスト 5.6 実行後のヒープ領域

ことができます。

Javaでは言語仕様をシンプルにするため、インスタンスの場所を表現する「ポインタ」をプログラムから明示的に操作できなくなっています。Javaではポインタを明示的に操作できませんが、変数に格納されるのはポインタですし、メソッドの引数や戻り値にオブジェクトを指定した場合でも、実際に受け渡すのはポインタです。プログラマはこのことをきちんと理解しておく必要があります。

最後にもう一度留意点をまとめておきましょう。

> 変数には、インスタンスそのものではなく、インスタンスのポインタ（場所を示す情報）が格納される。
> インスタンスを格納する変数を他の変数に代入した場合、ポインタがコピーされるだけで、ヒープ領域にあるインスタンスそのものは変化しない。

＊9　「仮想関数テーブル」とも呼びます。
＊10　C言語およびC++では「関数ポインタ」と呼びます。

ポリモーフィズムは異なるクラスが同じ顔を見せる

ポリモーフィズムは「共通メインルーチンを作る仕組み」であることを第4章で説明しました。この仕組みのポイントは、呼び出される側のクラス（サブルーチン相当）を入れ替えても、呼び出す側のクラス（メインルーチン相当）に影響を及ぼさないことです。

具体的な実現方法はいくつか考えられますが、ここではもっとも典型的なメソッドテーブル[*9]による方式を前提に説明しましょう。

まず、各クラスにメソッドテーブルを用意します。このメソッドテーブルは、各クラスに定義されたメソッドがメモリに展開されている場所、すなわちメソッドのポインタ[*10]を順番に格納したものです。これを図示すると、**図5.14**のようなイメージになります。

ポリモーフィズムでは、対象となるクラスのメソッドの呼び出し方を

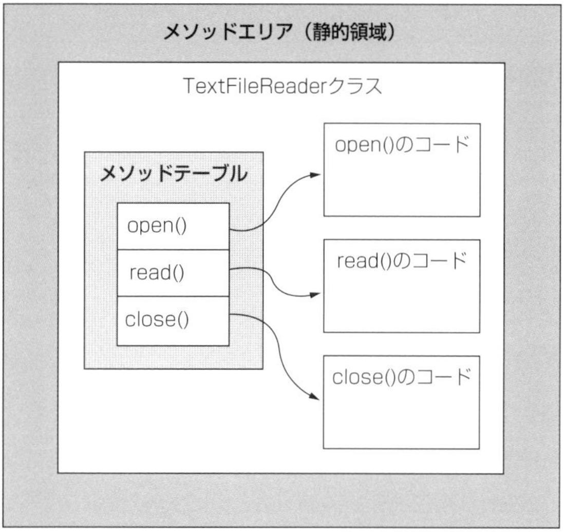

図 5.14　メソッドテーブル

すべて統一する必要があります。これは呼び出されるクラスが「同じ顔に見えるように」しておくことといってもよいでしょう。

メソッドテーブルは異なるクラスを同じ顔に見せるための仕掛けです。メソッドが格納されている場所を指し示すポインタを集めたメソッドテーブルを作り、この形式を対象となるクラス間で統一しておきます。準備はこれだけです。

実際にメソッドを呼び出すときには、このメソッドテーブルを経由して目的のメソッドを特定して実行します。こうすることでメソッドに書かれたコードが異なっていても、呼び出し方法を統一できます。ポリモーフィズムの仕組みをまとめた図を**図5.15**に示します。この仕掛けを説明するたとえ話としては、同じ顔に見せるために異なるクラスが「同じ仮面をかぶる仕掛け」と呼ぶほうが適切かもしれません。クラスによって、実際の顔であるメソッドはそれぞれ異なるものの、メソッドテーブルという同じ仮面をかぶることで、呼び出し側に対して同じように見せるというわけです。

図5.15ではTextFileReaderとNetworkReaderの2つのインスタンスがありますが、メソッドテーブルの形式がスーパークラスのTextReaderクラスと同じになっているため、どちらのインスタンスに対しても同じ方法でメソッドを呼び出すことができます。

ここで説明したポリモーフィズムの仕組みは、すべてコンパイラや実行環境が提供します。したがってプログラマがこの仕組みを意識する必要はありません。実行効率の観点からすると、こうした仕組みを経由した方が、単純にメソッドを呼び出すよりも効率が悪くなりますが、現在のマシン能力からすれば微々たるものです。この仕組みはプログラマの「たしなみ」として理解しておけば十分でしょう。

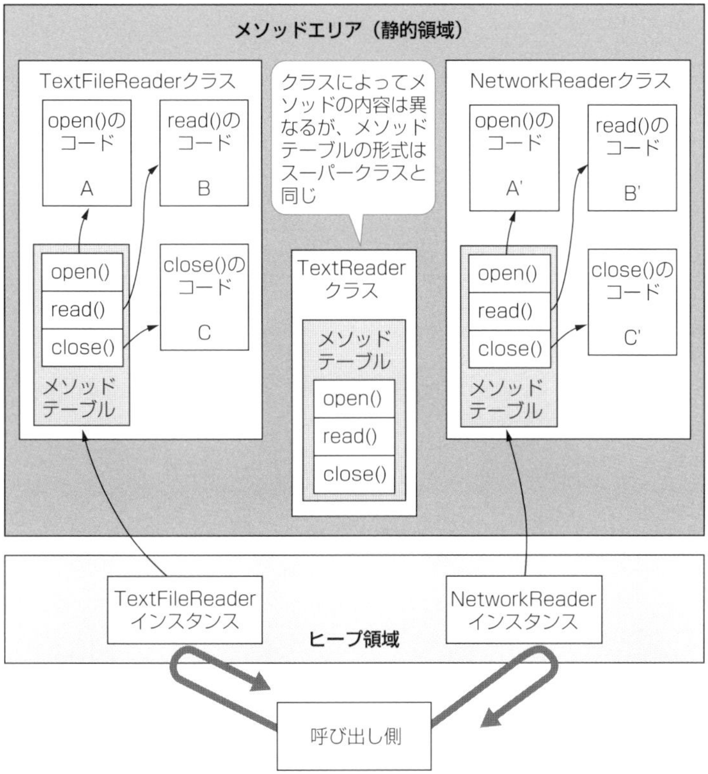

図 5.15　ポリモーフィズムを実現するメモリ構造

継承される情報の種類によってメモリ配置は異なる

次は継承です。

継承は「クラスの共通部分を別クラスにまとめる仕組み」であることを第４章で説明しました。ここでの共通部分とは、具体的には共通なメソッドとインスタンス変数を指します。この継承の仕組みにより、スーパークラスの定義情報をサブクラスでそのまま利用することができます。

しかし同じ継承される情報といっても、メモリ配置の観点からすると、メソッドとインスタンス変数ではまったく異なります。ここでは、継承された情報がどのようにメモリに配置されるかを説明します。

例として、先ほどのPersonクラスを継承したEmployee（社員）クラスを取り上げます。Employeeクラスは、インスタンス変数にemployeeNum（社員番号）を保持し、それを取得・設定するメソッドを持つ非常にシンプルなクラスです。コードは**リスト5.7**のとおりです。

リスト5.7　Employeeクラス

```
class Employee extends Person {  // Employeeクラス（Personを継承）
  private int employeeNum;  // インスタンス変数として社員番号を持つ
  public void setEmployeeNum(int empNum) { /* ロジックは省略 */ }
  public int getEmployeeNum() { /* ロジックは省略 */ }
}
```

このEmployeeクラスはPersonクラスを継承しているため、Personクラスに定義されたメソッドとインスタンス変数をそのまま利用できます。

最初にメモリ配置の全体像を示しましょう。**図5.16**を見てください。

まずメソッドから説明しましょう。

スーパークラスに定義したメソッドは、サブクラスでそのまま利用できます。メソッドエリアに格納されたコード情報もそのまま利用できますから、継承されたメソッドのコード情報はサブクラスではメモリに展開せずスーパークラスの情報を利用します（図5.16の左上（1）の説明）。しかし一方で、サブクラスのインスタンスに対してもスーパークラスで定義されたメソッドを呼び出すことが可能です。このため、サブクラスの「顔」であるメソッドテーブルには、継承されたメソッドを含めたすべてのメソッドを定義します（図5.16の右上（2）の説明）。

つまり継承されたメソッドについては、メソッドテーブルに格納する

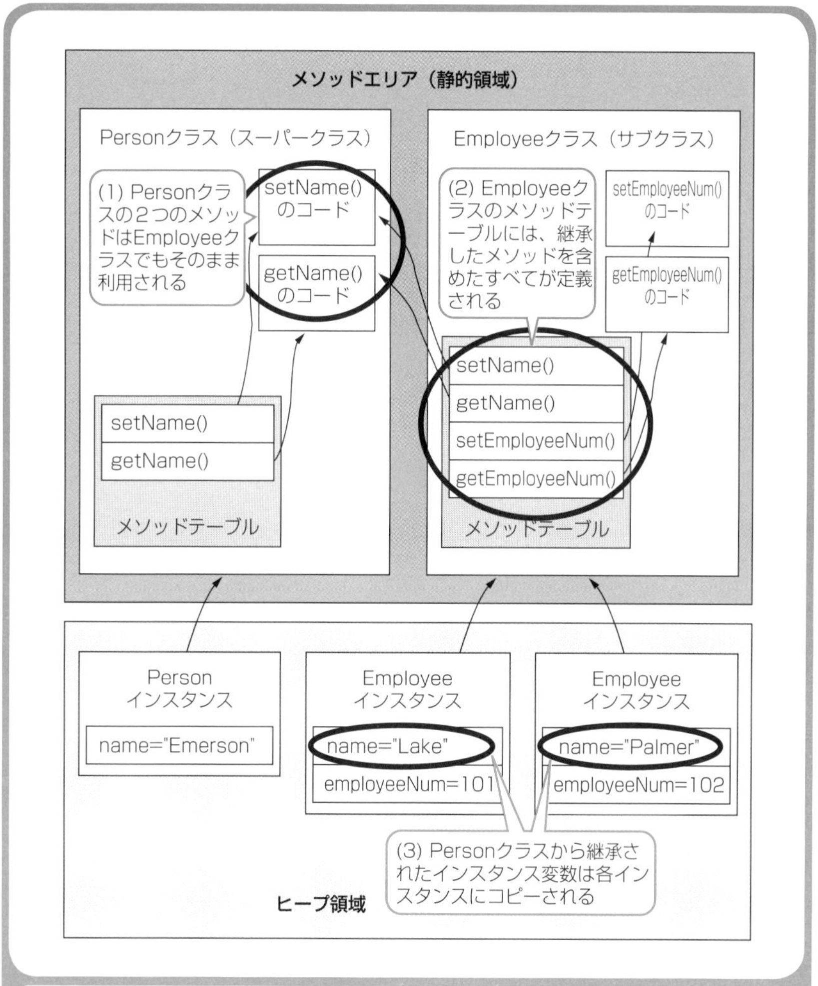

図 5.16　継承された情報のメモリ配置

ものの、実際のコード情報はスーパークラスのものを使い回すというわけです。

次はインスタンス変数です。継承によりインスタンス変数の定義もサブクラスにコピーされますが、実際の値はインスタンスごとに異なります。

このためスーパークラスで定義されたインスタンス変数は、ヒープ領域に作られるサブクラスのすべてのインスタンスにコピーして保持されます(図5.16の右下(3)の説明)。なおこのようにすべてのインスタンスに変数領域が確保されるのは、「隠す」仕組みでprivate(公開しない)と宣言したインスタンス変数についても同様であることに注意してください。

> スーパークラスから継承したメソッドとインスタンス変数のメモリ配置はまったく異なる。
> スーパークラスのインスタンス変数は、ヒープ領域にあるサブクラスのすべてのインスタンスにコピーして保持する。

孤立したインスタンスはガベージコレクタが処分する

さてOOPが動く仕組みの最後はガベージコレクションです。ガベージコレクション(garbage collection)は、第4章で説明したようにゴミ集めを意味し、ヒープ領域に残った不要なインスタンスを自動的に削除する仕組みです。これはプログラマにとっては非常に便利な機能ですが、それを実現する立場からすると非常に複雑な仕組みです。

したがって本書では、こうしたガベージコレクションの詳しい仕組みには立ち入りません。ただしOOPを使うプログラマなら、どういう状態のインスタンスがガベージコレクションの対象になるかを理解しておくのは当然の「たしなみ」といえます。このことを知らずに、削除できないインスタンスが大量に残るようなコードを書いてしまえば、どんなに優れたガベージコレクションのアルゴリズムが考案されたとしてもメモリリーク問題は防止できません。したがって、ここではガベージコレクションの基本的な仕組みとして、どういうインスタンスが削除対象になるのかについて説明します。

まずは誰がガベージコレクションを実行するのかを説明しましょう。これは**ガベージコレクタ**と呼ぶ専用のプログラムが行います。このプログラムはプログラミング言語の実行環境（Javaの場合はJava VM）が提供するもので、独立したスレッドとして動作します。このプログラムは適切なタイミングでヒープ領域の状態を調べ、空きメモリ領域が少なくなったことを検知すると実際のガベージコレクション処理を起動します。

ここで疑問がわきます。ガベージコレクタはいったいどうやって不要なインスタンスを判断するのでしょうか。

その答えは「孤立したインスタンスを見つけること」です。

OOPを使って書いたアプリケーションは、クラスからインスタンスを作り、そのインスタンスに対してメソッドを起動することで動作します。そしてインスタンスはさらに別のインスタンスを参照することができます（具体的な仕組みとして、変数にインスタンスのポインタを格納することについては先ほど説明しました）。OOPを使って書いたアプリケーションではたくさんのインスタンスを作りますが、それらが参照し合って全体としてネットワークを構成します。

このインスタンスのネットワークはヒープ領域だけの話ではありません。残りの2つのメモリ領域であるスタックとメソッドエリア（静的領域）も重要な役目を果たします。

先ほど一般的なプログラムの仕組みとして、実行中のメソッドの引数やローカル変数をスタックに格納することを説明しました。OOPでもこれは同じです。ただしOOPの場合は引数やローカル変数にインスタンスを指定することが可能であり、その場合スタックにはヒープ領域に存在するインスタンスのポインタを格納します。また詳しい説明は省略しますが、メソッドエリアからもヒープ領域のインスタンスを参照できます[*11]。

スタックとメソッドエリアはアプリケーション処理で必要な情報のた

め、ここから参照されているインスタンスはガベージコレクションの対象になりません。つまりスタックとメソッドエリアがネットワークの「根元」になります。

このネットワークの仲間はずれになったインスタンス、言い換えると根元からたどれないインスタンスがゴミ集めの対象になります。

さてここまで説明したところで、この章の冒頭で出題したウォーミングアップをもう一度やってみましょう。

<ウォーミングアップ>

次の**図5.17**を見て、ガベージコレクションの対象になるインスタンスを選んでください。

（A～Lの長方形はインスタンスを、矢印は参照関係があることを示し

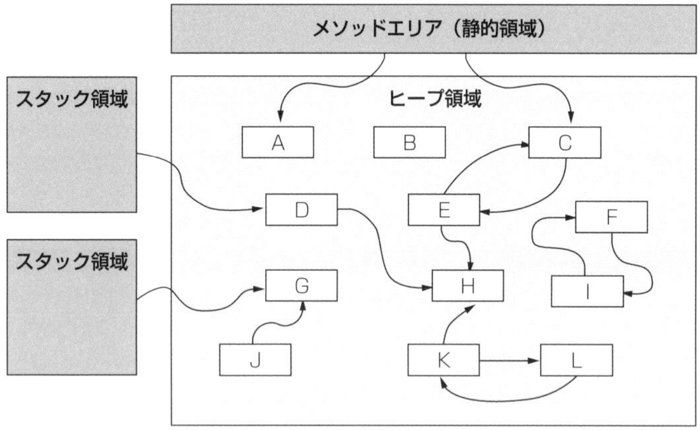

図5.17　ガベージコレクションクイズ

＊11　クラス変数（static変数）のメモリ領域は、メソッドエリア（静的領域）に確保されます。

ます）

<クイズの答えと解説>

正解はB、F、I、J、K、Lの6つです（**図5.18**）。

まず一番わかりやすいのがBでしょう。このインスタンスはどこからも参照されておらず、B自身からもどこへも参照していません。完全に孤立した状態のため、削除してもまったく問題ありません。次にわかりやすいのはFとIでしょう。FとI同士では相互に参照関係がありますが、メソッドエリアおよびスタック領域からたどることができません。この

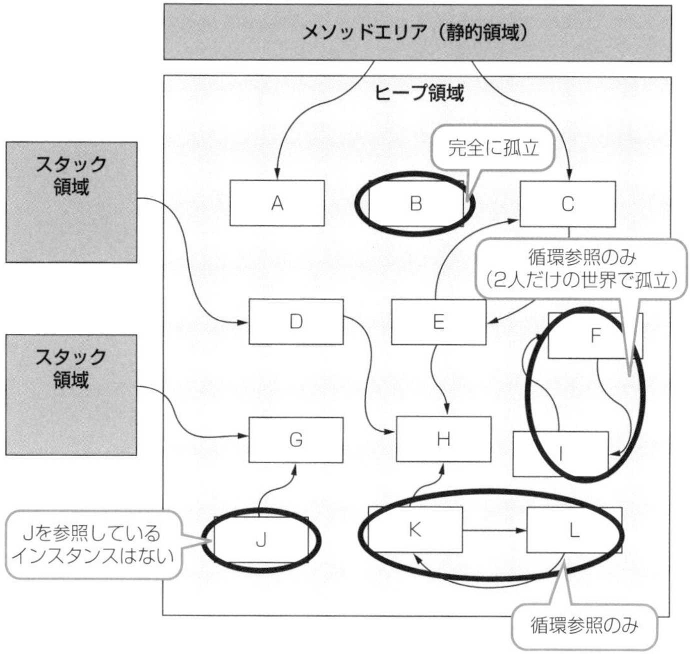

図5.18　ガベージコレクションクイズの答え

状態になるとアプリケーションからはどうやってもアクセスすることができないため、削除対象になります。Jは少しわかりづらいかもしれません。JからはGを参照しているため、一見するとネットワークに入っているように見えます。しかしJを参照しているインスタンスがないため、やはり削除対象になります。KとLについてもJと同様です。これらは相互に参照し合っており、かつKから別のインスタンスを参照していますが、やはりKとLには他のどこからもアクセスすることができません。

いかがだったでしょうか。このクイズの解説が理解できれば、ガベージコレクションに関する「たしなみ」は合格です。間違えてしまった方はぜひもう一度チャレンジしてみてください。

プログラミングをするうえで気をつけるべきことは、不要になったインスタンスをスタックやメソッドエリアから参照し続けないようにすることです。しかしこれは実際にプログラミングをするときにはなかなか気づきづらいものですし、そこから芋づる式に大量のインスタンスを参照しているような状況でもなければ、さほど気にする必要はありません。しかし、メモリを使いすぎてしまうとプログラムの動作が遅くなりますし、極端な状況になると異常終了してしまうこともあります。そうしたときにアプリケーションを見直すポイントとして、ガベージコレクタの仕組みを覚えておいてください。

ガベージコレクタは、スタック領域とメソッドエリアからたどれなくなった不要なインスタンスを削除する。

さて、最後にたとえ話を出しましょう。このガベージコレクションは言ってみれば、「ガベージコレクタ大魔王が、誰からも手をつながれていないインスタンスを見つけてその場で抹殺してしまう」仕組みです。

本書では、OOPの仕組みが現実世界をそのまま表現する技術ではないというスタンスを取っていますが、この仕組みを現実世界に無理矢理たとえると大変なことになります。何しろつないでいる子供の手を一瞬でも離したら最後、二度と会えなくなるだけでなく、大魔王がやってきてその場で始末してしまうというのです。なんという恐ろしい世界でしょう！

COLUMN

プログラミング昔話

OOP はダンプが見づらい？

筆者がはじめて OOP を知ったときの感想は何だと思いますか？

本書をここまで読み進めてきた方は

「すごい！これなら独立性の高いソフトウエア部品を作れそう」

とか

「ポリモーフィズムでメインルーチンを共通化できて便利そうだなー」

などという感想を想像したかもしれませんね。でも全然違います。

「ダンプが見づらそうだなー」

が正解です。

もっとも、今ドキのプログラマの人たちが「ダンプ」と聞いて思いつくのはダンプカーだけでしょう。

*　　　*　　　*

メインフレーム時代のシステム開発用語で「ダンプ」といえば、「メモリダンプ」を指します。「ダンプ (dump)」は「ドサッと落とす」を意味する単語で、プログラムが異常終了したときのメモリ内容をまとめてドサッと印字した結果を指します。

図 5.a にメモリダンプのイメージを示します。左側にはメモリの番地を出力し、真ん中にはメモリ内容を 16 進数の形式で出力し、右側にはメモリ内容を文字コードに変換した値を出力するのが一般的な形式です。

筆者がアセンブリ言語や COBOL

```
3E290   2A2A 4441 5441 2A2A   **DATA**
3E298   004E 3C00 3141 205C   .N<.1A ¥
3E2A0   3030 3132 2000 4B6B   0012 .Kk
```

番地(16進数)　　メモリ内容(16進数)　　メモリ内容(文字形式)

図 5.a　メモリダンプのイメージ

を使ってプログラムを書いていた頃のデバッグといえば、数十ページにも及ぶメモリダンプの印刷リストから調べたい変数を探して、ラインマーカーを使って印をつけながら状態を確認し、それからプログラムのロジックを調べてエラーの原因を特定するのがお決まりの手順でした。そしてメモリダンプから変数の場所を探すのが大変だったため、見つけやすい文字列をプログラムの変数領域に書いておくテクニックをよく使ったものです（図5.aの1行目に出力されている“**DATA**”という文字列はその例です）。

＊　＊　＊

現在では、高機能なデバッガを使って、プログラムの実行を任意の場所で止めて、調べたい変数をウィンドウに表示させる開発環境が当たり前になりましたが、当時から思えばまるで夢のような世界です。

こんな筆者ですから「インスタンスを生成すると、変数を格納するメモリ領域がヒープ領域のどこかに動的に確保される」というOOPの仕組みをはじめて聞いた当時は、「いくらプログラミングが楽になるとしても、ダンプが見づらくてデバッグが大変なようではとても使い物にならない」と思ったものでした。

しかし今では幸いなことに（残念ながら？）、こうしたメモリダンプの話が通じる相手を探すほうが難しい時代になりました。

第6章

この章のキーワード

クラスライブラリ、フレームワーク、コンポーネント、デザインパターン

OOPがもたらしたソフトウエアとアイデアの再利用

ウォーミングアップ

本文を読む前に、ウォーミングアップとして以下のクイズに挑戦してください。

クイズ

次の中で、フレームワークの仕組みを「ハリウッドの原則」と呼ぶ理由を正しく説明した文はどれでしょうか。

ア．有名なMVC（Model-View-Controller）フレームワークを考案したのが、実はハリウッド女優だったから

イ．映画制作に関するアイデアやノウハウ、人材がハリウッドに集まるように、フレームワークではソフトウエアの制御機能を1カ所に集中させるから

ウ．ハリウッド映画のストーリー展開がどれもほとんど同じ枠組み（フレームワーク）になっているから

エ．アプリケーションからフレームワークを呼び出さないように作ることを、ハリウッドで役者から制作者への電話による売り込みを禁止することに引っかけたから

答え

エ．アプリケーションからフレームワークを呼び出さない（call）ように作ることを、ハリウッドで役者から制作者への電話（call）による売り込みを禁止することに引っかけたから

解説

残念ながら筆者の知るかぎりでは、MVC フレームワークを考案するような辣腕の職業プログラマを兼ねたハリウッド女優の話は聞いたことがありません。

「ハリウッドの原則（Hollywood Principle）」とは、米国のハリウッドにおいて、映画の制作者から俳優に対して言う“Don't call us, we will call you.”という言葉を指します。これは「必要なときはこちら（制作者側）から電話するから、（俳優側から）売り込みの電話はするな」を意味する言葉で、すべての制御の流れをフレームワーク側で決めておき、アプリケーションの処理はポリモーフィズムを使って必要なときに呼び出す仕組みを形容しています。

この章のポイント

この章では、OOPがもたらした2つの再利用技術について説明します。

ひとつはソフトウエアそのものの再利用です。これは汎用性の高いソフトウエア部品群を用意してそれを再利用する技術で、クラスライブラリ、フレームワーク、コンポーネントが相当します。もうひとつはアイデアやノウハウの再利用です。これは、ソフトウエアの開発や保守を行う際に頻繁に現れるお決まりの手法に名前をつけてパターンとすることで、多くの人が再利用できるようにしたものです。ソフトウエア開発のさまざまな領域で、数多くのパターンが提案されていますが、この章ではその中で最も代表的なデザインパターンを紹介します。

第3章から第5章までは、OOPがソフトウエアの保守性や再利用性を向上させることを目的として、クラス、ポリモーフィズム、継承などの仕組みを備えていることを説明しました。この章では、これらの仕組みを活用することで、実際に大規模な再利用が実現できていることを説明します。

OOPの優れた仕組みにより再利用が進んだ

OOPを使ってアプリケーションを開発する場合には、毎回すべてをゼロから作り直すのではなく、ソースコードや実行形式モジュールとしてすでに存在する再利用部品群を使い回して作るのが当たり前になっています。こうした再利用部品群を、クラスライブラリやフレームワーク、あるいはコンポーネントなどと呼びます。

さらに、OOPの仕組みを活用して優れたソフトウエアを作るためのアイデアの再利用も進んでいます。アイデアの再利用とは、各種のノウハウや手法に名前をつけてパターン化したものを指します。このようなパターンは、プログラミングや設計だけにとどまらず、要件定義や開発プロセスなどさまざまな領域に広がっていますが、中でもよく知られているのはデザインパターンです。

デザインパターンは、優れた設計のアイデアを後から再利用できるように、名前をつけて文書化したものです。前述の再利用部品群とは違って、それを直接利用してプログラムを作れるわけではありませんが、デザインパターンを使いこなすことでアプリケーションの柔軟性や再利用性を高めることができます。またクラスライブラリやフレームワークの仕組みを理解して使いこなすうえでも非常に役に立ちます。このため、OOPを使ったアプリケーションの設計やプログラミングに携わる人にとっては必須の知識といってよいでしょう。

さて、個々の説明に入る前に、再利用部品群とデザインパターンの発展の流れを示しておきましょう（**図6.1**）。

歴史的には(1) (2) (3)の順番で進みました。すなわち、(1)最初にOOPを利用して再利用部品群を作り、(2)次に再利用部品群に共通して現れる設計のアイデアを抽出したデザインパターンが登場し、(3)最後は反対に再利用部品群を作るためにデザインパターンを利用するようになりました。

ここで(2)と(3)が循環しているのは、両者が相互に発展し合っていることを示しています。つまり再利用部品群を作ったときのノウハウを新

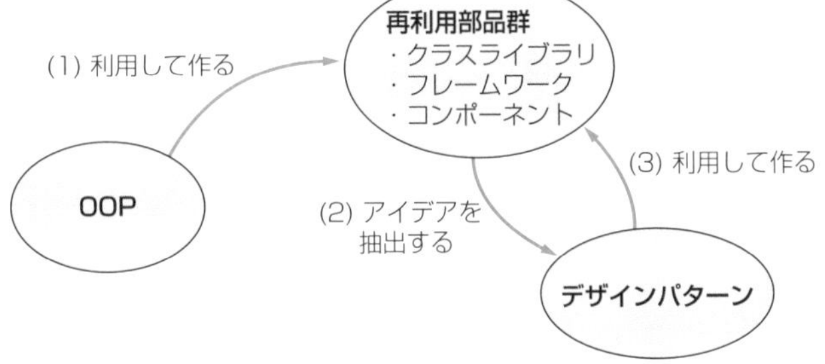

図 6.1　再利用部品群とデザインパターンの発展の流れ

しいデザインパターンとして抽出し、それをまた次の再利用部品群の開発に活かしているというわけです。

このようにOOPの優れた仕組みはたんにプログラミング言語の進化だけにとどまらず、OOPを活かした再利用部品群の発展と、OOPを活用するアイデアの再利用という、2つの大きな流れを生む基盤になっています。

クラスライブラリはOOPのソフトウエア部品群

まずはクラスライブラリから始めましょう。

クラスライブラリの「クラス」は、もちろんOOPの仕組みのクラスを指します。「ライブラリ(library)」を辞書で引くと「図書館」や「蔵書」を意味すると書かれていますが、ここでは「たくさん蓄えられたもの」と解釈するのが妥当でしょう。つまりクラスライブラリは「汎用的な機能を持つクラスをたくさん集めたもの」となります。

こうした汎用的なライブラリは従来も存在しており、「関数ライブラリ」あるいは「共通サブルーチンライブラリ」などと呼ばれていました。OOPでは、ソフトウエアを記述する単位が「クラス」になったため、「クラスライブラリ」となったわけです。

しかし、このクラスライブラリは、たんにソフトウエアを記述する単位がサブルーチンからクラスになっただけではありません。OOPの仕組みを前提にしたことで、アプリケーションからの利用方法も大きく進化しました。クラスライブラリと関数ライブラリの最大の違いは、この利用方法の進化にあります。

従来のプログラミング言語では、再利用できる部品は「サブルーチン」だけでした。このためアプリケーションは、ライブラリとして提供されたサブルーチンを「呼び出して」利用するだけでした(**図6.2**)。

しかしOOPにはクラス、ポリモーフィズム、継承という仕組みが備わっているため、たんにアプリケーションから「呼び出す」だけでなく、次の

図 6.2　関数ライブラリは呼び出すだけ

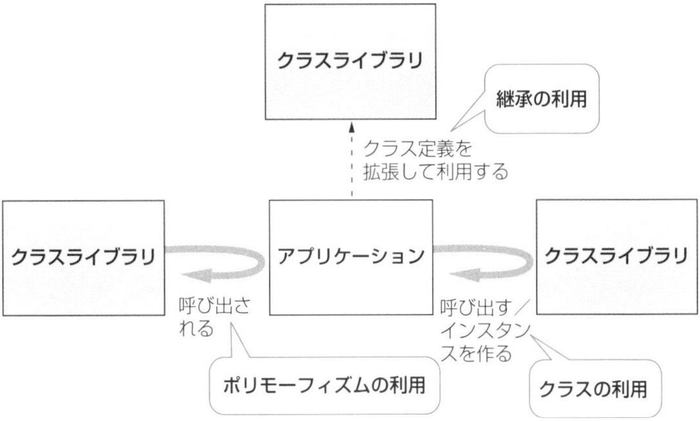

図 6.3　クラスライブラリは OOP の仕組みを利用する

ようなことが可能になりました(**図 6.3**)。

1)ライブラリ中のクラスからインスタンスを作成して、メソッドと変数定義をまとめて利用する(クラスの利用)

2)ライブラリから呼び出される側のロジックをアプリケーション固有の処理で置き換える(ポリモーフィズムの利用)

3) ライブラリ中のクラスに、メソッドや変数を追加定義して新しいクラスを作成する（継承の利用）

このようにOOPの仕組みを前提にしたことにより、従来に比べて再利用できる機能の範囲が飛躍的に広がりました。

標準のクラスライブラリは言語仕様の一部

クラスライブラリには、プログラミング言語に標準で付属するものと、プログラミング言語とは別に提供されるものがあります。一般的に、前者は特定のアプリケーションに依存しない汎用的な機能を提供し、後者は特定の用途向けの機能を提供します。

実際、Javaをはじめとする多くのOOPには膨大な数のクラスを含むライブラリが付属しており、文字列操作、算術計算、日付計算、ファイル処理、GUI、データベース処理、通信など多岐にわたる機能を提供しています。このようにOOPでは言語仕様を最小限に抑える代わりに、必要な機能をクラスライブラリとして提供するのが一般的です。これにより言語仕様の互換性を保ちながら、さまざまな機能提供を可能にしています。このためOOPに付属するクラスライブラリは言語の付属品ではなく、言語仕様の一部と見ることができます。実際にJavaの過去のバージョンアップを見ても、基本的な文法が改訂されることはさほど多くありませんが、付属するクラスライブラリはしばしば大幅に拡張されてきました。

したがってOOPを使ってプログラミングをする場合は、クラスライブラリをいかに使いこなせるかが重要になっています。

Objectクラスを頂点とする継承構造

一般的に、言語標準のクラスライブラリは継承構造になっており、継承構造の最上位に位置づけられる唯一のクラスが存在します。このクラ

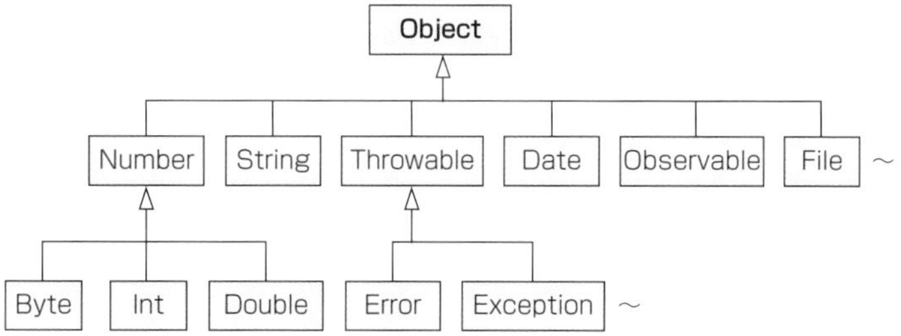

図6.4　Objectクラスを頂点とする継承構造

スには何という名前がついているかご存じでしょうか。

そう、その名もObjectです。

Javaでは**図6.4**に示すように、Objectという名前のクラスがすべてのクラスのスーパークラスになっています。同様にSmalltalkや.NETの最上位のクラスの名前はObjectで、Pythonではobject（小文字始まり）になっています[*1]。JavaのObjectクラスが持つ主なメソッドを**表6.1**に示します。

表6.1　JavaのObjectクラスが持つ主なメソッド

メソッド名	説明
clone()	オブジェクトのコピーを作成する
equals()	引数に指定されたオブジェクトと同値であるかどうかを判定する
hashcode()	オブジェクトのハッシュコード値を取得する
toString()	オブジェクトの文字列表現を取得する
wait()	実行中のスレッドを一時待機させる

＊1　Rubyでもバージョン1.8まではObjectクラスが継承構造の最上位でしたが、バージョン1.9ではObjectクラスのさらに上位にBasicObjectというクラスが追加されました。Objective-Cの最上位クラスの名前はNSObjectです。

ここではどんなクラスでも有用なメソッドを定義しているため、並んでいるのは基本的な処理ばかりですが、継承構造になっているため、これらのメソッドはすべてのクラスに暗黙的に定義されたことになります。

筆者は、オブジェクト指向を哲学や認識論といった領域にまで拡張しようとする人々が現れた理由のひとつに、この仕組みがあるのではないかと考えています。それはこの仕組みにより、自分で書いたものも含めてすべてのクラスがObjectクラスのサブクラスになるからです。最上位のクラスにObject（もの）という名前をつけたのは、おそらくそうとしか言いようがなかったからなのでしょう。しかしこの「Objectがすべてを支配する」仕組みは、初めて見た人に対して「オブジェクト指向は森羅万象をプログラムで表現する技術である」という印象を与える効果があったように思います。

フレームワークにはさまざまな意味がある

次はフレームワークです。

フレームワーク（framework）は、「枠組み」「骨組み」といった意味を持つ英単語で、ソフトウエアだけでなく、ビジネス上の課題を解決するためのツールや思考方法を指す言葉としても使われます。

ソフトウエア開発の分野に絞っても定義はあいまいです。「包括的なアプリケーション基盤」といった比較的漠然とした意味で使う場合と、特定の目的のために書かれた再利用部品群を指す場合の大きく2つに分けることができます。

前者は主に開発・実行環境やベンダー製品のコンセプトを表現するときに使います。この具体例としては、インターネット技術を使ったアプリケーション基盤を指す「Webアプリケーションフレームワーク」やマイクロソフト社が提供する開発・実行環境の「.NETフレームワーク」などがあります。アプリケーション全体の構造をModel、View、Controllerの3つの役割に分けて設計するコンセプトを表す「MVCフレームワーク」

もそのひとつと言えるでしょう[*2]。

後者は、特定のプログラミング言語で書かれた、具体的なソフトウエア部品群を指す使い方です。現在さまざまな言語で、こうしたフレームワークが作られており、その多くがオープンソースとして提供されています。Java EE[*3]では、2001年に登場したStruts（ストラッツ）をはじめとして、DIコンテナを中心とするSpring（スプリング）や、データベース制御のHibernate（ハイバーネイト）などが広く使われてきました。また、RubyのRuby on Rails（レイルズ）やPythonのDjango（ジャンゴ）、PHPのLaravel（ララベル）やCakePHP（ケイクPHP）なども広く普及しています。

フレームワークはアプリケーションの半完成品

以降では、後者の「特定のプログラミング言語で書かれた、特定の目的を持つ再利用部品群」という意味でのフレームワークについて説明します。

この定義を前提にすると、フレームワークとクラスライブラリは、いずれも再利用可能なソフトウエア部品群を指しますが、目的や使い方で両者を使い分けるのが一般的です。通常はクラスライブラリと呼ぶ場合、OOPの仕組みを利用して作った再利用部品を指すだけで、目的や使い方までは限定しません。しかしフレームワークと呼ぶ場合、たんにOOPを利用して作ったライブラリというだけでなく、特定の目的を果たすためのアプリケーションの半完成品を指します。加えて、アプリケーションからの使い方としては、従来の関数ライブラリのようにたんに呼び出すのではなく、その反対にフレームワークからアプリケーションを呼び出す

＊2　MVCフレームワークは、最初Smalltalk環境で考案されたときはデザインパターンのObserverに相当する、ModelとViewおよびController間で情報をやりとりする仕組みを指していました。しかしJava EEのアプリケーション構造を表現する言葉として使われ始めた頃からは、アプリケーションを3つの役割に分けて設計することを指すようになりました。

＊3　Java Enterprise Editionの略。企業システム向けのJavaの開発・実行環境の仕様を指します。

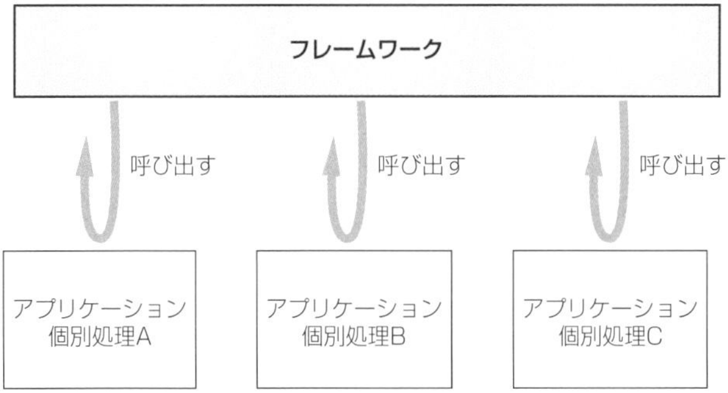

図6.5　フレームワークのイメージ

ように使うものを指します。つまり、基本的な制御の流れをフレームワーク側であらかじめ提供しておき、アプリケーションで個別の処理を組み込む仕組みです（**図6.5**）。

このフレームワークでは、ポリモーフィズムと継承が重要な役割を果たします。基本的な処理はフレームワーク側で用意し、アプリケーション固有の処理はポリモーフィズムを利用して呼び出します。さらにアプリケーション固有の処理については、継承の仕組みを利用してあらかじめデフォルトの機能を用意しておきます。

このフレームワークの仕組みの特徴を表現するものとして、**ハリウッドの原則**と呼ばれる言葉があります。これはハリウッドにおいて、映画の制作者から俳優に対して言う“Don't call us, we will call you.”という言葉で、「必要なときはこちら（制作者側）から電話するから、（俳優側から）売り込みの電話はするな」という意味を表しています。掃いて捨てるほどいる出演希望者に対する、制作者側の強気な態度を示していますが、この話のミソは、電話をかけることを意味するcallをメソッド呼び出しのcallに引っかけているところです。すべての制御の流れはフレームワーク

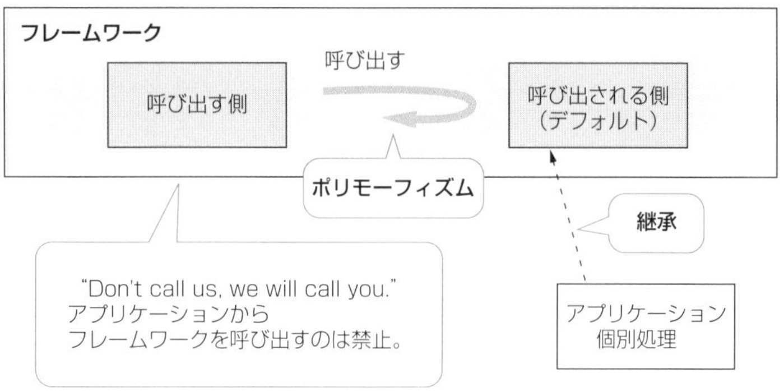

図 6.6　ハリウッドの原則

側で決めておき、アプリケーションの処理はポリモーフィズムを使って必要なときに呼び出す仕組みのことを、ユーモアを交えてハリウッドの話に引っかけたシャレで表現しています。英語を母国語にしない我々にとってはちょっとわかりづらいかもしれませんが、なかなか面白い話なので、フレームワークの仕組みを表す言葉として覚えておいてはいかがでしょうか（**図 6.6**）。

このフレームワークがズバリ当てはまると、複雑なアプリケーションを簡単に作ることができます。基本的な利用方法はフレームワークが用意するデフォルトのクラス（またはインタフェース）を継承して、いくつかのメソッドを記述するだけで済むからです。

世界中で再利用されるソフトウエア部品群

ここまで説明したクラスライブラリやフレームワークと呼ばれる再利用部品群は、一般的に品質が高く、ソースコードも公開されていることが多いため、世界中で広く再利用されています。特に今日では、インターネットの普及に加えて、ソースコードを無償で公開する潮流も相まって、手軽にかつ低コストで、再利用の恩恵を得られる時代になりました。こうした大規模かつ広範囲な再利用を実現する基盤としては、第4章で述べた名前の重複を回避するパッケージの仕組みと、第5章で述べたプラットフォームの違いを吸収する仮想マシンが重要な役割を果たしています。

独立性の高い部品を意味するコンポーネント

さて再利用部品群の最後はコンポーネントです。

コンポーネント(component)は、英語で「成分」「部品」を意味します。ソフトウエア開発技術の分野では「部品」を指す言葉として使われていますが、実際の定義はあいまいです。

先ほどクラスライブラリとフレームワークは同義語として使われることも多いと書きましたが、このコンポーネントという用語はこれらとは少し違うニュアンスを持ちます。

コンポーネントの一般的な定義は以下だとされています。

- OOPのクラスよりも粒度が大きい
- ソースコード形式ではなく、バイナリ形式として提供される
- コンポーネントの定義情報を含めて提供される
- 機能の独立性が高く、内部の詳細を知らなくても利用できる

コンポーネントという用語を業界に浸透させたのは、何といっても1990年代にマイクロソフト社が開発したVisual Basicのコントロール部品でしょう。これはGUIを制御する独立性の高い部品を用意して、開発環境でのプロパティ設定やドラッグ&ドロップ操作をサポートし、これらを組み合わせて画面を簡単に作り上げる技術です。この技術は使い勝手の良さに加えて、Windowsの本格普及期に登場したタイミングの良さもあって爆発的に普及しました。

ゲームエンジンのUnity（ユニティ）も、汎用性の高い各種の部品群をコンポーネントとして提供しています。この仕組みにより、プロパティの設定変更や継承を行うことで、比較的簡単にゲームプログラムを作れるようになっています。

Javaでも独立性の高い部品を流通させるためにさまざまな努力がなされてきましたが、中でもEJB（Enterprise JavaBeans）コンポーネントと呼ばれる技術は多くの関心を集めました。しかし、実行性能のオーバーヘッドが大きかったことに加えて、本質的にデータ構造に依存する業務アプリケーションでは汎用部品の作成が難しかったことなどから、さほど大きな成功を収めませんでした。

「コンポーネント」は、技術よりもマーケティングの用途で使われることが多い言葉といえそうです。

デザインパターンは優れた設計のアイデア集

さて次に、もうひとつの重要な再利用技術であるデザインパターンの話に進みましょう。

ここまで紹介した再利用部品群、すなわちクラスライブラリやフレームワークなどを作った開発者たちはその作業を進める中で、プログラミング言語やOSなどの開発環境やソフトウエアの対象領域が違っていても、共通する設計のアイデアがあることに気づきました。そして、そうした設計のアイデアを形にして再利用したいと考えました。それがデザインパターンです。

デザインパターン（design patterns）はその名のとおり「設計のパターン」です。プログラミング言語やアプリケーションの適用分野によらず、さまざまな場面で繰り返し現れるクラス構造に名前をつけてパターン化したものです。デザインパターンは、ここまで紹介した再利用部品群のように、具体的なソースコードや実行形式モジュールといった形を取りません。その代わりに、そこから優れたアイデアだけ抽出して文書にまとめたものです。

デザインパターンは、機能拡張や再利用がしやすいソフトウエアを作るために先人が工夫したノウハウ集です。典型的な解法とあわせて、それを利用する際の考慮点などがまとめられているため、設計やプログラミングに関わる人にとって非常に有用な手引きとなります。こうしたノウハウは先人が長い時間をかけて蓄積したものであり、同じアイデアを自分でゼロからすべて考えるのはまず不可能でしょう。

デザインパターンが広く一般的に知られるようになったのは、その名も『デザインパターン』というタイトルの書籍が1995年に発刊されたことがきっかけです。この書籍を共同で執筆した4名の技術者[*4]は、親しみを込めてGoF（ゴフ、4人組を意味するGang of Fourの略）と呼ばれており[*5]、彼らが発表した23のデザインパターンも**GoF（ゴフ）のデザインパターン**と呼ばれます。このGoFのデザインパターンは、典型的に現れる課題に対して、3～5程度のクラスを組み上げて作る解法を示すもので、課題と解決策、適用した場合の効果と考慮点がまとめられ、UML[*6]の図やサンプルコードも一緒に示されています。

表6.2にGoFのデザインパターンの一覧を示します[*7]。

1990年代の前半まではこうしたノウハウは、一般的にはほとんど知られていませんでした。このため、クラスライブラリのような汎用性の高い再利用部品群を作れるのは、プログラマ1000人に1人ぐらいしかいない、などと言われたものでした。しかし1995年にGoFのデザインパターンが

＊4　エリック・ガンマ、リチャード・ヘルム、ラルフ・ジョンソン、ジョン・ブリシディスの4氏。中心メンバーのエリック・ガンマ氏は、Javaの単体テストツールのJUnit（ジェイ・ユニット）や統合開発環境のEclipse（イクリプス）の開発者としても有名です。

＊5　中国の文化大革命を主導した4人組をもじっています。

＊6　実際には23パターンが発表された頃にはUMLはまだ存在していなかったため、当初はUMLの前身のOMTという表記法を使っていました。

＊7　ここでは『増補改訂版 Java言語で学ぶデザインパターン入門』（結城 浩著、ソフトバンククリエイティブ）の表現を引用しました。

表 6.2　GoF のデザインパターン

No.	カテゴリ	パターン名	目的
1	デザインパターンに慣れる	Iterator（イテレータ）	1つ1つ数え上げる
2		Adapter（アダプター）	ひと皮かぶせて再利用
3	サブクラスに任せる	Template Method（テンプレート・メソッド）	具体的な処理をサブクラスにまかせる
4		Factory Method（ファクトリ・メソッド）	インスタンス作成をサブクラスにまかせる
5	インスタンスを作る	Singleton（シングルトン）	たった1つのインスタンス
6		Prototype（プロトタイプ）	コピーしてインスタンスを作る
7		Builder（ビルダー）	複雑なインスタンスを組み立てる
8		Abstract Factory（アブストラクト・ファクトリ）	関連する部品を組み合わせて製品を作る
9	分けて考える	Bridge（ブリッジ）	機能の階層と実装の階層を分ける
10		Strategy（ストラテジ）	アルゴリズムをごっそり入れ替える
11	同一視	Composite（コンポジット）	容器と中身の同一視
12		Decorator（デコレータ）	飾り枠と中身の同一視
13	構造を渡り歩く	Visitor（ビジター）	構造を渡り歩きながら仕事をする
14		Chain of Responsibility（チェーン・オブ・レスポンシビリティ）	責任のたらい回し
15	シンプルにする	Facade（ファサード）	シンプルな窓口
16		Mediator（ミディエータ）	相手は相談役1人だけ
17	状態を管理する	Observer（オブザーバ）	状態の変化を通知する
18		Memento（メメント）	状態を保存する
19		State（ステート）	状態をクラスとして表現する
20	無駄をなくす	Flyweight（フライウェイト）	同じものを共有して無駄をなくす
21		Proxy（プロキシー）	必要になってから作る
22	クラスで表現する	Command（コマンド）	命令をクラスにする
23		Interpreter（インタープリタ）	文法規則をクラスで表現する

登場したことで、この有用なノウハウが多くの開発者に知られるようになりました。GoFのデザインパターンは、技術革新の速いソフトウエア業界にあって、登場してから長い年月が過ぎたにもかかわらず陳腐化しておらず、バイブル的な存在になっています。

デザインパターンはクラスライブラリ探検の道しるべ

この章の最初で、デザインパターンはクラスライブラリやフレームワークの開発経験をもとに作られたが、今では反対にクラスライブラリやフレームワークで利用されていることを書きました。

この実例としてJavaのクラスライブラリにおけるデザインパターンの利用例を見てみましょう。**図6.7**、**図6.8**、**図6.9**を見てください。ここでは左側にデザインパターンを、右側にそれを利用したクラスライブラリの一部を示しています。この図はUMLのクラス図と呼ばれるもので、クラスの定義や複数のクラス間の関係を図式表現するものです。UMLについては「第８章 UMLは形のないソフトウエアを見る道具」で説明しますが、UMLに詳しくない方は左右の絵の形だけを見比べてください。

それぞれの図は実によく似ていますよね。長方形のボックスに書かれたクラス名やボックスの数、実線と破線といった違いはあるものの、全

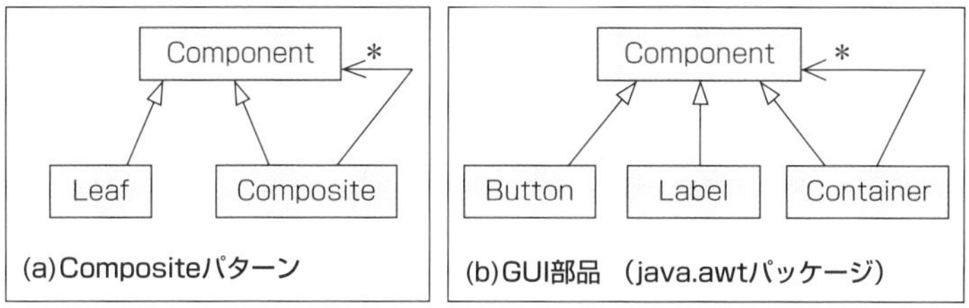

図6.7　Javaのクラスライブラリにおけるパターンの利用例１（Composite）

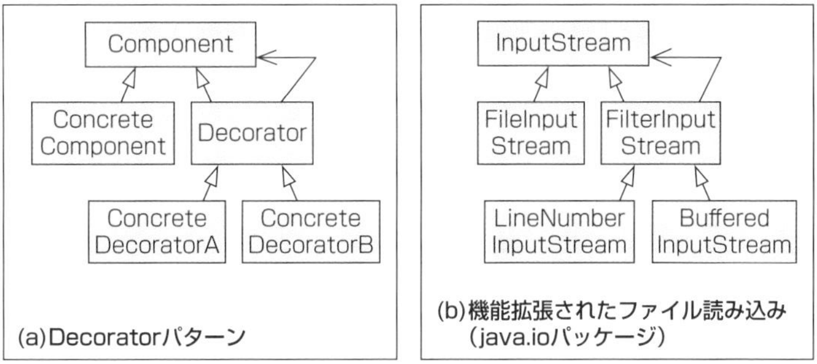

図 6.8　Java のクラスライブラリにおけるパターンの利用例 2（Decorator）

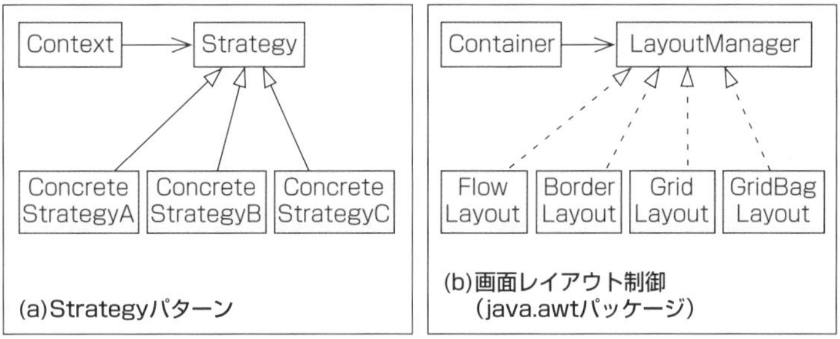

図 6.9　Java のクラスライブラリにおけるパターンの利用例 3（Strategy）

体的な形は左右ほとんど同じです。これはJavaのクラスライブラリがデザインパターンをそのまま利用していることの動かぬ証拠です。

Javaのクラスライブラリは、デザインパターンの登場後に作られたこともあって、随所でデザインパターンを使っています。この例のほかにもObserver（オブザーバ）、Iterator（イテレータ）のように、デザインパターンの名前をそのままクラス名にしたものもあります[*8]。

このようにデザインパターンが使われていることがわかると、そこから開発者の意図をくみ取ることができます。そしてそれにより、適切な利用方法の理解にもつながります。その理由は、デザインパターンのカタログに、そのパターンがどういう課題に適しているか、利用する際にどういう留意点があるかといったことが詳しく書かれているからです。このためクラスライブラリの開発者が設計の意図を伝えるために、クラス名にデザインパターンの名前をつけることもよく行われます。

設計以外の分野にも広がるアイデアの再利用

設計のアイデアに名前をつけたものとしては、従来もリストやスタックなどのデータ構造、バブルソートや二分探索などのアルゴリズムがありました。デザインパターンはこれらの発展形と見ることもできます。

OOPではクラス、ポリモーフィズム、継承という優れた仕組みが備わったことでプログラムの表現能力が大きく向上したため、デザインパターンとして表現できるバリエーションも飛躍的に広がりました。

デザインパターンは、ソフトウエア開発の分野においてアイデア自体を再利用するという新たな領域を開拓しました。デザインパターンが登場して以来、システム開発のさまざまな領域において、同様の形式でアイデアやノウハウを蓄積して再利用する動きが広がりました。実際に世界中の多くの技術者や研究者たちが、自分の経験や知識をパターンの形式にまとめて発表し、それを洗練させて広めるためのワークショップも開かれてきました（**表6.3**）。

クラスライブラリやパターンで知る再利用の恩恵

この章では、ソフトウエアとアイデアの再利用という、2つの再利用技

＊8　厳密に言うと、ObserverとIteratorはクラスではなく、インタフェースとして定義されています。

表 6.3　さまざまな領域に広がるパターン技術

名称	説明
その他のデザインパターン	特定の実行環境や用途に限定した設計のノウハウ集（J2EE パターン、EJB パターン、マルチスレッド向けのデザインパターンなど）
アナリシスパターン	業務分析や要件定義段階で作られる、アプリケーションの問題領域を表現するパターン
アーキテクチャパターン	ソフトウエアの全体的な構造を表現するためのパターン
イディオム	Java や C++ などの特定のプログラミング言語を使いこなすためのテクニック
プロセスパターン	システム開発の進め方に関するパターン
アンチパターン	システム開発で陥りがちな落とし穴と、それを回避するための方策をまとめたべからず集

術を紹介しました。オブジェクト指向のメリットは再利用性の高さですが、たんに自分でプログラムを書いただけではそのメリットは実感しづらいかもしれません。

しかし、品質の高い再利用部品群はすでにたくさん存在しています。Javaや.NETなどに付属するクラスライブラリの規模は膨大で、そこに含まれるすべての機能をきちんと使えるようになるには何年もかかってしまうほどです。加えて、優れたアイデアの再利用もGoFの23パターンを筆頭にさまざまなものが提案されています。

こうした再利用部品群やパターンを利用することは、まさに再利用の恩恵にあずかることと言えます。そしてそれらを使いこなすノウハウもまた、再利用部品群やパターンとして蓄積できることでしょう。

Simula67から始まったプログラミング技術の革新は、もうこんな段階まで来ています。

より深く学ぶための参考書籍

結城浩 著『増補改訂版Java言語で学ぶデザインパターン入門』（SBクリエイティブ、2004年）☆☆☆
GoFの23のデザインパターンをJavaとUMLを使ってわかりやすく解説した書籍。デザインパターンを初めて学ぶ人には特におすすめできる1冊。

エリック・ガンマ、ラルフ・ジョンソン、リチャード・ヘルム、ジョン・ブリシディス 著『オブジェクト指向における再利用のためのデザインパターン』本位田真一、吉田和樹 訳（SBクリエイティブ、1999年）☆☆
GoF（ギャング・オブ・フォー）によるデザインパターンの原典。JavaやUML の登場以前に書かれたため、クラス図にはUMLの前身のOMTが使われており、サンプルコードもC++とSmalltalkで書かれているが、デザインパターンを本格的に学ぶために一度はきちんと読んでおきたいバイブル的存在の書籍。

マーチン・ファウラー 著『エンタープライズアプリケーションアーキテクチャパターン』長瀬嘉秀 監訳、株式会社テクノロジックアート 訳（翔泳社、2005年）☆☆
データベースに蓄えた情報を画面から検索・更新する形態の企業システムにおいて、典型的に現れる設計構造をパターンとしてまとめた書籍。JavaEEや.NETを使ってアプリケーションシステムを開発するエンジニアなら、この本の内容はぜひ押さえておきたい。

木村聡 著『Javaフレームワーク開発入門』（SBクリエイティブ、2010年）☆☆
フレームワークの仕組みを理解するための基本知識として、リフレクション、デザインパターン、AOP、DIなどのテーマについて、豊富なJavaコードを使って丁寧に解説している。Javaの基本的な文法をマスターした技術者が次の一歩を踏み出すための書籍。

COLUMN

今ドキのOOP

Rails フレームワークでブレークした Ruby

Ruby は日本人のまつもとゆきひろ氏が 1995 年に公開したプログラミング言語です。数値や文字もクラスとして扱う「純粋な」オブジェクト指向言語ですが、関数型言語の要素も取り込んだマルチパラダイム言語です。

Ruby で書いたシンプルなコードを**リスト 6.a** に示します。このコードでは固定文字列を 3 行出力していますが、中括弧やセミコロンなどの記号が少なく、一見すると英語の文章のような表現になっています。

実際には、整数クラスのインスタンスである 3 に対して times という名前のメソッドを呼び出しており、times メソッドの引数にはブロックと呼ぶ do ～ end までのひとまとまりのロジックを渡しています。

このように非常にシンプルに見える一方で、その実は奥が深いところが Ruby の大きな魅力です。

＊　＊　＊

そんな Ruby が大きくブレークするきっかけになったのは、2004 年に登場した Ruby on Rails（ルビー・オン・レイルズ、以下 Rails と訳す）です。Rails は Web アプリケーションを構築するためのソフトウエアフレームワークですが、たんにソフトウエア部品群を整備しただけではありません。アプリケーションのひな形を自動生成し、特有の処理だけを記述する仕組みになっており、生産性が非常に高いフレームワークです。

Rails の大きな特徴は設定ファイルを使わずにネーミング規約でさまざま

リスト 6.a　Ruby で書いたシンプルなコード

```
3.times do
  puts 'Hello Ruby!'
end
```

な機能を実現することです。具体的には、データベースのテーブル情報とプログラムのクラスの対応づけ（マッピング）をテーブル名とクラス名を共通にすることで自動的に行います。

＊　＊　＊

Rails でデータベース操作を行う際には Active Record（アクティブ・レコード）と呼ぶ仕組みを使います。

この Active Record のインターフェースのひとつとして、動的検索という仕組みがあります。たとえば、area（エリア）と genre（料理ジャンル）を項目に持つ restaurants（レストラン）テーブルがある場合、Rails では find_by_area（エリアによる検索）や find_by_genre（ジャンルによる検索）、または find_by_area_and_genre（エリアとジャンルによる検索）という名前のメソッドを利用できます。しかし、実際に Rails が生成したソースコードを探すと、これらのメソッドはどこにも見つかりません。

謎解きの鍵は、method_missing という仕組みです。Ruby では定義されていないメソッドが呼び出された場合、最上位の BasicObject クラスの method_missing というメソッドを実行します。このメソッドはサブクラスで書き換えが可能なため、Active Record では未定義のメソッドが呼ばれた場合、メソッド名からテーブルのカラム名を取り出し、SQL を組み立てて実行します。

この仕組みが実現できるのは、コンパイル時にメソッドの存在チェックを行わない動的なプログラミング言語だからです。特に Ruby は、プログラム実行時の内部情報を参照したり、変更したりする「メタプログラミング」の機能が充実しており、ちょっとした魔法のような仕組みを実現しやすくなっています。このため、プログラミングに深い知見を持った Rubyist（ルビイスト）と呼ばれる熱心な愛好家が世界中にたくさんいます。

第7章

この章のキーワード

集合論、役割分担

汎用の整理術に化けたオブジェクト指向

ウォーミングアップ

本文を読む前に、ウォーミングアップとして以下のクイズに挑戦してください。

クイズ

「オブジェクト指向（Object Oriented）」というコンセプトを考案したのはプログラミング言語のSmalltalk（スモールトーク）を開発したアラン・ケイ氏ですが、1970年代にケイ氏の研究成果を目の当たりにして大きな衝撃を受けたとされる、コンピュータ史に残る人物は誰でしょうか。

ア．米マイクロソフト社を興したビル・ゲイツ氏
イ．米アップル社を興したスティーブ・ジョブズ氏
ウ．Javaを開発したジェームズ・ゴスリング氏
エ．Linuxを開発したリーナス・トーバルズ氏

答え

イ．米アップル社を興したスティーブ・ジョブズ氏

解説

「オブジェクト指向（Object Oriented）」というコンセプトを考案したのは、第1章のウォーミングアップでも取り上げたアラン・ケイ氏だそうです。ケイ氏は1970年代に米ゼロックス社のパロアルト研究所に在籍した研究者で、パーソナルコンピュータの理想像である「ダイナブック」構想を提唱し、GUIベースのワークステーションやオブジェクト指向プログラミング言語のSmalltalkの開発を指揮したことで2003年のチューリング賞を受賞したことは前に述べたとおりです。

後に米アップル社を設立したスティーブ・ジョブズ氏は、当時Smalltalkの動作するワークステーションのデモを見て大きな衝撃を受けたそうです。そこで実現していたマウスとGUIによるユーザーインタフェースは米アップル社のLisaやMacintoshに取り入れられ、その後のWindowsパソコンに至るまで脈々と受け継がれて発展してきています。

この章のポイント

ここまではOOPとその拡張技術を説明してきましたが、この章ではガラッとテーマを変えて、オブジェクト指向が持つもうひとつの側面である「汎用の整理術」を説明します。

プログラミング分野での効果が認められたオブジェクト指向は、次の段階でその効果をシステム開発全体に波及させるため、上流工程に応用されました。その結果として「物事を分類して整理する基本的な枠組み」に進化することになりました。これにより、オブジェクト指向の適用範囲は大きく広がった一方で、混乱ももたらすことになりました。

次の第8章以降では、オブジェクト指向の各種の応用技術を紹介しますが、そこで全体を見失わないようにするためにも、オブジェクト指向が下流工程の「プログラミング技術」と上流工程の「汎用の整理術」という2つの顔を持つことを押さえておいてください。

ソフトウエアは現実世界をそのまま表現しない

まずは第2章の最後でも少し議論した現実世界とソフトウエアのギャップの話から始めましょう。

唐突ですが、次の素朴な疑問を考えてみてください。

　そもそもソフトウエアは現実世界をそのまま表現するでしょうか。

いきなり尋ねられてもわかりづらいかもしれません。具体的な質問に変えましょう。

　病院のシステムは、現実の病院をそのまま表現するでしょうか。
　製造業のシステムは、現実の製造業をそのまま表現するでしょうか。

これなら考えやすいですよね。現実世界の病院には、建物としての病

図 7.1　現実世界の病院と製造業

院があって、診察用の機材や入院施設などが整備され、その中で医師や看護師、事務員などが働いています。そして病気やケガをした患者はそこで診察を受け、薬を処方してもらい、診療代を支払います。

一方、現実世界の製造業には、やはりオフィスや工場などの建物があって、その中で研究開発、新製品の企画や設計、生産、販売、保守サポートなどさまざまな役割の人々が働いています。工場で生産した製品は、販売店などを経由して最終的な顧客の手に届きます（**図 7.1**）。

さて、どうでしょう。ソフトウエアは、こうした現実世界を「そのまま」表現しているでしょうか。

つまり、病院システムのコンピュータの中に病気の患者がいて、やはりコンピュータの中にいる医師や看護師が診察をしたり、面倒を見たりしているでしょうか。

また、製造業のシステムの中にオフィスや工場があって、そこで実際の製品を作ったり、販売したりしているでしょうか。

もちろん、そんなはずはありませんよね。

病院のシステムは、患者のカルテの記録や、医療費の計算を支援して

図 7.2　現実世界 vs コンピュータに一部の仕事をまかせた現実世界

くれるでしょう。しかし、実際に病気にかかるのは現実世界の人間ですし、患者を診察したり面倒を見たりするのもやはり現実世界の人間です。

製造業の生産現場では、コンピュータ制御の製造装置やロボットを活用していますし、受発注や製品の出荷、お金のやりとりの多くでコンピュータシステムを利用しているでしょう。しかし、新製品の企画や、生産計画の立案、営業交渉などは人間が行う必要がありますし、最終製品を利用するのも人間です。

当たり前のことですが、コンピュータは現実世界の仕事や遊びをそのまま「まるごと置き換える」ものではありません。あくまで人間が楽をするために現実世界の仕事の「一部を肩代わりする」だけです。コンピュータが最も得意とするのは、大量の計算処理や大量の情報の記録といった、決まり切った仕事や覚える仕事です。

したがって、そのコンピュータを司るソフトウエアも、現実世界の仕事の一部を肩代わりするだけで、現実世界そのものを表現するわけではありません（**図 7.2**）。

コンピュータは現実世界の仕事の一部を肩代わりするだけである。したがって、コンピュータを司るソフトウエアも、現実世界をそのまま表現するわけではなく、一部の仕事を表現するだけである。

もっとも21世紀に入ってからは、ECサイトやネット銀行をはじめとして、IT技術を中心にしたサービスが増えています。ECサイトを利用すれば、欲しい商品をいつでもワンクリックで購入できますが、その裏側では商品の在庫管理や出荷・配送など多くの仕事を人間が行っています。また、銀行や証券会社をはじめとする金融業では本質的に形のない「お金の価値」をやりとりするため、コンピュータによる自動化がどんどん進んでいます。しかし、現金の受け渡しや書類のやりとりなど多くの仕事が人間に残されていますし、コンピュータの活用が進んでも融資や投資などの最終判断をするのは人間です。このため、どんなに自動化が進んでも、すべての仕事をコンピュータが完全に置き換えることにはなりません。

集合論と役割分担に応用された

さてここまで、コンピュータが肩代わりするのは現実世界の仕事の一部であることを確認しました。このためソフトウエアを作るときも、いきなりプログラミングから始めるわけにはいきません。プログラミングの前段階で、システム化の対象となる現実世界の様子を整理する業務分析や、コンピュータに肩代わりさせる仕事の範囲を決める要件定義などの作業をきちんと行っておく必要があります。一般的に、システム開発の前段階のこうした作業を**上流工程**と呼びます。

オブジェクト指向は、プログラミング言語として登場し、その分野で生産性や品質、再利用性などを高める効果があることが認められました。そこで次の段階では、この技術を上流工程にも適用して、システム開発全体の生産性や品質を上げようとする動きが起きました。

ところがクラス、ポリモーフィズム、継承といったOOPの仕組みは、上流工程の業務分析や要件定義には必ずしもうまく当てはまりませんでした。これは第2章で議論したように、現実世界とOOPの仕組みが似て非なるものだからです。

このため上流工程に適用する際には、OOPの仕組みを「そのまま」ではなく「応用」して適用する必要がありました。

ここでいう応用とは、「使えるところだけ使う」ことを指します。OOPの仕組みにはさほどこだわらず、現実世界と「似て非なるもの」の「非なる」部分は捨てて、「似ている」部分だけを使うこととも言えるでしょう。

そして使えるところだけを応用した結果、上流工程においてオブジェクト指向は、2つの基本的な仕組みを提供することになりました。ひとつは集合論で、もうひとつは役割分担の考え方です。それぞれについて説明しましょう。

1つめは**集合論**です。OOPにおいて、クラスはサブルーチンと変数をまとめるものでした。そしてインスタンスは、クラス定義にもとづいて実行時に割り当てられるメモリ領域でした。この「1つのクラスから実行時にたくさんのインスタンスを作る仕組み」が、集合論における集合と要素によく似ていたため、クラスとインスタンスは上流工程で集合論に応用されることになりました。

このように考えると、クラスとインスタンスの適用範囲はぐんと広くなります。「加藤さんと山田さんがインスタンスで、従業員がクラス」「2月3日に行った2冊の本の注文がインスタンスで、注文がクラス」など、いくらでも応用が利きます。第2章でまぎらわしい比喩の例として紹介した「犬がクラスで、ポチやタローがインスタンス」でもまったく問題あり

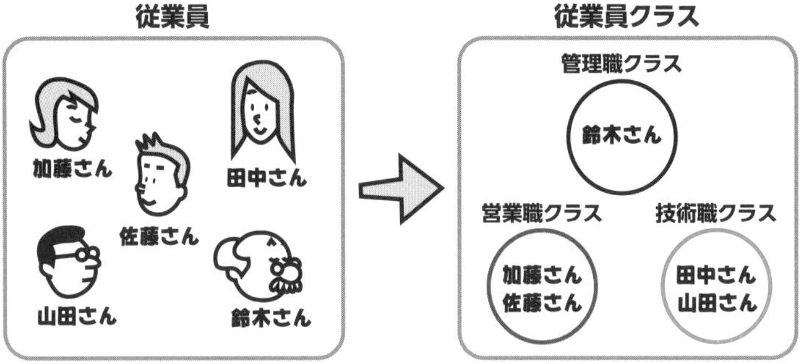

図7.3　集合論に応用されたオブジェクト指向

ません。

またOOPではクラス定義の共通部分をまとめて別クラスに切り出す仕組みだった継承も、全体集合と部分集合の考え方に応用されました。こうすることでやはり「従業員を管理職と営業職、技術職に分類すること」や「企業を業種に応じてメーカーや商社、小売、金融などに分類すること」など、さまざまな例に応用することが可能になりました（**図7.3**）。

2つめは**役割分担**です。OOPにおいて「メッセージパッシング」は、インスタンスを指定して、そのクラスのメソッドを呼び出す仕組みです。この仕組みは上流工程で「特定の役割を持つもの同士が、決められた方法で連絡し合う様子」を表現する、一般的な役割分担のモデルに応用されました。

やはりこう考えると適用範囲は非常に広くなります。「レストランでウエイトレスに料理を注文すること」や「建設会社のA社に工事を発注すること」「ポチに“お手”と命令すること」などは、どれもメッセージパッシングと見なすことができます（**図7.4**）。

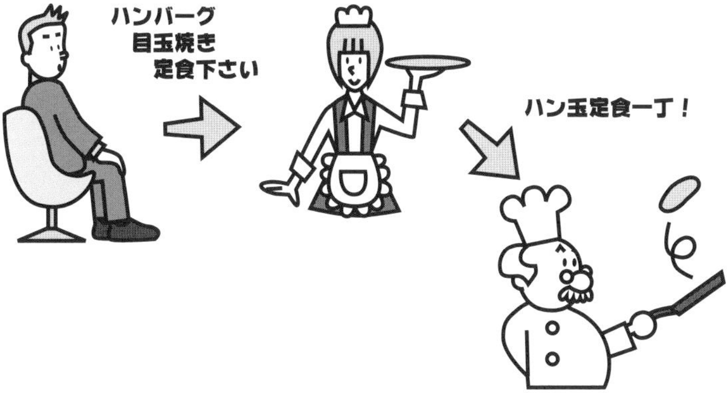

図 7.4　役割分担を表現するメッセージパッシング

上流工程で「汎用の整理術」に化けた

この「集合論」と「役割分担」のコンセプトは非常に強力でした。

集合論は、現実世界の物事や出来事のほとんどに適用できます。この考え方に当てはめれば、世の中のありとあらゆるモノ（object）が、クラスとインスタンスで整理する対象となります。人間が使う言葉の一般名詞はクラスで、固有名詞はインスタンスと解釈することもできます。このように拡張すると、オブジェクト指向は認識論や哲学といった領域にまで踏み込むことになります。

また役割分担の考え方も非常に強力でした。この考え方も企業や組織、「～係」「～担当」といった役割を持つ人間、コンピュータのような機械、ソフトウエアのプロセスやスレッドなどいろいろなものに応用できます。

結果としてオブジェクト指向は、物事を分類して整理する仕組みと、役割分担を表現する仕組みを備えた**汎用の整理術**になりました。先に存在していた「プログラミング技術」に、この「汎用の整理術」という抽象的な考え方が加わったことで、オブジェクト指向の適用範囲は大きく広がり、業務分析からプログラミングまでソフトウエア開発全体をカバーする技術になりました。

オブジェクト指向には、抽象的な「汎用の整理術」と、具体的な「プログラミング技術」という2つの側面がある。

2つの意味を持つことが混乱をもたらした

さて、オブジェクト指向の適用範囲が広がった一方で、2つの意味を持つことによる混乱も生まれました。

クラスという用語は、整理術としては「現実世界に存在するもの」を表し、プログラミングでは「サブルーチンと変数をまとめる仕組み」を指すことになります。そして、実際のところ両者はかなり異なります。

したがって、この2つをきちんと区別せずにいっぺんに説明してしまえば、聞いている相手は面食らうでしょう。「現実世界をそのままソフトウエアに表現する技術である」という解釈もここから来ています。この件については、この章の前半に書いた「コンピュータにまかせる仕事は現実世界の一部でしかないこと」に気がつけば、誤解だと気づくはずです。

しかし、それ以上に「現実世界をそのままソフトウエアに表現する」というコンセプトには魅力がありました。ソフトウエア開発で苦労してきた技術者にとってこのコンセプトは、「そんなに難しく考えず、ありのままにソフトウエアを作ればいいんだよ」という禅問答のような問いかけに聞こえたかもしれません。

実際にクラスとインスタンス、メッセージパッシング、継承などの仕組みは、現実世界の様子を彷彿とさせます。クラスの役割分担を設計してデバッグをしていると、自分の作ったソフトウエア部品があたかも命を持っているかのように錯覚することもあります。オブジェクト指向と現実世界は別物だと思っている人が、OOPの仕組みを印象的に伝えるために比喩を使うこともあったでしょう。これらのことが渾然一体となって、「オブジェクト指向は現実世界をそのままプログラムに表現する技術」という解釈が広まっていったように思います。

プログラミング技術と整理術に分けて考える

ここまで、オブジェクト指向には「汎用の整理術」と「プログラミング技術」の2つの側面があることを説明してきました。

現在では、オブジェクト指向はプログラミング技術を超えてソフトウエア開発の総合技術になっており、たくさんの応用技術があります。本書ではこうした技術を一つひとつ取り上げて紹介していますが、ここで各技術が、整理術(汎用の整理術)、OOP(プログラミング技術)のどちらの範疇に属するかを簡単にまとめておきます(**表7.1**)。

大まかには、上流工程は「汎用の整理術」、設計以降の下流工程は「プログラミング技術」と考えればよさそうです。

ただし、これらは「優れたソフトウエアを作る」という目的については

表7.1　オブジェクト指向技術をOOPと整理術に分類

応用技術	OOP/整理術のどちらに分類されるか	記述する章
クラスライブラリ フレームワーク コンポーネント	OOPの拡張	第6章
デザインパターン	OOPの拡張	第6章
UML	OOPと整理術の両方に対応	第8章
モデリング(業務分析、要件定義)	整理術	第9章
オブジェクト指向設計	OOPの拡張	第10章
アジャイル開発手法	ー(OOP、整理術いずれにも関係しない)	第11章

すべて共通しています。第1章でオブジェクト指向を「優れたソフトウエアを作るための総合技術」であると説明しましたが、今ではオブジェクト指向はそんな存在になっています。

なぜ汎用の整理術に化けたのか

この章の最後に、プログラミング言語の仕組みとして考案されたオブジェクト指向が、なぜ「汎用の整理術」に化けたのかを少しだけ考えてみたいと思います。なぜならOOPのクラスと集合論は実際にはずいぶん違う仕組みであり、冷静に考えればこれらを一緒に扱うのは発想の飛躍に思えるからです。

まず挙げられるのは、「クラス」という名前でしょう。この名前は、最初のOOPであるSimula67において、サブルーチンと変数をまとめる仕組みのキーワードとしてすでに使われていました。英語のclassは分類を意味します。そこから何でも分類する仕組みに応用され、集合論に発展したのは自然の流れだったのかもしれません。

そして「オブジェクト指向(Object Oriented)」という言葉そのものです。これこそ「モノ指向」「モノ中心」を意味する言葉であり、「機能中心からモノ中心へ」「森羅万象はオブジェクト」といった大きな発想転換をイメージさせる言葉です。しかしこの「オブジェクト指向」という言葉は、Simula67が登場したときにはまだ存在しておらず、その次に登場したSmalltalkを考案したアラン・ケイ氏がつけたものだそうです。Smalltalkでは継承構造によるクラスライブラリを整備しましたが、その最上位クラスの名前はObjectです[*1]。この仕組みでは、Smalltalkで作られたクラスはすべてObjectクラスのサブクラスになるため、「現実世界と同じように、森羅万象はObject(モノ)である」という発想に容易にたどりつきます。

*1　この仕組みはJavaやC#、Python、Ruby、PHPなど多くのプログラミング言語に受け継がれています。

そしてそこから集合論に化けるのは自然の成り行きだったのかもしれません。

もしかするとプログラミング言語のSimula67を開発した時点で、サブルーチンと変数をまとめる仕組みに「クラス」と名づけたことには、さほど深い理由がなかった可能性もあります（Simula67を開発したO. J. ダール氏とK. ニガード氏はノルウェー人で、英語のネイティブスピーカーではなかったそうです）。

歴史に「れば、たら」は禁物ですが、もし「クラス」ではなく、集合論をイメージしづらい「モジュール」といった別の名前がつけられていたとしたら、ソフトウエア開発技術の歴史は大きく変わっていたかもしれません。

COLUMN

オブジェクトの向こう側

言語が先か、コンセプトが先か

本書は、オブジェクト指向の中心はプログラミング言語であるという立場を取っています。すなわち、構造化プログラミングの発展形としてOOPがあり、デザインパターンやUMLなどはそこから派生した技術だと解釈しています。クラス、ポリモーフィズム、継承などの仕組みを現実世界になぞらえて説明するのは比喩だと割り切ります。

しかし、そもそもアラン・ケイ氏が「オブジェクト指向」と名づけたのは、プログラミング言語の仕組みではなく、「独立性の高いオブジェクトが非同期のメッセージを送り合うモデル」というコンセプトでした。これを重視するならば、オブジェクト指向の中心にはこのコンセプトがあり、それを現実世界のモデル化とプログラミングの両方に当てはめるという考え方になります。

＊　＊　＊

筆者がオブジェクト指向を本格的に学び始めた1990年代の初め頃は、後者のコンセプト中心の考え方が主流でした。当時のオブジェクト指向方法論に関する書籍やセミナーの多くは、まずオブジェクト指向というコンセプトがあり、それをソフトウエア開発に適用するために各種の技術が整備されていると説明していました。また当時は現在と違って、ほとんどのコンパイラが有償製品であり、高価なSmalltalkの開発環境などは企業や研究機関に所属するごく一部の人たちだけが扱える高嶺の花でした。実システムへの適用も進んでいなかったため、オブジェクト指向を勉強する人たちの多くは実際にプログラミングをすることなく、方法論の書籍を読んで、オブジェクト指向を概念的にとらえていました。

＊　＊　＊

しかし1995年に無償のJavaが登場し、その後広く普及したことで状況は大きく変わりました。クラス、ポリモーフィズム、継承の仕組みや、Objectクラスを頂点とするクラスラ

イブラリは、誰でもパソコンにダウンロードして気軽に試せるようになりました。最初にOOPの仕組みを体で覚えた人たちの多くは、あれこれ考えるよりも先にそれをオブジェクト指向の仕組みとして受け入れたことでしょう。今でもコンセプト中心と考える人は少なくないと思いますが、プログラミングの仕組みを知らず、たんに概念的にとらえるだけの人はほとんど見かけなくなりました。

＊　＊　＊

筆者も長い間、コンセプトが中心だと考えていましたが、業務分析や要件定義でオブジェクト指向のコンセプトを現実世界に当てはめ、それをC++やJavaで実装しようと試みるうちに、このコンセプトが当初期待していたほど現実世界のモデル化やソフトウエアの設計にうまく適合しないと感じるようになりました。このコンセプトを当てはめることにこだわりすぎて、かえって保守しづらいアプリケーション構造にしてしまうような事例もいくつか見てきました。

そんな経験を通じて、オブジェクト指向の中心はプログラミング言語であり、プログラミング技術と上流工程の整理術は別物だと割り切って考えるようになりました。そんなふうに考えることで、全体の見通しがついた一方で、それまでこの技術に対して抱いていた漠然とした期待感も消えたように思います。

これはおそらく、新しい技術を形容する魅力的なコンセプトが人々のイマジネーションを刺激し、適用領域を広げる原動力になるものの、その技術が本格的に普及する段階になると、コンセプトのベールははぎ取られて、実体の技術だけが残るということなのでしょう。

第8章

この章のキーワード

UML、クラス図、シーケンス図、コミュニケーション図、ユースケース図、アクティビティ図、ステートマシン図

UMLは形のないソフトウエアを見る道具

ウォーミングアップ

本文を読む前に、ウォーミングアップとして以下のクイズに挑戦してください。

クイズ

開発方法論を策定し、提唱する人をメソドロジストと呼びます。次の中で、UMLが登場する以前によく語られていた、メソドロジストとテロリストの違いを表すジョークはどれでしょうか。

ア．テロリストは武力で世界を変えようとするが、メソドロジストは政治力で世界を変えようとする
イ．テロリストは世界を破壊しようとするが、メソドロジストは世界を支配しようとする
ウ．テロリストとは交渉できるが、メソドロジストとは交渉できない
エ．テロリストには同志がいるが、メソドロジストには仲間がいない

答え

ウ．テロリストとは交渉できるが、メソドロジストとは交渉できない

解説

UML（ユーエムエル）は「Unified Modeling Language（統一モデリング言語）」の略で、ソフトウエアの機能や内部構造を図式表現するための統一記法です。

UMLが策定される以前は、たくさんのオブジェクト指向方法論が存在し、方法論ごとに図式表現の表記法もまちまちな状態でした。主な方法論だけでもBooch法、OMT法、OOSE法、コード＆ヨードン法、シュレイヤー＆メラー法、マーチン＆オデール法、フュージョン法などがありました。これらの方法論を提唱していたメソドロジスト達の多くは、自分が考案した方法論の優位性を主張して譲らず、「テロリストとは交渉できるが、メソドロジストとは交渉できない」というジョークが語られるほどでした。

しかし1990年代の中盤に、主要な方法論を提唱していた3人のメソドロジスト（グラディ・ブーチ、ジェームズ・ランボー、イヴァー・ヤコブソン）が統一記法としてUMLをまとめ、それを国際標準化団体のOMG（Object Management Group）が標準として採択したことで、表記法に関する混乱は終結しました。

この章のポイント

この章では、UML（ユーエムエル）を紹介します。UMLはソフトウエアの機能や内部構造を2次元の図に表現する形式を定めた世界標準です。UMLをひと言で表現すれば「形のないソフトウエアを見る道具」といえるでしょう。本格的なシステムでは、プログラムの行数にして数十万行以上、外部仕様を記述するドキュメントも数百ページ以上の規模になります。UMLのダイアグラムを利用すれば、こうした膨大な情報から重要な部分を取り出して、論理的かつ直感的な形式に表現できます。

UMLはシステム開発の全工程をカバーします。これはUMLがオブジェクト指向の2つの顔である、プログラミング技術と汎用の整理術の共通の成果物として使われることに加えて、オブジェクト指向以前から使われてきた図式表現を取り込んだためです。このようにUMLは適用範囲が広いため、実際の開発で使いこなすためには、たんに図の描き方を覚えるだけでなく、図の目的や用途をきちんと押さえておくことが重要です。

UMLはソフトウエアの機能や構造を表す図の描き方

UMLはUnified Modeling Languageの略で、日本語では「統一モデリング言語」と訳されますが、「ユーエムエル」とそのまま発音するのが一般的です。

UMLには「言語（Language）」という名前がついていますが、実体はソフトウエアの機能や内部構造を表現する「図」の描き方です。オブジェクト指向の分野における図式表現は、そもそもはOOPを使って書いたプログラムの構造を表現するために考案されました。しかし、オブジェクト指向が業務分析や要件定義といった上流工程に応用されたことに伴って、それらの成果物としても利用されるようになりました。

またUMLは、クラスや継承といったオブジェクト指向特有の仕組みを表現する図に加えて、従来から使われてきたフローチャートや状態遷移図なども取り込んだため、ソフトウエア開発における図式表現の集大成になっています。

UMLには13種類のダイアグラムがある

UMLはオブジェクト指向に関する国際的な標準化団体であるOMG (Object Management Group)という組織[*1]によって標準として採択され

表8.1　UMLバージョン2で定義されている13種類のダイアグラム

No.	名称（日本語）	名称（英語）	用途	図のイメージ
1	クラス図	Class Diagram	クラスの仕様とクラス間の関係を表現する	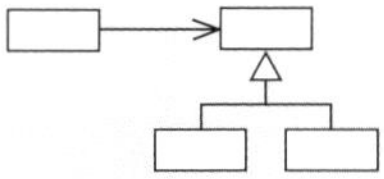
2	複合構造図	Composite Structure Diagram	全体ー部分構造を持つクラスの実行時の構造を表現する	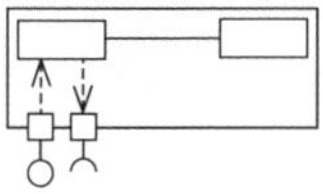
3	コンポーネント図	Component Diagram	ファイルやデータベース、プロセスやスレッドなどのソフトウエアの実装構造を表現する	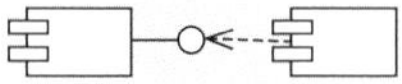
4	配置図	Deployment Diagram	ハードウエアやネットワークなど、システムの物理構造を表現する	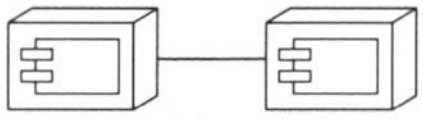
5	オブジェクト図	Object Diagram	インスタンス間の関係を表現する	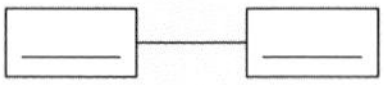
6	パッケージ図	Package Diagram	パッケージ間の関係を表現する	
7	アクティビティ図	Activity Diagram	一連の処理における制御の流れを表現する	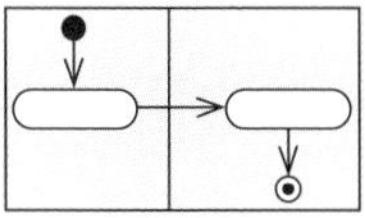
8	シーケンス図	Sequence Diagram	インスタンス間の相互作用を時系列に表現する	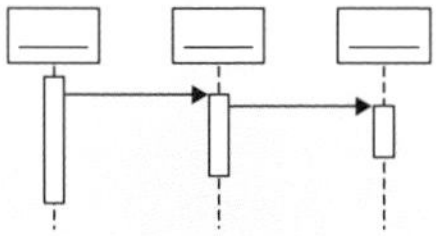

ています。最初に採択された1997年時点のバージョンは1.1でしたが、その後着々と改訂が進められ、2021年時点の最新バージョンは2.5.1になっています。

UMLバージョン2では、**表8.1**に示す13種類のダイアグラムを規定しています。

No.	名称（日本語）	名称（英語）	用途	図のイメージ
9	コミュニケーション図	Communication Diagram	インスタンス間の相互作用を構造中心に表現する	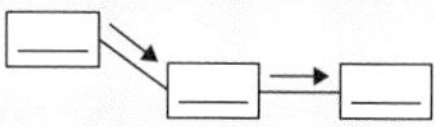
10	相互作用概要図	Interaction Overview Diagram	条件によって異なる動作をするシーケンス図を、アクティビティ図の中に含めることで表現する	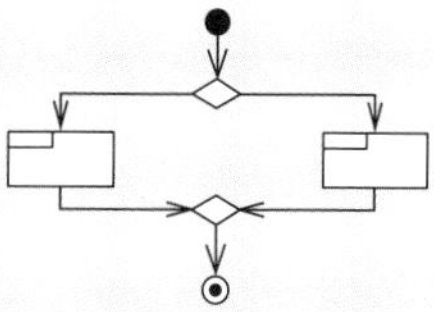
11	タイミング図	Timing Diagram	インスタンス間の状態遷移や相互作用を時間制約つきで表現する	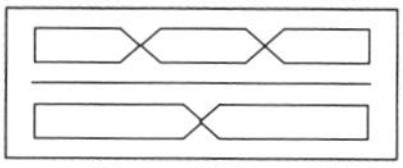
12	ユースケース図	Use Case Diagram	システムが提供する機能と利用者の関係を表現する	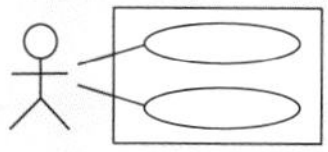
13	ステートマシン図	State Machine Diagram	インスタンスの状態変化を表現する	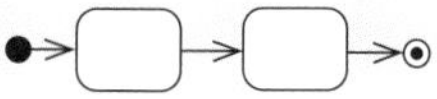

＊1 全世界から数百社の企業が参加する非営利の標準化団体。UMLの他にも分散オブジェクト通信標準のCORBA（Common Object Request Broker Architecture）やシステムモデリング言語のSysML（Systems Modeling Language）、ビジネスプロセスモデリング表記法のBPMN（Business Process Model and Notation）の仕様も定めています。

このようにたくさんのダイアグラムを定義している理由は、幅広い用途を想定しているためです。画面から入力した情報をデータベースに蓄積して利用するビジネスアプリケーションから、PCやスマートフォンで動作するアプリケーション、制御用機械や電気製品を動かす組み込みソフトウエアなど、さまざまな領域で使えるように汎用的に考えられています。またソフトウエア開発の工程についても、業務分析から要件定義、設計までの全工程に対応しています。

UMLが登場する以前は、オブジェクト指向を使ってシステムを開発する際の作業手順や考え方、成果物の定義を体系的にまとめた開発方法論が多数提唱されていました。しかし当時は開発方法論ごとに成果物として作る図の形式が異なっていたため、使用する方法論が違うと、要求仕様や設計情報をお互いに伝えられないという問題がありました。

こうした状況を解消するため、1990年代後半に当時の主要な開発方法論の考案者である3人のメソドロジスト＊2が集まって図式表現を統一しました。その結果として作られたのがUMLです。このためUMLの名前にはUnified (統一) という単語が使われています。

UMLの使い方は大きく3つある

UMLは広い適用範囲を想定して多くの種類のダイアグラムを定義している一方で、具体的な使い方については何も規定していません。このため、実際の場面において、数多くのダイアグラムの中から何を選び、それをどのように使うかは利用者の判断に任されています。

第7章で書いたようにプログラミング言語として登場し、発展したオブジェクト指向は、上流工程に応用された段階で集合論と役割分担を表現する汎用の整理術になりました。UMLはこのプログラミング技術と汎用

＊2 グラディ・ブーチ、ジェームズ・ランボー、イヴァー・ヤコブソンの3氏で、当時この3氏は「スリーアミーゴ」(3人の友達) と呼ばれていました。

の整理術の共通の成果物として使われます。実際にはこの2つの技術は似て非なるものであるため、同じダイアグラムであっても適用する場面によって使い方も微妙に変える必要があります。このためUMLの使い方もこの2つを分けて理解したほうがわかりやすいでしょう。

加えてUMLにはOOPや集合論に直接関係しない、従来から使われてきたダイアグラムも取り込まれています。これらはUMLに取り込まれた結果、今ではオブジェクト指向の一部と説明されることもあります。

以降でUMLの代表的な図の使い方を紹介しますが、用途を明確にするために以下の3つに分けて説明します。

＜UMLの使い方＞

その1：OOPのプログラムの構造や動作を表現する。

その2：汎用の整理術としての成果物を表現する。

その3：オブジェクト指向で表現できない情報を表現する。

UMLの使い方1 ― プログラム構造や動作を表現

まずはプログラムを表現する技術としてのUMLから説明しましょう。

プログラムは当然のことながらプログラミング言語を使って記述します。そして第3章で説明したように、プログラミング言語はより人間が理解しやすく、間違いを防止する方向に進化してきました。しかしそれでもプログラムの最終目的は、コンピュータを動かすことです。プログラムは、コンピュータが先頭から1文字ずつ読み込んで解釈するものですから、本質的には1次元の情報といえるでしょう。

UMLはプログラムを2次元の図に表現します。人間は多くの情報を視覚から取り入れて識別し、理解し、記憶しますから、こうした図式表現

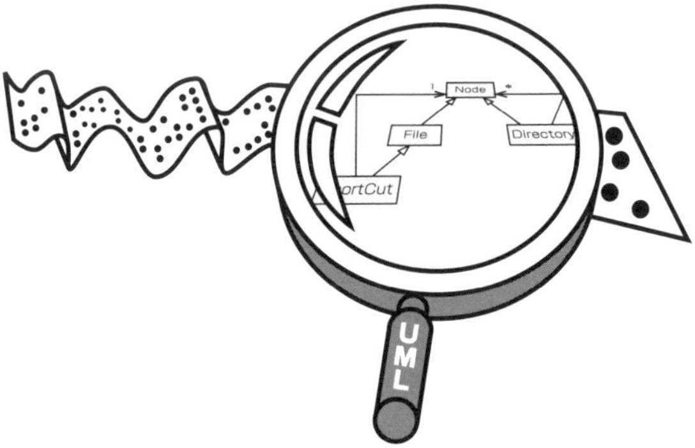

図8.1　プログラムを図に表現することで人間が「見る」ことができる

は人間の頭脳に非常に適しています。そういう点でUMLは、まさに「形のないソフトウエアを見る道具」といえるでしょう（**図8.1**）。

UMLが定義する図の中で、プログラムの構造や動作を表現するために使われる代表的な図はクラス図、シーケンス図、コミュニケーション図の3つです。以降ではこの3つの図を紹介します。

クラス図でOOPのプログラム構造を表現

クラス図は、クラスを基本的な単位とするOOPのプログラム構造を表現します。

OOP以前のプログラム構造は、サブルーチン（関数）を基本単位として作るため、**図8.2**のような構造化チャートを使うことで表現できました。

しかしOOPでは、クラスで定義したインスタンス変数が別のクラスのインスタンスを参照したり、継承により別のクラスの定義情報をそのまま拝借したり、といった従来は存在しなかった仕組みを用意しています。このため構造化チャートでは、OOPのプログラム構造を適切に表現する

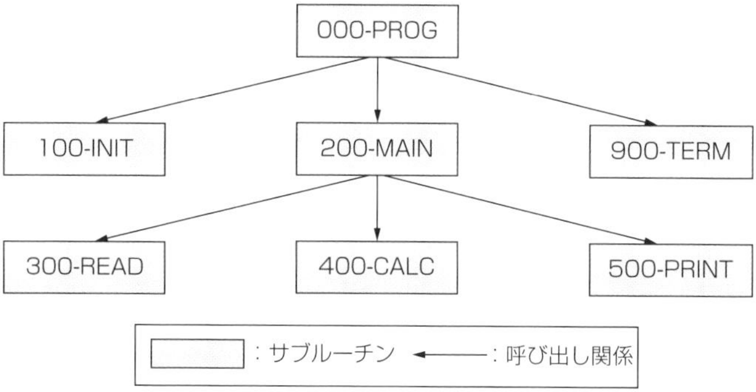

図8.2　構造化チャートの例

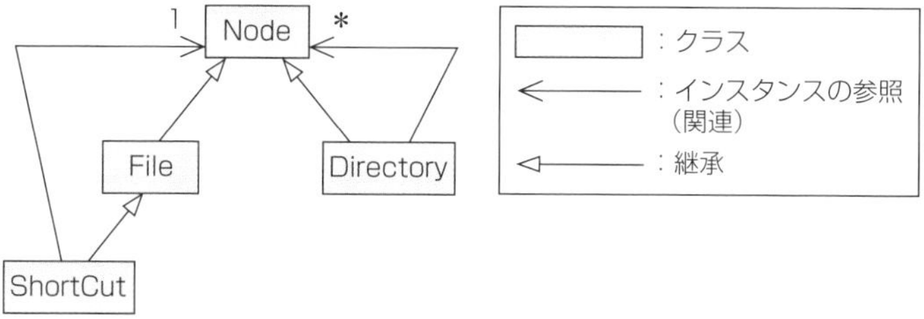

図8.3　クラス図の例

ことができません。そこでこうしたOOP特有の機能を図に表現するために考案されたのがクラス図です。

図8.3にシンプルなクラス図の例を示します。ここではファイルシステムを操作するプログラムの一部を表現しています。図8.3の長方形はクラスを示し、長方形を結ぶ線はクラスの間の関係を表現します。インスタンスの参照や継承などの関係の違いは矢印の形によって表します。クラ

ス図の規則を理解していれば、この図から次のことが読み取れるでしょう。

- File、Directoryの2つのクラスは、Nodeクラスのサブクラスである。
- Fileのサブクラスとして、さらにShortCutクラスがある。
- ShortCutクラスのインスタンスは、Nodeクラス（またはそのサブクラス）のインスタンスを1つ保持する。
- Directoryクラスのインスタンスは、Nodeクラス（またはそのサブクラス）のインスタンスを複数保持できる。

次に、図8.3のクラス図に対応するプログラムのソースコードを**図8.4**に示します。

さて、図8.3と図8.4を見比べてみてください。

まず情報量の違いは明らかです。図8.4にはすべての命令が書かれていますから、コンパイルできますし、アプリケーションの一部に組み込んで動かすことも可能です。また図8.4には、図8.3のクラス図で表現しているクラスの名前やそれらの関係がすべて書かれています。

しかし全体像をパッと理解できる点では、情報量の少ないクラス図のほうが優れています。反対に図8.3にズバリと表現された内容を、図8.4から読み取って頭の中で組み立てようとすれば、情報量の多さがかえって災いするでしょう。

さらに2次元の図で表現することは、その情報を記憶しやすくする効果があります。人間の頭はイメージのほうが覚えやすいため、図8.3のような「形」で表現してあると、「左下に描かれていたShortCutクラス」「FileとDirectoryの2つのクラスの上に描かれていたスーパークラスがあったけど名前は何だっけ」というように、イメージの位置関係とあわせて内容が記憶しやすくなります。

```
// Nodeクラス
public abstract class Node {
  private String name;
  protected Node(String name) {
     this.name = name;
  }
  public String getName() {
     return this.name;
  }
  public void setName(String name) {
     this.name = name;
  }
}
// Fileクラス
public class File extends Node {
  public File(String name) {
     super(name);
  }
}
// ShortCutクラス
public class ShortCut extends File {
  private Node linkedNode;
  public ShortCut(Node node, String name) {
     super(name);
     this.linkedNode = node;
  }
  public ShortCut(Node node) {
     super("Short Cut to " + node.getName());
  }
  public Node getLinkedNode() {
     return this.linkedNode;
  }
}
// Directoryクラス
public class Directory extends Node {
  private java.util.List children;
  public Directory(String name) {
     super(name);
     this.children = new java.util.ArrayList();
  }
  public void add(Node node) {
     this.children.add(node);
  }
  public java.util.Iterator getChildren() {
     return this.children.iterator();
  }
  public java.util.Iterator getDescendants() {
～以下、省略～
```

図 8.4　OOP のソースコード例

UMLの効果はまさにここにあります。形のないソフトウエアを2次元の図に表現することで、全体を理解し記憶することを強力に支援します。

ここで記憶力の良い方なら、図8.3が第6章で紹介したデザインパターンのComposite（コンポジット）パターンを使っていることに気づかれたかもしれません。「パターン認識」という言葉がありますが、図を使って表現することでこうしたデザインパターンにも気づきやすくなります。このようにUMLは、アイデアの再利用を促進させる役割も担っています。

シーケンス図とコミュニケーション図で動きを表現

次にシーケンス図とコミュニケーション図[*3]を紹介します。

この前に紹介したクラス図がソースコード情報を表現するのに対して、この2つの図はプログラムの実行時の動きを表現します。クラス図は静的な情報を表現し、シーケンス図とコミュニケーション図は動的な情報を表現するといってもよいでしょう。

従来のプログラミング言語では、プログラムが動く仕組みを表現するこのような図の必要性はさほど高くありませんでした。これは構造化言語ではサブルーチンの単位でプログラムを記述し、その単位で動くため、構造化チャートやフローチャート（流れ図）で静的な情報と動的な情報をほぼ表現できたからです。

しかしOOPで書いたプログラムは、実行時にクラスからインスタンスを作って動作します。そして、第4章で「たくさん作る仕組み」として説明したように、1つのクラスから複数のインスタンスを作ることも可能です。またクラス図はクラス同士の関係を表現しますが、クラスに定義したメソッドの呼び出し関係までは表現しません。このようにクラス図だけではプログラムの実行時の動作を表現することができないため、プロ

＊3　UMLバージョン1ではコラボレーション図と呼んでいました。

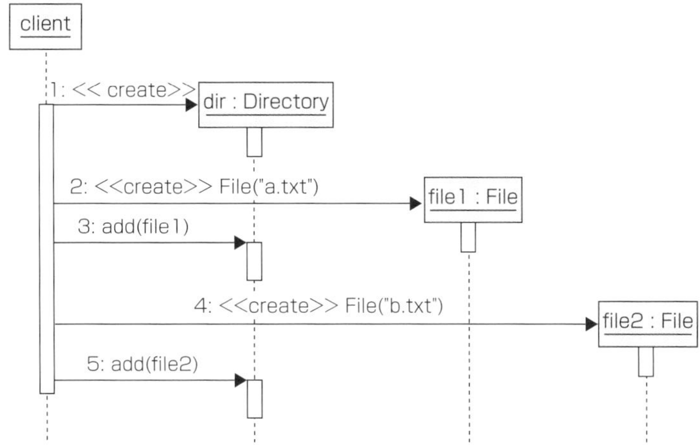

図 8.5　インスタンス間の相互作用を時系列に表現するシーケンス図

グラムの動きを表現する2種類のダイアグラムをUMLでは用意しています。

まずはシーケンス図から説明しましょう（**図8.5**）。

シーケンス図の「シーケンス（sequence）」は「連続」「順序」といった意味を持つ単語で、メソッドの呼び出しを時系列に表現することから、この名前がついています。OOPにおけるメソッドは対象とするインスタンスを指定して呼び出すため、シーケンス図はインスタンス同士の相互作用を表現します。

図8.5の縦軸は時間の経過を表現し、長方形にはインスタンスの名前を書きます。横向きの矢印はメソッド呼び出しを表現し、矢印の上には呼び出すメソッドの名前と引数を書きます。このように矢印の上にメソッド名を書く理由は、OOPでは1つのクラスに複数のメソッドを定義できるため、インスタンス同士を線で結ぶだけでは、どのメソッドを呼び出

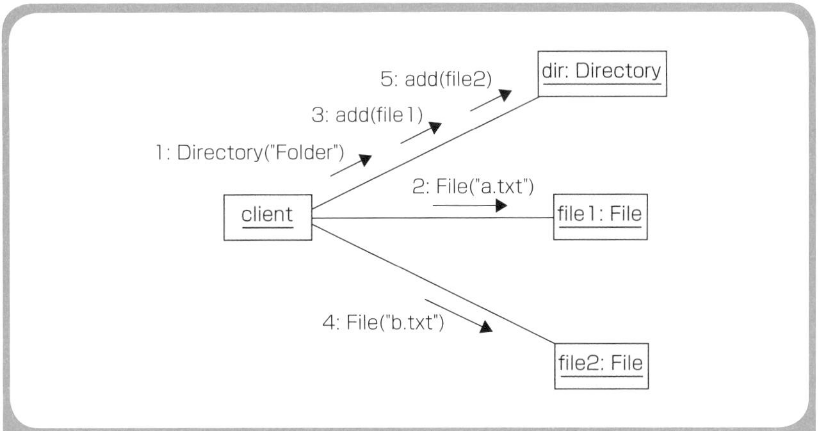

図8.6　インスタンス間の相互作用を表現するコミュニケーション図

しているのか判別できないためです。

プログラムの動きを表現するもう1つの図として、コミュニケーション図があります。

コミュニケーション図は、基本的にシーケンス図と同じ情報を表現しますが、インスタンスの関係を中心とする表現方法に違いがあります。この図は、第5章で説明したインスタンスのメモリ内の配置を表現したものと見ることもできます（**図8.6**）。

実際のプログラムは、コンピュータによって目にも止まらぬ速さで動作します。しかし、シーケンス図やコミュニケーション図を使って2次元の図に表現することで、実行時の動きを一目瞭然のものとして「見る」ことが可能になります。

これらの図は、プログラムのロジックを書く前の設計図やレビュー用資料として、また完成したプログラムの説明資料として活用できます。

ここまでで、OOPを使って書いたプログラムを表現する3つの図の説明は終わりです。これらの3つの図の特徴を簡単にまとめておきましょう。

＜クラス図＞

クラスの定義情報とクラス間の関係を表現する。

＜シーケンス図＞

実行時のインスタンス間のメソッド呼び出しを時系列に表現する。

＜コミュニケーション図＞

実行時のインスタンス間のメソッド呼び出しをインスタンスの関係を中心に表現する。

UML の使い方２— 汎用の整理術の成果物を表現

さて、ここからは話をガラッと変えて、集合論と役割分担を表現する、汎用の整理術の成果物として使われるUMLの説明をします。

第7章で説明したように、オブジェクト指向は上流工程に応用された段階で、集合論と役割分担を表現する汎用の整理術に変化しました。このためUMLは、現実世界やコンピュータシステムで管理すべき情報の構造や、役割分担された人や組織が協調し合って全体の仕事を達成する様子を表現するためにも利用できます。また逆にUMLのような図式表現があったからこそ、汎用の整理術としてのオブジェクト指向技術が幅広く使われるようになったともいえるでしょう。

ここで紹介する図は再びクラス図、シーケンス図、コミュニケーション図です。これらの図は、プログラム構造を表現する場合と、集合論や役割分担を表現する場合とでは、描き方は同じでも意味が大きく違っていることに気をつけてください。

集合論で整理した結果をクラス図で表現

UMLのクラス図は、集合論の考え方に従って物事を分類・整理するための成果物として使うことができます。ここでは簡単な例として、書籍を全体集合とし、和書、翻訳書、外国書を部分集合とする例を取り上げます[*4]。

集合論の図式表現としてまず思い浮かぶのは、**図8.7**に示すベン図でしょう。

これをUMLのクラス図を使って表現すると**図8.8**のようになります。クラス図では集合をクラスとして表現し、全体集合と部分集合の関係を継承で表現します。図8.8の「書籍」「外国書」「翻訳書」クラスを表現する長方形の下段部分を見てください。ここに書かれているのはUMLで「属性」と呼ぶ、そのクラスの性質を表現する情報です（プログラム構造を表現する場合、この「属性」欄にはインスタンス変数を記述します）。

この例では、「書籍」には「タイトル」「ISBN」「定価」という属性を定義しています。「書籍」は「和書」「外国書」「翻訳書」の全体集合ですから、

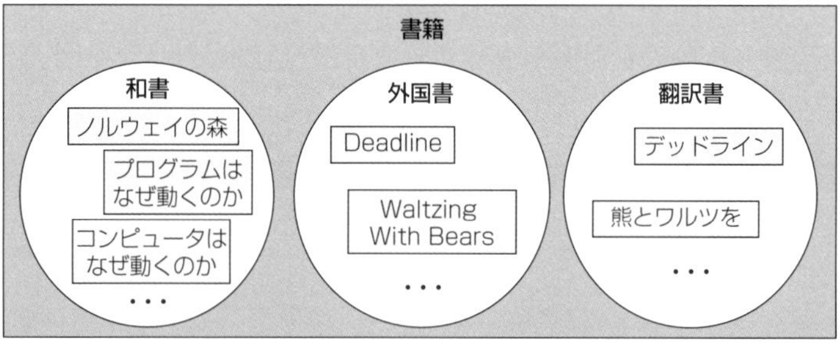

図8.7　ベン図による集合の図式表現

*4　一般的には翻訳書は和書に含まれますが、ここでは便宜上、翻訳でない日本語で書かれた本を「和書」とします。

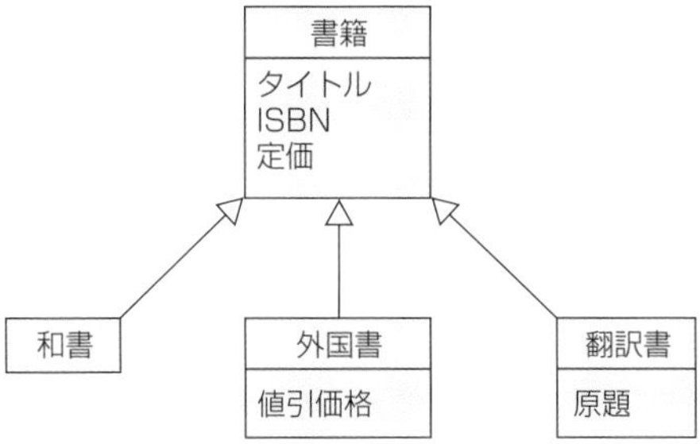

図8.8 UMLのクラス図による集合の図式表現

この3つの属性は書籍のすべてのサブクラスにも定義されたことになります（これはOOPの仕組みである継承を宣言することで、スーパークラスの定義情報がサブクラスでも暗黙的に定義されることの応用です）。

またここでは「外国書」にのみ「割引価格」という属性を定義していることから外国書だけ割引販売ができること、および翻訳書には「タイトル」とは別に「原題」があることを表現しています。

ベン図は全体集合と部分集合の関係および、集合に含まれる要素を列挙するだけですが、このようにUMLのクラス図を使うことで、全体集合と部分集合の関係に加えて、集合に含まれる要素の性質を簡潔に表現することができます。

なおベン図では、集合に加えて具体的な書籍の例を書きましたが、これはUMLでは**オブジェクト図**で表現します。参考までにオブジェクト図の例も示しておきましょう（**図8.9**）。

UMLのクラス図を使うことで、たんに集合を表現するだけでなく、集合に含まれる要素同士の結びつきも表現できます。

書籍と著者の関係を例にして説明しましょう。ベン図による表現を**図8.10**に示します。翻訳書の場合、書籍と著者の間には、原著者と翻訳者

図 8.9　オブジェクト図の例

の2種類の関係があるため、ここでは線の種類を変えて表現しています[*5]。

これをUMLで表現すると**図8.11**のようになります。

UMLでは集合の要素間の結びつきを関連と呼びます[*6]。ここでは、「著者」と「書籍」の間に「執筆する」という関連を定義し、「著者」と「翻訳書」の間には、「翻訳する」という関連を定義しています。これによりすべての書籍には原著者が存在するものの、翻訳者は翻訳書だけに存在することを明示的に表現しています。

なお、2つの関連の両端に「＊(アスタリスク)」記号が書かれていますが、これは多重度と呼ぶもので、ある要素が最大いくつの相手と結びつくことができるかを表現します。＊は「複数」を意味しますが、もし特定の数に決まる場合はその数字を書きます。図8.11では、1人の著者が複数の書籍を執筆しますし、1冊の書籍は複数の著者による共著で書かれることがあるため、どちらも「複数」を意味する＊にしてあります(翻訳書も同様です)。クラス図を使うことで、こうした結びつきの多重度も明示的に表現できます(この「関連」は、OOPで書いたプログラムが実行時にインスタンスのポインタを保持する仕組みを集合論に応用したものです)。

＊5　一般的に著者には翻訳者を含みませんが、ここでは便宜上「著者クラス」として翻訳者を含めています。
＊6　正確にはインスタンス間の結びつきをリンクと呼び、そのリンクの集まりを関連と呼びます。

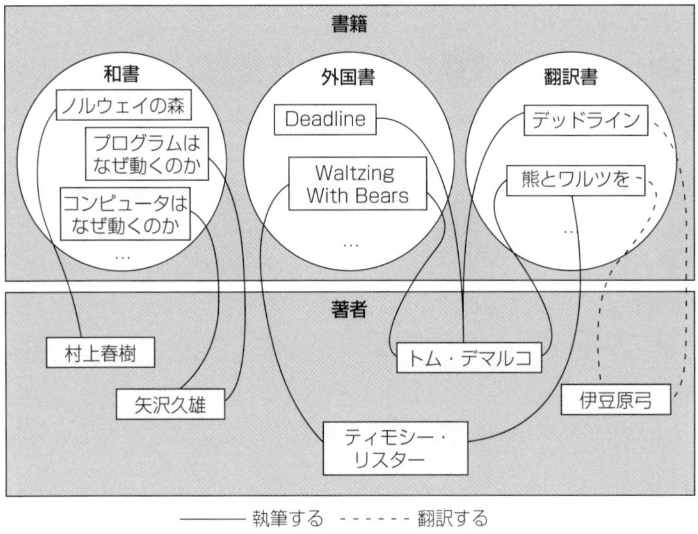

図 8.10　書籍と著者の関係（ベン図）

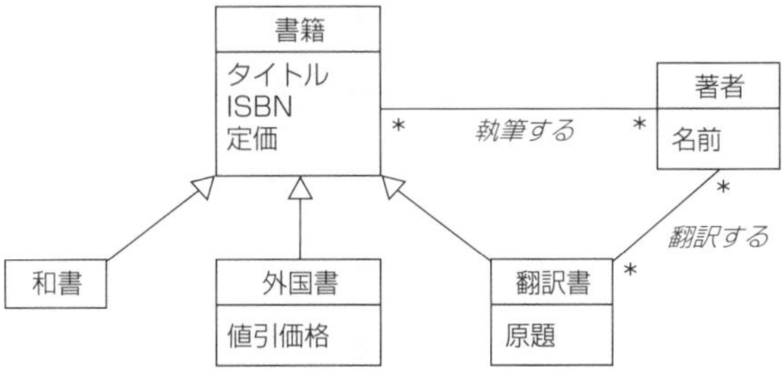

図 8.11　クラスと関連の表現

この集合論としてのクラス図は、集合論が適用できる場面ならどこでも使うことができます。

役割分担はシーケンス図とコミュニケーション図

さて次は役割分担を表現する図です。

先ほどはプログラムの動きを表現する図として、シーケンス図とコミュニケーション図を紹介しましたが、これらの図は上流工程においては「決まった役割を持つ複数の人や組織が協調して、全体の仕事を達成する様子」の表現に利用できます。

こうした役割分担の例としては、患者に対して医師、看護師、薬剤師などが連携し合って仕事をする病院、顧客に対してウェイター/ウェイトレスやシェフが協力して仕事をするレストランなどたくさんあります。企業活動のほとんどが当てはまるといってもいいでしょう。さらに一企業内だけでなく、小売業、卸売業、メーカー、物流業者などの企業活動の連鎖（サプライ・チェーン・マネジメント、略してSCM）の表現にも適用できます。

図8.12に、コミュニケーション図を使って現実世界の役割分担の様子を表現した例を示します。一般的にこの図を使って現実世界の様子を表現する場合、インスタンスは人または組織になります。この図は形だけ見ると先ほどの図8.6と同じですが、実際に表現している内容はずいぶん異なっています。

違いのひとつは矢印が表現する「メッセージ」です。これは、プログラム構造の場合にはメソッド呼び出しを表しますが、現実世界の様子を表現する場合は会話などによる意思伝達を意味します。人間同士の意思伝達は、メソッド呼び出しの場合と違って、会話、伝言メモ、身振り手振り、以心伝心など形式を問いません。同じメッセージでも具体的な送り方は当事者同士に任されています。

より大きな違いは、現実世界の仕事が図8.12のように毎回型どおりには進まないことでしょう。現実世界の仕事は人間が状況に応じて臨機応変に対応するため、仕事の順序や内容が毎回微妙に変わることも珍しく

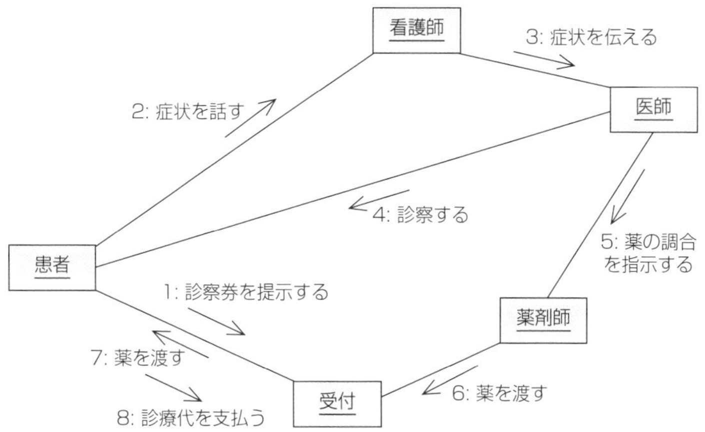

図8.12　病院の仕事の様子を表現するコミュニケーション図の例

ありません。メッセージを送らなくても先回りをして仕事をしたり、子細なプロセスは意図的に省略したりといったことが行われます。したがって、図8.12で表現したモデルはあくまで典型的なパターンでしかありません。

しかし、それでも典型的なパターンとして図8.12を作ることには意味があります。こうした図を描くことで、実際にはあいまいな現実世界の仕事の様子が一目瞭然となるため、それに基づいて現状の課題や改善策などを議論しやすくなります。

なおコミュニケーション図で表現する内容は**シーケンス図**で表現することも可能です。図8.12をシーケンス図で表現し直したものを**図8.13**に示します。

汎用の整理術として集合論と役割分担を表現する図の説明はここまでです。先ほどと同様に3つの図の特徴を簡単にまとめておきましょう。

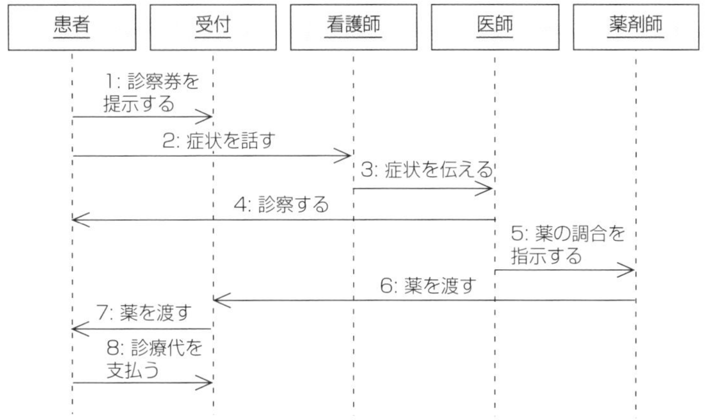

図 8.13　病院の仕事の様子を表現するシーケンス図の例

＜クラス図＞
集合論で分類・整理した現実世界の物事の関係を表現する。
＜シーケンス図＞
役割分担された人や組織が協調して全体の仕事を達成する様子を時系列に表現する。
＜コミュニケーション図＞
役割分担された人や組織が協調して全体の仕事を達成する様子を構造中心に表現する。

UML の使い方 3 ― 非オブジェクト指向を表現

さて最後は、オブジェクト指向で表現できない情報を表現する UML の使い方です。これはUMLすなわちオブジェクト指向と思っていた方には意外に思えるかもしれません。

集合論と役割分担を表現する汎用の整理術のコンセプトは非常に強力なため、さまざまな情報を表現することができました。しかし、それでもオブジェクト指向は万能ではなかったため、従来から使われてきた図式表現のうちオブジェクト指向でカバーできなかったものがUMLに取り込まれました。

ここではこうした「オブジェクト指向らしくない」ダイアグラムの代表的なものとして、ユースケース図、アクティビティ図、ステートマシン図を紹介します。

ユースケース図でコンピュータに任せる仕事を表現

ユースケース図は、コンピュータの仕事の範囲を明確に表現するために使われます。具体的には対象とするシステムと外部（利用者や他のシステム）との境界を定め、コンピュータにまかせる仕事の内容を簡潔に表現します。

ユースケース図の中心となるユースケース（Use Case）とは、「実際に使う例」といった意味で、コンピュータが利用者に提供する機能を指します。

UMLの入門書などではしばしばユースケース図が最初に登場することもあって、ユースケースをオブジェクト指向やUML特有の技術と考えている人も少なくないようです。しかしこの考え方は、UMLが登場する以前からあったもので、決して目新しい概念ではありません。従来は外部仕様、あるいはサービス機能などと呼んでいました。

図8.14にユースケース図の例を示します。大きな長方形がシステムの境界を表し、その内側にユースケースとしてシステムが提供する機能を描きます。そして外側には利用者や関連する他のシステムを描きます。

この図は非常に単純なため、わかりやすいことが一番の長所といえるでしょう。システムの全体像を大まかにつかむためには有用な図です。

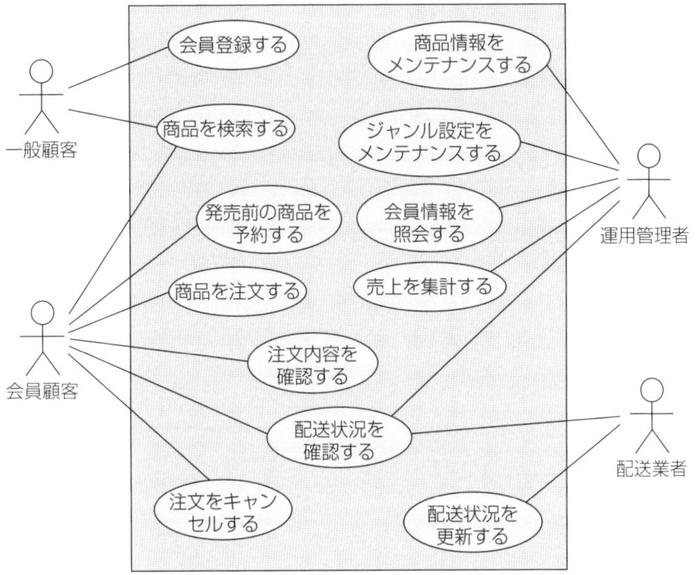

図 8.14　ユースケース図の例

仕事の流れをアクティビティ図で表現

次はアクティビティ図を紹介します。

アクティビティ図は、図の形式としては、オブジェクト指向が登場する以前から使われてきたフローチャート（流れ図）の発展形です。

従来のフローチャートは、もっぱらプログラムのロジックを記述するために使われてきました。しかしOOPでアプリケーションを作る場合、役割分担を徹底させて、クラスやメソッドを小さく作ることが多いため、通常1つのメソッドに書くアルゴリズムは単純になります。このため、アルゴリズムを表現するためにアクティビティ図を使うケースはそれほど多くありません。

その代わりに、アクティビティ図は現実世界の業務の流れを表現する目的でよく使います（**図8.15**）。現実世界の仕事の流れは、先ほど紹介したメッセージを送り合うモデルとしてシーケンス図やコミュニケーション図を使っても表現できます。しかし実際の仕事の様子を分析するときは、通常は登場人物の役割分担よりも、全体の流れを理解することに重点を置くため、流れを直感的にわかりやすく表現できるアクティビティ図を一般的に利用します。

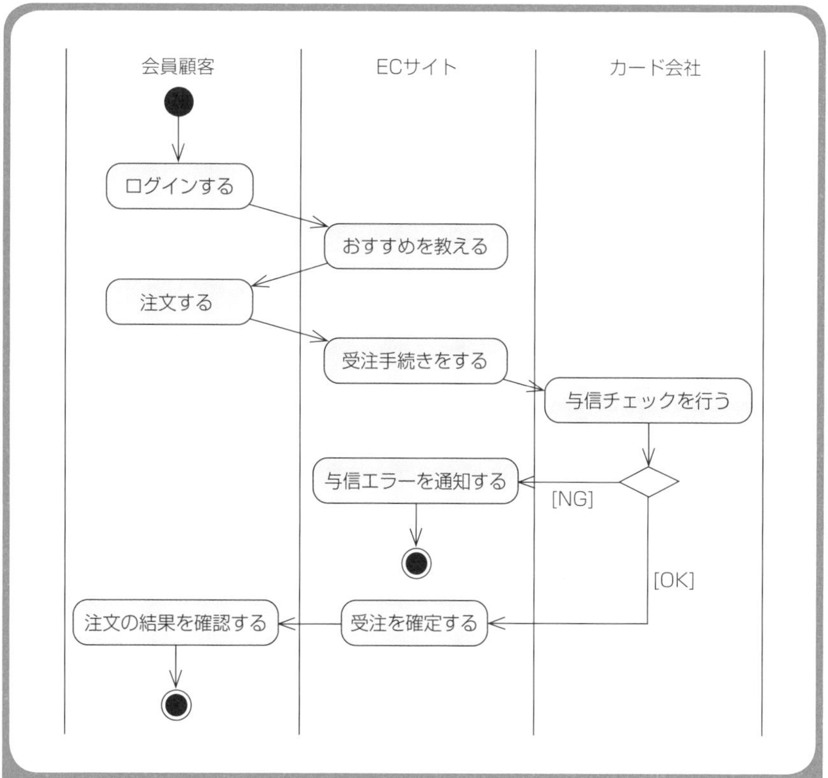

図8.15　業務の流れを表現するアクティビティ図の例

状態の変化をステートマシン図で表現

最後はステートマシン図です。

ステートマシン図は、通信や組み込みなどの制御系のソフトウエアの分野で従来から使われてきた図式表現です。状態遷移図といえばおなじみの方もおられるかもしれません。

ステートマシン図は、外部からのイベントにより、モノの状態が変化していく様子を表現します。この図は、OOPで書いたプログラムのインスタンスの状態遷移やシステム全体の状態遷移など、さまざまな対象の表現に利用することができます。**図8.16**に、ECサイトの注文の状態遷移を表現するステートマシン図の例を示します。

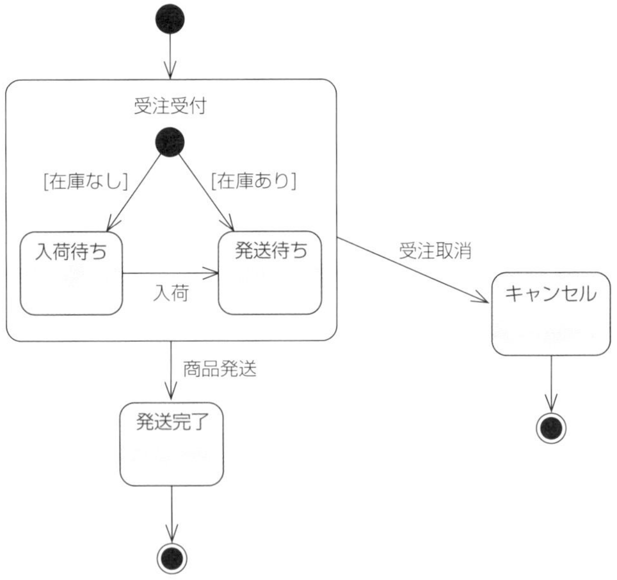

図8.16　注文の状態遷移を表現するステートマシン図の例

UMLのダイアグラムの紹介はこれで終わりです。最後にオブジェクト指向で表現できない情報を表現する3つの図の特徴をまとめておきましょう。

＜ユースケース図＞
コンピュータにまかせる仕事の範囲を表現する。
＜アクティビティ図＞
現実世界の仕事の流れを表現する。
＜ステートマシン図＞
外部からのイベントによる状態変化を表現する。

自然言語とコンピュータ用言語の欠点を補う「言語」

さて、この章の最後として、UMLがなぜ言語(Language)と呼ばれているのかを考えてみたいと思います。

「言語」と聞いて思いつくのは何といっても、普段私たちが使っている**自然言語**でしょう。ソフトウエアの世界では、JavaやPython、Cなどのプログラミング言語や、XML、HTMLなどの**マークアップ言語**があります。このプログラミング言語とマークアップ言語は、コンピュータに読み込ませて仕事をさせることを目的にしているため、ここでは**コンピュータ用言語**と呼ぶことにします。

それでは、自然言語およびコンピュータ用言語と比較することで、UMLが何を目的として考案されたものであるか考えてみましょう。

自然言語は人間同士がコミュニケーションをする会話と文書に使われ、音声と文字で表現します。文法はきちんと決まっていますが、省略表現が許されますし、方言や流行語などもある、比較的に自由度が高いものです。

コンピュータ用言語は、人間がコンピュータに何らかの仕事を指示するために使います。実際にはコンピュータは機械語の命令しか解釈できませんが、それでは人間が理解するのが大変なため、文字を使って表現するように高級化したものです。しかしコンピュータは融通の利かない機械のため、言語仕様は厳密に定義されており、実際に使う際にも、きわめて厳格に文法を守らなければなりません。

UMLは、自然言語と同じように人間同士のコミュニケーションのために使うものです。しかしUMLの大きな特徴は、他の2つの言語と違って、図を使って表現するところといえます[*7]。他の2つの言語は、いずれも文字を基本にしているため、表現する対象が複雑になると情報量も膨大になります。しかしUMLは図式表現のため、膨大な情報の重要な部分だけを取り出して、直感的に理解できるようにズバリと表現できます。

これらをまとめると**表8.2**のようになります。

このように、UMLは自然言語とコンピュータ用言語の欠点を補うための言語といえるでしょう（**図8.17**）。したがって使いこなすうえでのコツ

表8.2　3つの言語の比較

言語	自然言語	コンピュータ用言語 （プログラミング言語、マークアップ言語）	モデリング言語 （UML）
目的	人間同士のコミュニケーション	コンピュータへの仕事の指示	人間同士のコミュニケーション
形式	音声、文字	文字	図
特徴	基本的な文法はあるが詳細は緩やか。同じ言語でも方言が許される	きわめて厳格	直感的なわかりやすさを重視

＊7　UMLの中心は図式表現ですが、文章で形式的に仕様を記述するためのOCL（Object Constraint Language）も規定しています。

図 8.17　モデリング言語は自然言語とコンピュータ用言語の欠点を補う

は、あくまでも補助手段と割り切ることです。UML だけですべての仕様を表現しようとしたり、プログラムのすべてのロジックをシーケンス図やアクティビティ図を使って表現したり、といった極端な使い方をするよりも、文書やプログラムの理解を助ける手段として、気軽に使いはじめるのがおすすめです。

より深く学ぶための参考書籍

オージス総研オブジェクトの広場編集部 著、山内亨和 監修『その場でつかえるしっかり学べるUML2.0』（秀和システム、2006年）☆☆☆
UMLバージョン2のすべてのダイアグラムを、豊富な図を使って網羅的に解説している。リファレンスとしても使えるように配慮していることに加えて、解説する項目ごとに初級、中級、上級の区別をし、開発プロセスにまで言及するなど、非常によく練られた構成をとっている。

マーチン・ファウラー 著『UML モデリングのエッセンス 第3版 ― 標準オブジェクトモデリング言語入門』羽生田栄一 訳（翔泳社、2005年）☆☆
UMLの表記法と利用方法に加えて、モデリングを実践するうえでのノウハウをコンパクトにまとめた書籍。開発プロセスの実践的なガイドラインをはじめとして、パターンやリファクタリングなどオブジェクト指向技術のトピックスも漏れなく紹介している。

井上樹 著『ダイアグラム別UML徹底活用 第2版』（翔泳社、2011年）☆☆
UMLの代表的なダイアグラムの使い方を解説した書籍。概要、使いどころ、注意点という構成で、各ダイアグラムを使う際のコツや注意点をわかりやすくまとめている。

竹政昭利 ほか著『かんたんUML入門 改訂2版』（技術評論社、2017年）☆☆
UMLの各ダイアグラムの概要と描き方をやさしく解説した書籍。業務システムと組み込みシステムそれぞれについて、進め方やモデリングの例も紹介している。

第9章

この章のキーワード

モデリング、業務分析、要件定義、
ビジネスアプリケーション、
組み込みソフトウエア

現実世界とソフトウエアのギャップを埋めるモデリング

ウォーミングアップ

本文を読む前に、ウォーミングアップとして以下のクイズに挑戦してください。

クイズ

「はじめチョロチョロ、なかパッパ、赤子が泣いてもフタ取るな」は、ある仕事のやり方のコツを表す言い回しです。その仕事とは次のどれでしょうか。

ア．ご飯の炊き方
イ．味噌汁の作り方
ウ．漬物の作り方
エ．煮魚の作り方

答え

ア．ご飯の炊き方

解説

「はじめチョロチョロ、なかパッパ、赤子が泣いてもフタ取るな」は、釜で炊飯をする際のコツを表現する言い回しで、炊飯器が普及する以前は一般的に広く知られていました。

最初は弱火（チョロチョロ）にすることでお米に水を吸収させ、次に強火（パッパ）で沸騰させ、最後の蒸らしの段階では温度を下げないためにフタをしたままにしておくことが、おいしいお米を炊くコツだそうです。

今では炊飯器が普及したため、人間がこうした仕事のやり方を意識する場面はまれになりましたが、炊飯器の中では人間に代わって組み込みソフトウエアがきめ細かな仕事をしています。

この章のポイント

この章のテーマはモデリングです。コンピュータは人間が楽をするために現実世界の仕事の一部を肩代わりさせる機械です。しかし本書でここまで説明してきたように、現実世界とソフトウエアの間には大きなギャップがあります。このギャップを埋めるためには、現実世界の様子を整理する「業務分析」、コンピュータにまかせる仕事の範囲を決める「要件定義」、ソフトウエアの構造を定義する「設計」の3つのステップを踏む必要があります。そしてこれらを円滑に進めるための技術として、UMLを使ったモデリングがあります。

この章ではモデリングの例として、ビジネスアプリケーションと組み込みソフトウエアの2つを取り上げます。これらを通じて、コンピュータがどういう性質の仕事を肩代わりするのか、また現実世界の様子がソフトウエアのどの部分に反映されるのかについて、ぜひ一緒に考えてみてください。

現実世界とソフトウエアにはギャップがある

現実世界とソフトウエアが表現する世界にはギャップがあります。その理由は、通常はコンピュータが肩代わりするのは人間の仕事の一部だけで、現実世界の仕事のすべてではないからです。このため、ソフトウエアを開発する際には、このギャップを埋める必要があります。

とはいえコンピュータは、人間が楽をするために、現実世界の仕事の一部を肩代わりする機械です。このためギャップがあるとはいえ、コンピュータを司るソフトウエアには現実世界の様子が何らかの形で反映されるはずです。

この章では、現実世界とソフトウエアのギャップを埋める3つのステップと、それらの作業を円滑に進めるモデリング技術を紹介します。ここでは特に前半の2つのステップである、業務分析と要件定義の内容を中心に説明します（設計については次の第10章で説明します）。これは、現実世界の様子を整理して、コンピュータに任せる仕事を定義するところまでに相当します。

またここではビジネスアプリケーションと組み込みソフトウエアという大きく性質の異なる2種類のアプリケーションのモデリングの例を紹介します。この2つを通じて、現実世界とソフトウエアの関係について改めて考察します。

得意技は「決まり切った仕事」と「覚える仕事」

モデリングの話に入る前に、そもそもコンピュータがどういう仕事を得意とするのかを考えてみましょう。コンピュータは登場以来、さまざまな分野で活用されてきました。その理由や背景はいろいろありますが、突き詰めると「決まり切った仕事」と「覚える仕事」で圧倒的な能力を発揮してきたからだと言えます(**図9.1**)。

> コンピュータは「決まり切った仕事」と「覚える仕事」が得意。

1つめは**決まり切った仕事**です。コンピュータは、プログラムに書かれた命令を忠実に、しかも猛烈なスピードで実行します。プログラムにバ

図9.1　コンピュータは「決まり切った仕事」と「覚える仕事」が得意

グがなく、ハードウエアが故障しないかぎりは決して間違えませんし、条件が同じであるかぎりは何回実行しても同じ結果になります。仕事に飽きることもありませんし、不平不満を言うこともありません。もし人間に膨大な単純作業をやらせれば、ケアレスミスを多発することでしょう。

「決まり切った仕事」の例としては、従業員の給与計算や、銀行預金の利息計算、証券取引所の株式の出来高計算などがあります。このような計算処理は、コンピュータが登場する前はソロバンなどを使って手作業で行っていましたが、今ではコンピュータ抜きには考えられなくなりました。こうした仕事を素早く、かつ正確無比にこなす点で、コンピュータは人間よりはるかに優れています。

コンピュータが得意とするもうひとつの仕事は**覚える仕事**です。最近のコンピュータはパソコンでも大容量のディスクが備わっており、こうした記憶装置のおかげで、膨大な情報を正確に記憶し、瞬時に取り出すことが可能です。装置が故障しないかぎり、コンピュータは覚えたことを決して忘れません。

コンピュータが登場する以前は、ほとんどの情報を紙に記録していました。しかし百科事典の例を考えてみれば明らかなように、格納スペース、検索速度、バックアップの容易性などの点で、紙よりもコンピュータの記憶媒体のほうがはるかに優れています。

このようにコンピュータは、「決まり切った仕事」と「覚える仕事」については圧倒的な能力を発揮します。一方、人間は「決まり切った仕事」や「覚える仕事」が苦手なため、コンピュータを利用することで楽ができます。

業務分析、要件定義、設計でギャップを埋める

さて、コンピュータの得意な仕事を確認したところで、現実世界とソフトウエアのギャップを埋める話に入りましょう。

現実世界の仕事の一部を肩代わりするのはコンピュータです。そしてそのコンピュータを司るのはソフトウエアです。しかし「コンピュータを使って病院や銀行の業務を楽にしたい」という漠然とした要望だけを聞いて、いきなりプログラムを書き始めるわけにはいきません。

何しろ現実世界の人間は、一応の役割が決められているとしても、状況に応じて臨機応変に振る舞いますし、同じ仕事でも人によって微妙にやり方が違います。また人間はミスも犯せば、病気やケガもするため、他の人の仕事を手伝ったりカバーしたりすることもあります。

コンピュータはこうしたあいまいな現実世界の仕事の一部を肩代わりしますが、「決まり切った仕事」と「覚える仕事」を得意とする、融通の利かない機械です。このため、現実世界の仕事の中からコンピュータに任せることが可能な仕事を抜き出さなければなりません。

さらにコンピュータを司るソフトウエアを作るのも大変な仕事です。正しく動かすだけでも大変なことに加えて、使い勝手や実行効率も考慮し、保守性や将来の拡張のしやすさにも配慮しなければなりません。何十万行にも及ぶ大規模なシステムの場合、複数の開発者で円滑に作業できるように仕事を分割する必要もあるでしょう。

これらを踏まえると、ソフトウエアを開発する際に必要なステップは次の3つになります。

ステップ1（業務分析）：現実世界の仕事の進め方を整理する
ステップ2（要件定義）：コンピュータに任せる仕事の範囲を決める
ステップ3（設計）　　：ソフトウエアをどう作るかを決める

最初は**業務分析**です。ここでは対象とする現実世界の仕事が、どういう役割分担でどのように進めているのかを整理します。あわせて、業務を遂行するうえでの課題を抽出し、コンピュータに任せる仕事を決めるための情報源とします。業務分析は、コンピュータをなぜ(why)利用するのかを整理することといえるでしょう。

次の**要件定義**では、現実世界の仕事の中からコンピュータに任せる仕事を定義します。コンピュータが最も得意とするのは「覚える仕事」と「決まり切った仕事」ですから、現実世界の業務の中からこうした仕事を抜き出す必要があります。要件定義は、コンピュータに何(what)をさせるかを決めることに相当します。

最後は**設計**です。大規模なソフトウエアを高い品質で納期通りに作るのは大変な仕事です。そのためにはプログラミングを始める前に、ソフトウエアの構造をよく検討して定義し、複数のメンバーで効率良く進められるようにする必要があります。設計は、コンピュータを司るソフトウエアをどう(how)実現するかを決めることに当たります。

このようにプログラミングの前段階でやっておくべきことは大きく3つに分かれます。

この3つはまったく違う作業ですが、どれも重要です。業務分析と要件定義をおろそかにすれば、最終的に利用者にとって役に立つシステムは決して作れないでしょう。設計をおろそかにすれば、システムの完成はおぼつかないでしょうし、運良く完成したとしても、その後の保守や機能拡張の段階ですぐに行き詰まってしまうことでしょう。

モデリングは３ステップを円滑に進めるための技術

実際には業務分析、要件定義、設計の3つの作業は、オブジェクト指向が登場する前から行われていました。それではオブジェクト指向はこの3つに関して、何を支援してくれるのでしょうか。それが「モデリング」です。

モデリング(modeling)は「モデルを作ること」を意味します。英語の「モデル(model)」には、プラモデルのような「模型」、自動車などの「型」、さらに「ファッションモデル」「複雑な現象を理解するために単純化した理論や仮説」などいくつかの意味がありますが、ここでのモデリングは、UMLを使ってソフトウエアの機能や内部構造を2次元の図で表現することを指します。UMLを使ったモデリングはしばしば「オブジェクト指向モデリング」と呼ばれます。しかし第8章で書いたようにUMLにはオブジェクト指向に直接関係しないダイアグラムも含まれているため、本書ではたんに「モデリング」と呼ぶことにします。

モデリングでは、1つのアプリケーションであっても業務分析、要件定義、設計のそれぞれで成果物が異なります。これは、3つのステップが各々違った目的を持っており、モデルを作る視点も変わるためです。現実世界とソフトウエアのギャップを埋める3つのステップは、現実世界をそのままとらえる視点から、コンピュータの都合に合わせる視点に切り替えていく段階とみることもできます。

＜モデリングの目的＞

業務分析：現実世界の様子をそのままとらえる。

要件定義：コンピュータの性質を考慮して、肩代わりさせる仕事の範囲を決める。

設計　　：ハードウエアの能力、OSやミドルウエアの特性、プログラミング言語の表現能力などを考慮して、ソフトウエアの構造を決める。

アプリケーションによってモデリングの内容は変わる

さてひと言でモデリングといっても、アプリケーションの性質によって進め方や勘所がずいぶん変わります。一般的によく使われるアプリケーションは、おおまかに次のように分類できます。

- ビジネスアプリケーション
  企業などのビジネス活動で利用するシステムです。受発注や在庫管理、製造業の生産管理、銀行の勘定系システム、会計、人事などさまざまなものがあります。インターネットを利用したECサイトもここに分類できます。
- 組み込みソフトウエア
  電気製品や各種装置を司るソフトウエアです。装置に組み込まれたCPU上で動作することからこう呼ばれています。
- スタンドアロンアプリケーション
  個人用のパソコンやスマートフォンなどで動くソフトウエアです。電子メールやブラウザ、ワープロ、表計算ソフト、スケジュール管理、ゲームソフトなどさまざまなアプリケーションがあります。従来はクライアント環境だけで動くものが大多数でしたが、現在ではネットワークを介してサーバーと通信を行うのが一般的になっています。

さらにこれらのアプリケーションを縁の下で支える基本ソフトウエアと呼ばれるソフトウエアがあります。

- 基本ソフトウエア
  WindowsやLinuxをはじめとするオペレーティングシステム(OS)、データベース処理や通信制御を司るミドルウエアなどです。

業務分析、要件定義、設計の3つのステップの進め方、およびそこで成果物として作成するモデルは、これらのソフトウエアの分類によって大きく異なります。

以降では、ビジネスアプリケーションと組み込みソフトウエアについて、3つのステップの進め方とモデリングの成果物の例を示します。

ビジネスアプリケーションは現実の出来事を記録する

まずはビジネスアプリケーションから始めましょう。

ビジネスアプリケーションとは、企業などのビジネス活動を支援するソフトウエアです。典型的なものとして受発注や在庫管理、会計、人事などがあり、事務処理システムと呼ぶこともあります。現在の企業活動は、こうしたビジネスアプリケーションが支えているといっても過言ではありません。

このようなアプリケーションは、以前はメインフレームやオフコン[*1]上に構築するのが一般的でしたが、現在ではインターネット環境で動作する形態が一般的になりました。

ビジネスアプリケーションの最も重要な仕事は「現実世界の出来事を記録すること」といえるでしょう。企業はビジネス活動として、多くの取引先とたくさんの取引を行っています。コンピュータが登場する以前は、こうした情報は帳簿などの紙に記録していましたが、現在ではコンピュータで管理するのが一般的です。このような膨大な情報を紙で管理するのは大変ですが、コンピュータを使うことで数百万、数千万の取引情報であっても正確に記録し、瞬時に取り出すことができます。この分野では、「覚える仕事」が得意なコンピュータが本領を発揮します。

また多くの場合、ビジネスアプリケーションはたんに情報を記録するだけでなく、記録された情報をもとにした計算も行います。例としては、給与計算や銀行預金の利息計算、取引先に対する請求額の集計などが挙げられます。ほとんどの場合、これらの計算処理で使うのは小学校レベ

＊1　オフィスコンピュータの略。メインフレームよりも小型のコンピュータを指す言葉で、1970年代から1990年代に広く利用されました。

ルの加減乗除を中心とした単純な計算です。こうした仕事はコンピュータが導入される以前には、事務員がソロバンなどを使って手作業で行っていました。しかし今ではこれらの仕事の多くをコンピュータが置き換えています。

図書館の貸出業務そのものをモデリングする

さて、それではモデリングの例を見てみましょう。ここでは身近な例として、図書館を取り上げます。利用者との金銭のやりとりがないため、受発注や販売管理などに比べるとシンプルですが、ビジネスアプリケーションの基本的な特徴は備わっています。

まずは業務分析からです。業務分析では、コンピュータを導入する前に人間が行っていた仕事の様子を表現します。もっとも現在ではコンピュータの利用が一般的になったため、すでにコンピュータを使って進めている仕事をさらに効率化したい場合も少なくありません。このような場合、既存の業務を整理する場面でもコンピュータが登場することになりますが、ここではすべて手作業で行っていることを前提に話を進めましょう。

仕事の流れの表現には第8章で紹介したアクティビティ図を使います。図書館の仕事には、図書の貸出や予約、図書の仕入や廃棄、棚卸しなどたくさんの仕事がありますが、ここでは最も一般的な貸出業務を例に取り上げます。貸出業務の様子をアクティビティ図で表現すると**図9.2**のようになります。単純な絵ではありますが、図書の貸出という仕事（利用者にとっては仕事というより娯楽かもしれません）が、どんなふうに進むのかがよく理解できますよね。

もっとも図書館における図書の貸出はほとんどの人が理解しているでしょうから、わざわざこんな図を描かなくても、コンピュータに任せる仕事を決めることができるかもしれません。しかし、企業活動や弁護士

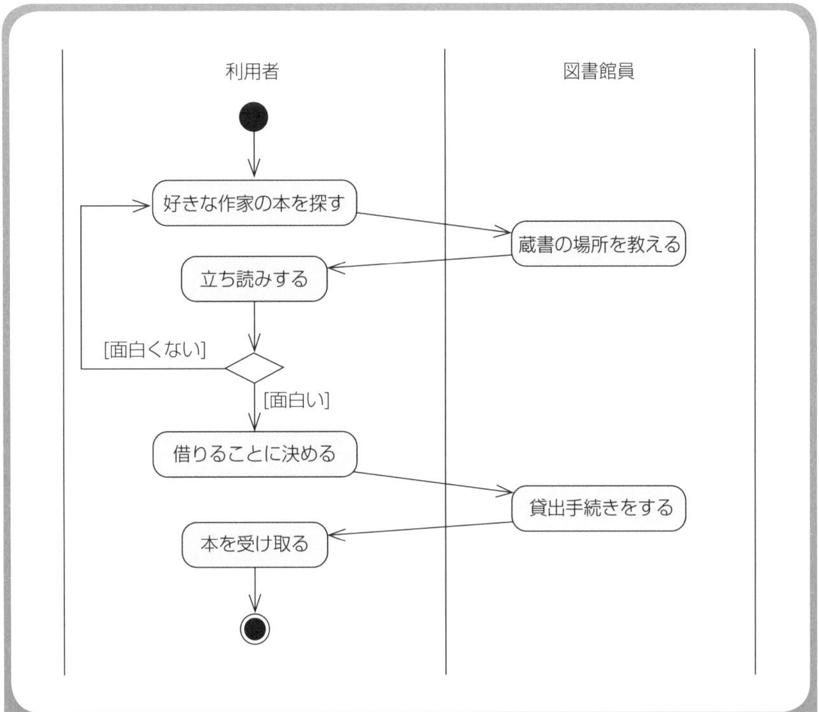

図 9.2　図書館の貸出業務の流れ

や税理士などの一般に馴染みのない仕事などの場合、アクティビティ図を描くことで実際の仕事の様子を理解しやすくなります。また図書館のように誰もが知っている業務であっても、こうした図を描くことで一目瞭然のモデルとして全体を表現できるため、業務の課題や改善点について議論を進めやすくなります。

一般的に、業務分析はその仕事の担当者（この例では図書館員）にヒアリングをしながら進めます。その際に、ただ漫然とヒアリングをするのではなく、図9.2のような図を描きながら進めることで、検討漏れをなくし、理解しやすい成果物としてまとめることができます。図9.2ならば、コンピュータの専門家でなくても、意味を簡単に理解できることでしょう。こうした図を活用して議論を進めると、ユーザーからは現状で困っていることや、新しいシステムで実現してほしいアイデアなどがどんどん出てきます。それらは、新しいシステムの機能を決めるための重要な情報源になります。モデリングには、このように人間同士のコミュニケーションを促進する効果があります。

図書館業務をユースケース図で表現する

さて次は要件定義です。要件定義では図9.2のアクティビティ図などを見ながら、コンピュータが得意な「覚える仕事」や「決まり切った仕事」を見つけて、コンピュータに任せる仕事を定義していきます。

コンピュータに任せる仕事は、ユースケース図を使うことで簡潔に表現できます。**図9.3**に図書館システムを例にしたユースケース図を示しま

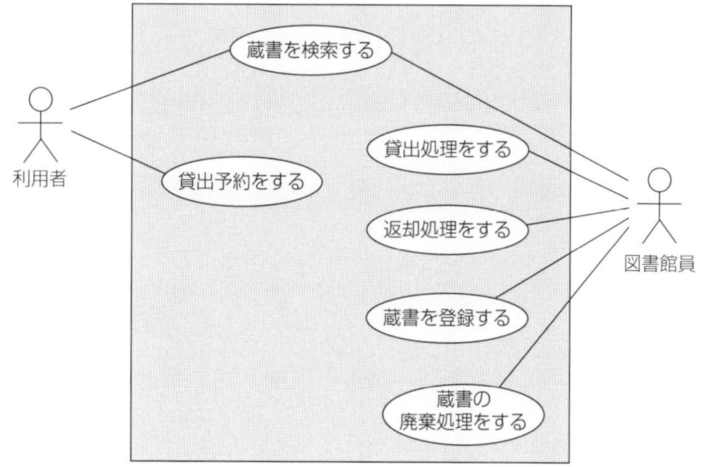

図9.3 図書館システムのユースケース図

す。この図はユーザーである図書館員と利用者に対して、どのような機能をシステムが提供すべきかを表しています。この図も単純ですが、非常にわかりやすいため、コンピュータの専門家以外の人とのコミュニケーションに使うことができます。この図を描きながら議論を進めることで、ほかにシステムを使う人は誰か、どんな機能を提供したら利用者により良いサービスを提供できるか、といった意見が活発に出ることでしょう。

さて、コンピュータに任せる仕事の範囲が決まったところで、先ほど

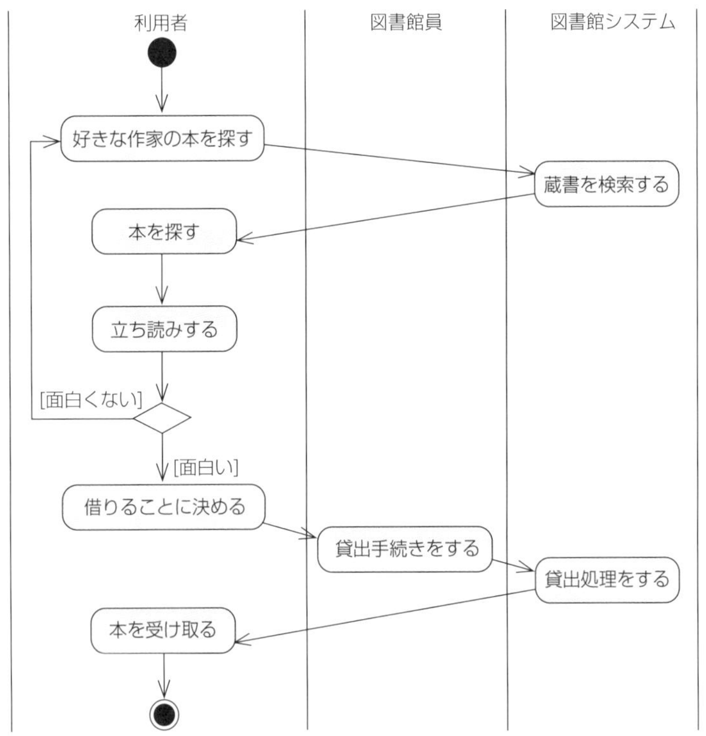

図 9.4　コンピュータ化された後の貸出業務の流れ

の業務分析で作ったアクティビティ図（図9.2）を書き換えてみましょう。コンピュータが導入された後の貸出業務の流れを表現するアクティビティ図を**図9.4**に示します。一番右に追加した列（UMLではパーティションと呼びます）に描いたのが、コンピュータが肩代わりする仕事です。この図9.4を見ると、コンピュータ化された後でも、多くの仕事が人間に残されていることがわかります。

蔵書の検索や貸出処理は、蔵書や利用者の情報をコンピュータに記録しておくことで、コンピュータに多くの部分を任せることができます。しかし立ち読みをしたり、本を借りることを決めたり、実際の本を受け渡したりする仕事をコンピュータに任せるわけにはいきません。この例からもわかるように、一般的にビジネスアプリケーションでは、コンピュータに任せるのは現実世界の仕事の一部の仕事だけです。

もっとも最近では電子書籍が普及したため、「立ち読み」や「本の受け取り」といった活動にもコンピュータが大きく関わるようになっています。ただし、コンピュータがレコメンデーションや読み上げなどのサービスを提供してくれるとしても、読みたい本を最終的に決めて、その本の内容を頭の中で理解するのは人間の仕事です。このため、コンピュータが現実世界をすべて置き換えてしまうことにはなりません。

図書館システムの情報を概念データモデルで表現する

さてもうひとつ、ビジネスアプリケーションの要件定義段階で作るべき重要な図があります。それがクラス図です。クラス図では集合とその要素の関係を表現できるため、「管理する情報の構造」を表現するために利用します。システムで管理する情報を構造的に表現した図を**概念データモデル**と呼びます。ほとんどのビジネスアプリケーションでは、データベースを使って情報を管理するため、この図はデータベースの構造を表現することになります。

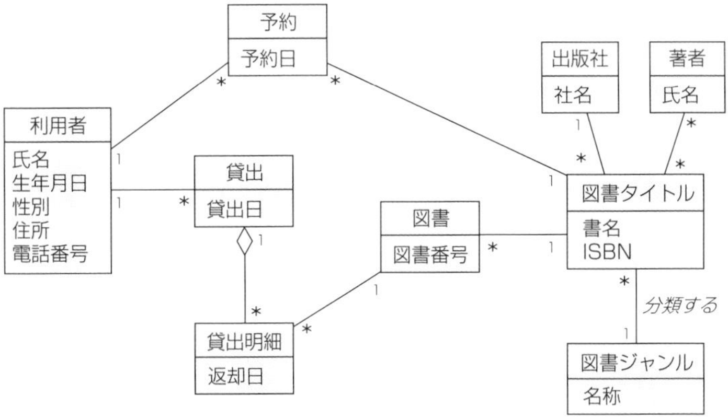

図 9.5　図書館システムの概念データモデル

図9.5に、図書館システムの概念データモデルの例を示します。この図が表現する内容を文章で書いてみましょう。

・利用者の情報として氏名、生年月日、性別、住所、電話番号を管理する。
・同じタイトルの本を複数所蔵することがあるため、本の種類を図書タイトル、1冊の本を図書と呼んで区別する。
・図書には1冊ずつ図書番号を付与する。
・図書タイトルは、小説、専門書、実用書、参考書、児童書、写真集などのジャンルに分けて管理する。
・図書タイトルは書名、ISBNに加えて、出版社と著者の情報を管理する。
・利用者は複数の図書タイトルを予約することができる。
・利用者は1回に複数の図書をまとめて借りることができる。
・まとめて借りた図書であっても、1冊ずつ返却することができる。

いかがでしょう。図9.5と比べると、文章による説明のほうがわかりやすいように思えるかもしれません。しかしこの図では図書館システムとして管理すべき情報を論理的に表しています。この図からリレーショナルデータベースのスキーマを設計するのは非常に容易でしょう。またここには当たり前のことばかりが書いてあるようですが、この図をきちんとまとめるためには細かなビジネスルールを一つひとつ確認する必要があります。紛らわしく見落としがちな「図書タイトル（種類）」と「図書（物理的な1冊の本）」の違いなども図を描く過程で発見できます。

さらにプログラム構造を表現したときと同じように、1次元の文章で表現するよりも、2次元の図で表現することで、イメージと内容を合わせて記憶しやすくなります。筆者の経験でも、しばらくたった後で図を見ることで、ユーザーと議論したときの場面やそのときの印象的な発言内容などをパッと思い出せることがあります。第8章でも説明しましたが、図にはこのように人間の記憶を助ける効果があります。

ビジネスアプリではデータ構造が現実世界を写し取る

さて、ここまでビジネスアプリケーションの要件定義段階の成果物であるユースケース図と概念データモデル（クラス図）を紹介しました。改めてこの2つの図を眺めてみると、ビジネスアプリケーションの特徴が浮かび上がってきます。

まずは先ほどのユースケース図を見てみましょう（図9.3）。ここでは貸出や蔵書の登録、廃棄といった図書館で行う活動を表現しています。しかし、これらの機能をコンピュータで実現したからといって、現実世界の仕事がなくなるわけではありません。コンピュータ上で図書の貸出や、蔵書の登録や廃棄処理を行っても、実際の本を利用者に貸し出す必要がありますし、本を書棚に並べて、廃棄する必要もあります。コンピュータは現実世界の出来事を記録し、あとから参照できるようにするだけです。このように、ユースケースの多くが情報の入力と参照機能を提供するのは、ビジネスアプリケーションの一般的な特徴です。その証拠として、たいていのユースケースには「登録」「更新」「削除」「メンテナンス」「検索」「照会」といった単語を使った名前がつけられています。

次に概念データモデル（クラス図）を見てみましょう。概念データモデルでは、そのシステムで記録すべき情報を表現します。図9.5でも、利用者、図書、著者といった現実世界に存在する人や物、そして貸出や予約といった出来事と、それらの関係を表現しています。企業活動を支えるビジネスアプリケーションの場合、その企業の取引先や顧客、商品、契約、取引内容、自社の従業員などの重要な情報が登場します。

ユースケース図が情報の入力や参照ばかりを表現していたことに比べて、概念データモデルは現実世界の人や物、出来事を雄弁に表現しています。そして、これこそがビジネスアプリケーションの特徴です。コン

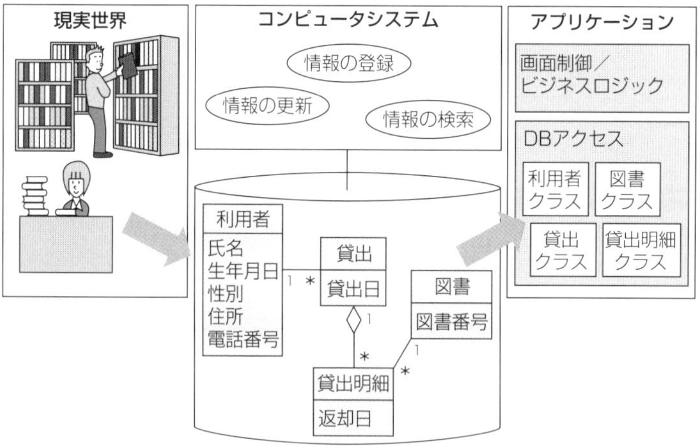

図 9.6　ビジネスアプリケーションではデータ構造に現実世界が反映される

ピュータの主な仕事は現実世界の物事や出来事を情報として記録し、その情報を検索することであり、判断や交渉、商品や代金の受け渡しといった実際の仕事は、コンピュータの外側の現実世界で相変わらず人間が行っています[＊2]。

この章の冒頭で、現実世界とソフトウエアの世界にはギャップがあることを述べました。しかしデータ構造だけに限れば、ソフトウエア構造に現実世界の様子が忠実に反映されます（**図9.6**）。

> ビジネスアプリケーションではデータ構造に現実世界が反映される。

組み込みソフトウエアは現実世界の仕事を置き換える

さて次は組み込みソフトウエアの話に進みましょう。

組み込みソフトウエアという名前は、機械に「組み込まれる」ことに由来しています。組み込みソフトウエアと聞いてもピンと来ない方がおられるかもしれませんが、実際には非常に身近な存在です。現在、実にたくさんの電気製品や機械がコンピュータ制御で動いています。エアコン、冷蔵庫、洗濯機、炊飯器などの電気製品は、装置の中に組み込まれたマイコン（マイクロコンピュータ）が制御しています。カーナビゲーション、液晶テレビ、一眼レフカメラ、ビデオレコーダーなどの製品は、高性能のCPUが動かしています。驚くことに1台の自動車の中には、エンジンやパワーステアリング、ドアロックなどを制御するために数十のマイコンが組み込まれており、それらが車の中のネットワークでつながっている

＊2　お金のやりとりに関しては実際の紙幣やコインをすぐ受け渡さずに、コンピュータ上の記録だけで処理を進めるシステムも数多くあります。これは「お金」という存在が、本質的に「形のあるもの」ではなく、「目に見えない価値」であるため、現実世界の仕事をコンピュータで置き換えやすいためです。

そうです。このほかにも組み込みソフトウエアには、心臓のペースメーカー、エレベータの運行制御、ミサイル制御など実に多種多様なものがあります。

こうした組み込みソフトウエアには、ビジネスアプリケーションにはない大きな特徴があります。それは組み込みソフトウエアが機械を動かして現実世界の仕事を「そっくりそのまま置き換えること」です。たとえば電気炊飯器は実際にご飯を炊きますし、洗濯機は汚れた服をきれいにします。ビジネスアプリケーションでは情報の記録が主な仕事で、実際の仕事の多くを人間が行っていたのとは大違いです。

本書ではここまで、コンピュータは現実世界の仕事の一部を肩代わりするだけだと説明してきました。しかし組み込みソフトウエアの場合は少々様子が違います。まるで川で洗濯をしているおばあさんがソフトウエアに姿を変えて電気洗濯機の中に入り込み、毎日仕事をしているようです。「オブジェクト指向プログラミングの仕組みが現実世界をそのまま表現する」話も、組み込みソフトウエアに限っては成り立ちそうです。

ここまで読んでちょっと混乱してきた人もおられるかもしれません。少々もったいぶるようですが、そういう混乱はとても大事です。コンピュータは一体何をするための機械なのか、ソフトウエアは人間の仕事のどの部分を肩代わりするのかといった根本的なことを理解するためには、自分でとことん考えるのが一番です。以降では組み込みソフトウエアのモデリングの説明をしながら筆者の考えを紹介しますが、みなさんもぜひご自身で考えてみてください。

組み込みソフトウエアでは装置の研究開発が重要

まずは組み込みソフトウエアの業務分析について考えてみましょう。業務分析とは、コンピュータが置き換える以前の現実世界の仕事の様子を整理することです。組み込みソフトウエアは機械と一体になって現実世界の仕事を置き換えますから、そうした機械が発明される以前の仕事の様子を整理することが業務分析に相当するといえるでしょう。

洗濯機が発明される前は人間が川や風呂場で洗濯をしていましたし、炊飯器が発明される前は人間がかまどでご飯を炊いていました。ビジネスアプリケーションの場合と同じように、こうした人間の仕事の様子はアクティビティ図で表現できます(**図9.7**、**図9.8**)。

このように組み込みソフトウエアの場合でも、アクティビティ図を使って現実世界の仕事の様子を表現できそうです。しかし実際に組み込みソフトウエアを開発する場合に、こうした業務分析を行うことはほとんどありません。それには2つの事情があります。

まず多くの場合において、業務分析よりも機械の発明や改良のほうが重要なことが挙げられます。最初に洗濯機や炊飯器を開発したときには、人間の仕事の様子を調べたことでしょう。そして「はじめチョロチョロ、なかパッパ、赤子が泣いてもフタ取るな」といった言葉で表現されるような、仕事のやり方に関する基本的な原理を特定したことでしょう。しか

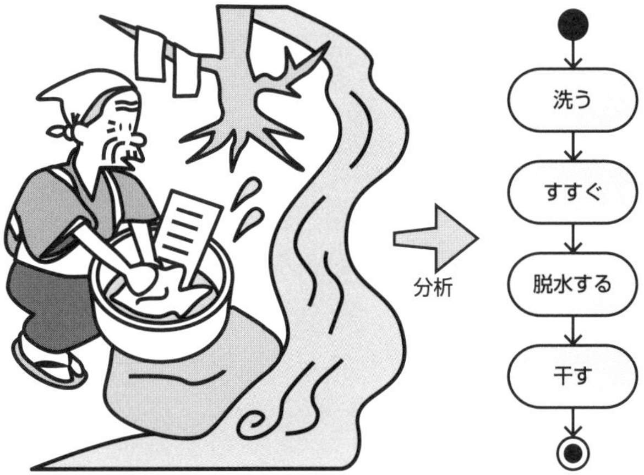

図9.7　洗濯機の業務分析

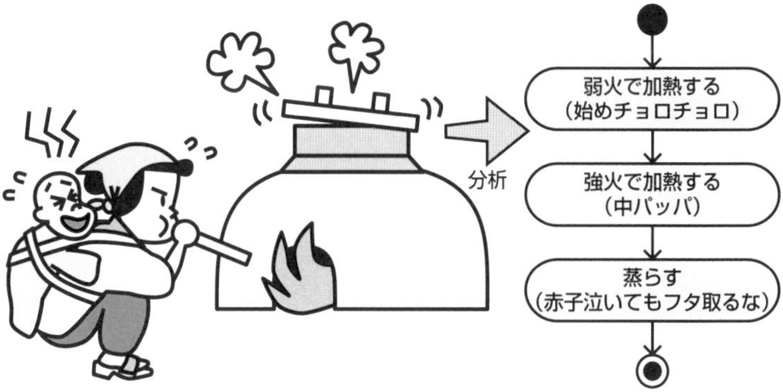

図 9.8　電気炊飯器の業務分析

し、そうした原理がわかったとしても、実際の仕事をするのは機械です。したがって装置の発明や改良が製品開発の鍵になります。これは電気炊飯器の例でいえば、釜の形状や材料をどうするのか、加熱の仕組みはどうするのか、といったことに相当します。このため通常は、そうした装置を先に考案してから、組み込みソフトウエアに任せる仕事を考えます。

組み込みソフトウエアで業務分析を行わないもうひとつの事情は、その仕事を人間が実現できるとは限らないことです。現在では技術の進歩により、人間の手作業では不可能だったことを実現する機械がたくさん発明されています。身近な例としてはエアコン、携帯電話、カーナビゲーションなどがあります。こうした機械の仕事も、氷とうちわを使って部屋を冷やすことや、ノロシや伝書バトを使ってコミュニケーションすること、助手席の人が磁石と地図を使いながら現在地を刻々と判断して道案内をすること、のように人間の仕事に無理矢理当てはめることもできます。しかし実際には、そんな様子を分析してもほとんど役に立たないでしょう。

したがって組み込みソフトウエアについては、ビジネスアプリケーションの業務分析に相当する作業は通常行いません。その代わりに、新しい装置の発明や、既存の装置を改良するための研究を行います。そして装置の研究開発と並行してソフトウエア開発を行います。

全自動で動作する様子をステートマシン図で表現

組み込みソフトウエアの多くは、人間の手を煩わさずに連続して動きます。電気製品によく使われる「全自動」という言葉はこの特徴をよく表しています。洗濯機や炊飯器を使う場合、人間は最初にボタンを押すだけでよく、その仕事が終わるまで「全自動」で動き続けます。このような、依頼に応じてひとまとまりの仕事をするタイプの機械のほかに、エアコンや冷蔵庫のように電源が切られないかぎり何日も何カ月もぶっ続けで動き続ける機械もあります。

またビジネスアプリケーションでは主要な仕事だった現実世界の物事や出来事を覚える仕事も、組み込みソフトウエアでは重要でないことが珍しくありません。この理由のひとつには、対象とする装置に高い信頼性が要求されることが挙げられます。大量の情報を記録するためには、磁気ディスクなどの記憶媒体が必要ですが、車のエンジンや冷蔵庫など、温度条件などが厳しい環境で故障せずに長期間にわたって動作させることが壁になります。このように組み込みソフトウエアは、ビジネスアプリケーションとは大きく性質が異なるため、要件定義で行うモデリングの内容や成果物も大きく変わります。

機械を連続的に動かし続ける組み込みソフトウエアは、全自動制御をするために、センサーなどを使ってその時点の状況を判断し、自律的に動作します。このため、要件定義でも「どういう状況において、どういう動作をするのかを決めること」が重要になります。こうした仕様を表現するには、UMLのステートマシン図が役に立ちます。ここではエアコンを例に取り上げて説明しましょう（**図9.9**）。

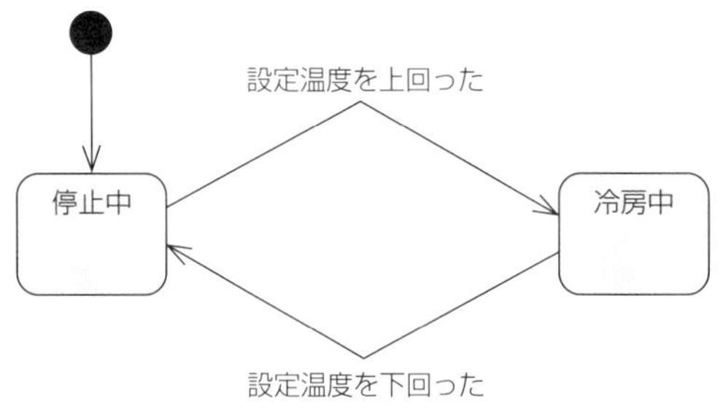

図9.9　エアコンの動作を表現するステートマシン図

エアコンは、冷媒が部屋の熱気を奪い、屋外機で圧縮されて熱を放出し、また部屋に戻って熱気を奪うという原理で動きます。そうした動作は機械が行いますが、温度設定や吹き出しの調節などは組み込みソフトウエアが司っています。図9.9は非常にシンプルですが、実際のエアコンではタイマー指定により電源のオン/オフ制御をする機能や一定時間急速に冷却する機能などがあります。こうした付加機能の多くもステートマシン図で表現できます。

組み込みソフトウエアは単調な仕事をひたすら実行

組み込みソフトウエアは、機械を連続的に動かして人間の仕事をそのまま置き換えます。最近では、きめ細かな制御をしているため、一見高度な判断をしているように思える機械も登場してきました。しかし実際には、機械に組み込まれたコンピュータがプログラムに書かれたロジックをひたすら実行しているだけです。こうした作業を人間がぶっ続けで何日もやらされたらたまったものではありませんが、コンピュータは電源が入っているかぎり、飽きもせず、文句も言わず、居眠りもせず、単調な仕事をひたすら続けてくれます。コンピュータが「決まり切った仕事」を肩代わりしてくれるおかげで、人間は便利な生活を送りながら、安心して夜眠ることができます。

もっとも最近の組み込みソフトウエアはどんどん複雑になっており、携帯電話やカーナビゲーションなどのプログラム行数は、100万ステップ以上にもなるそうです。機器が高機能化するにつれて、「決まり切った仕事」が中心だった組み込みソフトウエアの分野でも、携帯電話のアドレス帳やカーナビゲーションの地図情報のような「覚える仕事」が重要になりつつあります。

組み込みソフトウエアは機械と一体化して、人間の仕事を丸ごと置き換えます。こう考えてみると、あたかも現実世界をソフトウエアに置き換えるように思えるかもしれません。しかし実際の仕事をしているのは機械であり、組み込みソフトウエアは指令を送るだけです。組み込みソフトウエアであっても、決して現実世界をソフトウエアの世界にそのまま写し取るわけではありません。

モデリングにはソフトウエア開発の醍醐味がある

この章ではビジネスアプリケーションと組み込みソフトウエアの2つの例を取り上げて、モデリングの進め方や成果物を紹介しました。オブジェクト指向がソフトウエア開発の総合技術になったのも、モデリング技術が発展し、上流工程の全体がカバーされるようになったからといえるでしょう。

モデリングは、プログラミングのようにコンパイラがあるわけではなく、あくまでも人間が考えたことを人間が整理する技術です。そしてそれを検証するのもまた人間です。

筆者自身がオブジェクト指向を深く勉強するようになったきっかけは、モデリングに魅力を感じたからでした。ユーザーへのヒアリングを通じて、割り切れない現実世界から、論理のかたまりであるソフトウエアを作り上げていく仕事は、困難な面もありますが、やりがいのある実に楽しい仕事です。ソフトウエア開発の最大の醍醐味といってもいいでしょう。ぜひ一人でも多くの人がモデリングのテクニックを身につけて、プログラミングとはまた違う業務分析や要件定義の仕事の楽しさを味わっていただきたいと願っています。

より深く学ぶための参考書籍

渡辺幸三 著『業務別データベース設計のためのデータモデリング入門』（日本実業出版社、2001年）☆☆☆
渡辺幸三 著『販売管理システムで学ぶモデリング講座』（翔泳社、2008年）☆☆☆
ビジネスアプリケーションのデータモデルの実例とノウハウを満載した書籍。オブジェクト指向の書籍ではなく、著者が独自に考案した表記法を使っているが、ビジネスアプリケーションの上流工程に携わる人にとって必読の２冊。

椿正明 著『データ中心システムの概念データモデル』（オーム社、1997年）☆☆☆
長年ビジネスアプリケーション分野のデータモデリングに携わってきた著者の理論と表記法をまとめた書籍。特に「リソース」「イベント」「在庫」「断面」「要約」などの概念ファイル類型（UMLのステレオタイプ相当）のアイデアはビジネスアプリケーションの本質をよくとらえている。やはりビジネスアプリケーションの上流工程に携わる人にとっては必読の書。

平澤章 著『UMLモデリングレッスン―21のパターンでわかる要求モデルのつくり方』（日経BP、2008年）☆☆
主にビジネスアプリケーションで典型的に現れる21のデータモデルのパターンを、簡単な練習問題を通じて解説している。UMLのクラス図とオブジェクト図の変形版、ステートマシン図の３つを使ってモデルを表現しているが、内容は概念レベルのデータモデリングにほぼ特化している。

第10章

この章のキーワード

凝集度、結合度、依存関係、擬人化

擬人化して役割分担させるオブジェクト指向設計

ウォーミングアップ

本文を読む前に、ウォーミングアップとして以下のクイズに挑戦してください。

クイズ

ソフトウエア部品の独立性を評価する尺度として、凝集度(cohesion)と結合度(coupling)の2つがありますが、以下の中で優れた設計と評価されるのはどれでしょうか。

ア．凝集度が強く、結合度も強い
イ．凝集度が強く、結合度は弱い
ウ．凝集度が弱く、結合度は強い
エ．凝集度が弱く、結合度も弱い

答え

イ．凝集度が強く、結合度は弱い

解説

凝集度《ぎょうしゅうど》と結合度はソフトウエア部品の独立性を評価する尺度で、オブジェクト指向が普及する遥か以前の1970年代に構造化設計手法の中で提唱されました。

凝集度（cohesion）とは、ソフトウエア部品が提供する機能のまとまり度合いを評価する尺度で、まとまりが「強い」ほど良い設計とされます。

結合度（coupling）とは、複数のソフトウエア部品間の結びつき度合いを評価する尺度で、結びつきが「弱い」ほど良い設計とされます。

この章のポイント

この章では設計をテーマに取り上げて、保守性や再利用性を向上させるための考え方を紹介します。ここではまず保守に強く、再利用しやすいソフトウエア構造にするための3つの目標を示します。そして、そのような設計をオブジェクト指向的な考え方で行うコツとして、論理のかたまりであるソフトウエアを擬人化して役割分担させる考え方を紹介します。

この「ソフトウエアの擬人化」は、本書がここまで取ってきた「現実世界とソフトウエアの仕組みを別物として扱う立場」とは、ある意味で矛盾する内容になります。しかし設計段階では、オブジェクト指向の2つの顔である汎用の整理術とプログラミング技術の両方が必要になります。本書全体を通じて議論してきた、現実世界とソフトウエアのギャップの話も、この章が総仕上げになります。

設計が対象とする範囲は広く深い

まずは設計全体として何をするのかを考えてみましょう。

第9章では、プログラミングの前段階で行う作業として、業務分析、要件定義、設計の3つが必要なことを説明しました。最後のステップの設計では、要件定義によって決められた、コンピュータが肩代わりする仕事の範囲をソフトウエアでどう実現するかを検討します。

しかしひと口に設計と言っても、実際の作業はさらにいくつかの段階に分かれます。典型的な設計作業の流れは、「実行環境の定義」「ソフトウエア全体の構造定義」「個々のソフトウエア部品の設計」となります（**図10.1**）。

最初に行うべきことは、実行環境の定義、すなわち採用するハードウエアとソフトウエア製品の選定でしょう。ここでは信頼性や実行効率などのシステム要件、技術や製品の成熟度、費用、運用の容易性などさまざまな要素を考慮して、製品を選定します。特にソフトウエアについて

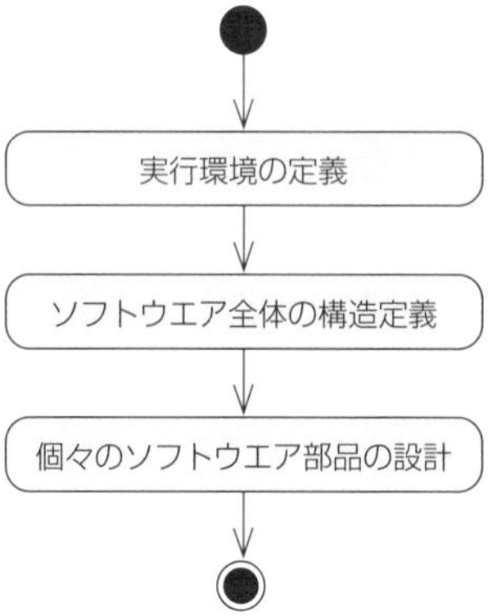

図 10.1　典型的な設計作業の流れ

は、OS、通信、データベースなどそれぞれの分野について採用する技術や製品を決める必要があります。

次に行うべきことは、ソフトウエア全体の構造定義です。ここでは全体を複数のサブシステムに分割します。組み込みソフトウエアのようなタイミングが重要なアプリケーションでは、この段階でスレッドの構成も大まかに検討しておくのが一般的です。

特にOOPを前提にする場合、アプリケーション全体の標準化と品質確保を目的として、全体で共通となるソフトウエア構造を決めたうえで、第6章で説明したフレームワークを採用するのが一般的です。

そして次の段階で、個々のアプリケーション機能を実現するソフトウエア部品の仕様やインタフェースを一つひとつ決めていきます。これはOOPでは、クラスおよびメソッドの仕様やインタフェースを決めることに相当します。

設計作業の具体的な内容やノウハウは、採用する技術やプログラミング言語や製品によって大きく変わります。さらに、ビジネスアプリケーションや組み込みソフトウエアなどのアプリケーションの性質によっても大きく異なります。このように設計の進め方やノウハウには、実行環境やアプリケーションの性質ごとにバリエーションがあり、それぞれが1冊の本を書けるような広さと深さがあります。したがって、ここでは実行環境やアプリケーションの性質に依存する設計手法は対象外とします。その代わりに、「ソフトウエア全体の構造定義」や「個々のソフトウエア部品の設計」の作業を行う際の一般的な考え方を紹介します。

実行効率よりも保守性や再利用性が重視される時代

ところで設計の目標とは何でしょうか。

最も重要なことは、要求仕様通りに正しく動かすことでしょう。ユーザーが期待する機能を実現できなければ、どんなに実行効率が良くても、いくら優れたデザインパターンを駆使して拡張性の高いソフトウエア構造になっていたとしても、何の役にも立たないガラクタでしかありません。

そして、正しく動かすことの次に重要な目標は、以前はなんといっても実行効率でした。ハードウエア能力が貧弱だった時代に求められたのは、少しでも速く動き、メモリやディスクなどのリソースを極力消費しないソフトウエアを作ることでした。しかし現在ではハードウエア能力が著しく向上した一方で、アプリケーションの規模が増大し、ソフトウエアの寿命も長くなったことから、実行効率よりも保守性や再利用性のほうが重要になってきました。

それでは保守性や再利用性を向上させるためにはどうすればよいでしょうか。

OOPのクラス、ポリモーフィズム、継承といった仕組みは、保守性や再利用性を向上させるためのものです。しかし所詮は道具でしかないため、たんにそれらの仕組みを利用しただけで保守性や再利用性が向上するわけではありません。大事なことは、それらの優れた道具をどう使いこなすかです。

またOOPの仕組みを使いこなすノウハウ集として、第6章で紹介したデザインパターンがあります。しかしこのデザインパターンも、それがズバリ当てはまる場面でこそ威力を発揮しますが、すべての場面に適用できるわけではありません。

ソフトウエアを保守に強くするためには、変更個所の特定を容易にして、変更による影響範囲を小さくする必要があります。またソフトウエアを再利用しやすくするためには、サブシステムや部品の単位で切り出して利用できる必要があります。

こうした保守に強く、再利用しやすいソフトウエア構造の目標は次のようにまとめることができます。

1）重複を排除する

2）部品の独立性を高める

3）依存関係を循環させない

以降では、これら3つの目標について各々説明します。

設計の目標1 — 重複を排除する

最初の目標は重複の排除です。

機能の重複があれば、その分だけ規模が大きくなるため、テストが大変になり、理解もしづらくなります。特に深刻な問題は変更時の修正漏れでしょう。最初にプログラムを作ったときはまだしも、しばらく時間がたってからそのプログラムを変更する必要が出た場合には、重複の見落としによる修正漏れが起きやすくなります。

したがって設計の段階で、できるだけ機能の重複が起きないように配慮しておく必要があります。これは新規に作るときだけでなく、後から変更を加える場合も同様です。既存のプログラムに影響を与えないようにするために、プログラムの一部を丸ごとコピーして修正をかける「コピー＆ペーストプログラミング」が行われることがありますが、長く使い続けるソフトウエアに対してこうした安易な修正を行うのは極力避けるべきです。

重複を排除するために従来のプログラミング言語が提供していた仕組みは、手続きを共通化するサブルーチン（関数）だけでした。しかしOOPはそれに加えて、呼び出し側を共通化する「ポリモーフィズム」や、クラスの共通部分をまとめて使い回す「継承」などの仕組みを用意しています。これにより、従来は実現できなかったクラスライブラリやフレームワークと呼ばれる大規模な再利用部品を作れるようになったことについては、第6章で説明したとおりです。

設計の目標 2 ― 部品の独立性を高める

次の目標は部品の独立性を高めることです。

いったんできあがったソフトウエアを後から修正するためには、まずそのソフトウエアを理解する必要があります。しかし数万行、数十万行にも及ぶような大規模なソフトウエアに書かれた命令群を1人の人間がすべて記憶することはとてもできません。こうした複雑なソフトウエアを理解しやすくするためにはどうすればよいでしょうか。

一般的に、複雑なものをわかりやすくするコツは「分割する」ことです。「わかる」は漢字で「分かる」と書くことからも明らかなように、複雑なものは分割して小さくすることで理解しやすくなります。まさに「分ければ、分かる」というわけです。

これをソフトウエアに当てはめて考えると、全体を一枚岩として作らずに、複数のサブシステムや部品から構成するように作ることといえます。しかし、たんにサブシステムや部品に分割するだけでは不十分で、個々のサブシステムや部品の「独立性が高いこと」が重要になります。

このように部品の独立性を高めると、サブシステムや部品の機能が明確になるため、変更する場合の修正個所の特定が容易になります。ある部品やサブシステムを修正した場合でも、他への影響を最小限に抑えることができます。また独立した部品を抜き出して別のアプリケーションで再利用することも容易になるでしょう。

> 保守性や再利用性を高めるためには、ソフトウエアを「独立性の高い部品」で構成することが重要である。

ここでは、部品やサブシステムの独立性を高めるための考え方として、オブジェクト指向が主流になる前の時代から提唱されている「凝集度《ぎょうしゅうど》」と「結合度」と呼ばれる2つの尺度を紹介します。

1つめの**凝集度**は、「粘着」「団結」といった意味を持つcohesionの訳語で、個々の部品の機能のまとまり度合いを評価する尺度です。この凝集度が「強い」ほど良い設計といえます。

2つめの**結合度**は、「連結」「結合」といった意味を持つcouplingの訳語で、部品間の結びつき度合いを評価する尺度です。この結合度は凝集度と反対に、「弱い」ほど良い設計といえます。

くだけた表現をするなら、個々の部品のまとまりは「ギュッ」と強くし、部品と部品の間のやりとりは「アッサリ」と弱くする、といえるでしょう(**図10.2**)。よそ者は排除して身内の結束を固め、近所づきあいはできる限り少なくするイメージと覚えてもいいかもしれません。

オブジェクト指向においては、ソフトウエア部品の基本的な単位がクラスになります。このため、凝集度を強く、結合度を弱くすることは、1つのクラスに定義する機能(メソッドや変数)の意味的なまとまりを強く

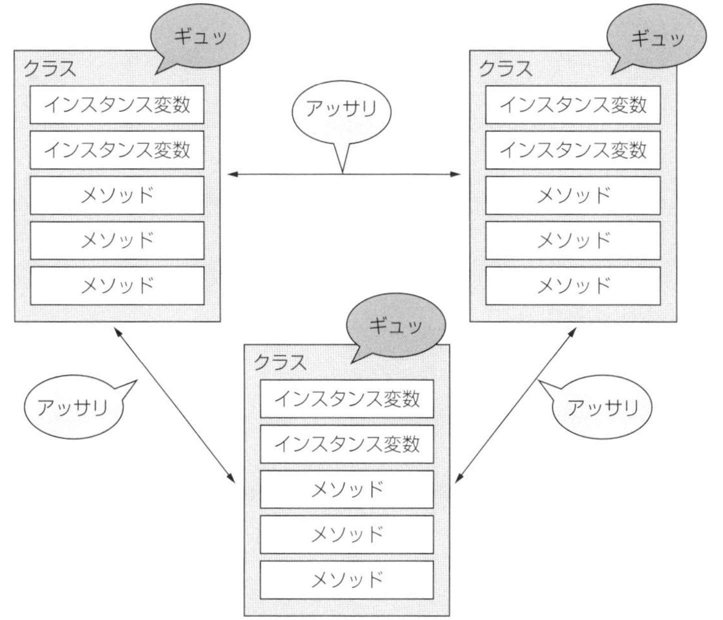

図 10.2　凝集度を強く、結合度を弱くするイメージ（クラスを例にした場合）

し、クラス間のやりとりを少なくすることに相当します。この凝集度と結合度の考え方は、メソッドやパッケージにも当てはめることができます。

部品の独立性を高めるコツ

しかし、「凝集度を強めて、結合度を弱める」という指針だけでは、実際に設計をする場面で判断に迷ってしまうことでしょう。そこで、部品の独立性を高めるための具体的なコツをクラスやメソッドに当てはめていくつか紹介しておきます。

●ひと言で表現する名前をつける

凝集度を強くする最大のコツは、クラスの機能を「ひと言でズバリと表現する」名前をつけることです(これはパッケージやメソッドについても同様です)。反対に適切な名前をつけられないときは、まとまりの悪い機能がクラスに集まっている可能性があるため、クラスの分割を検討する必要があります。「名は体を表す」の言葉通り、部品のまとまりが強いからこそ、ズバリとした名前をつけやすくなります。

わかりやすい名前をつけることで、あとから別の人がそのプログラムを調べるときにも理解しやすくなります。

●秘密をたくさん作る

クラスが外部に公開する情報を最小限にします。これは具体的には、第4章で説明したクラスの「隠す仕組み」を利用することを指します。インスタンス変数を隠すのは当然として、ほかから当面使われる見込みがないメソッドもできるかぎり隠すべきでしょう。

●小さく作る

個々のクラスやメソッドをなるべく小さく作ることもコツのひとつです。1つのクラスにあまりにたくさんのメソッドや変数が定義されて、全体として何をしているか理解できないようでは困ります。

またOOPを使って書いたメソッドは数行程度、ときには1行だけになることも珍しくありません。すべてのメソッドをそこまで小さくする必要はありませんが、OOPを使う場合なら1つのメソッドの上限の目安は20～30行程度と考えておくべきでしょう。

反対に、最初から小さく作ろうとしなくても、部品の独立性を高めようとすると機能が限定されるため、メソッドやクラスは自然と小さくなります。

設計の目標３ — 依存関係を循環させない

凝集度と結合度は、オブジェクト指向が主流になる以前の時代に提唱されたアイデアです。この重要性は今でも変わっていませんが、OOPを前提にする場合、さらにもうひとつ重要な目標があります。それは**依存関係**を循環させないことです。

特にパッケージの依存関係を循環させないことは非常に重要です。これは大規模なソフトウエアに「秩序を持ち込むこと」であり、設計の際に必ず守るべきルールといえるでしょう。

> ソフトウエアに「秩序を持ち込む」ために、パッケージやクラスの依存関係を循環させないことが重要である。

依存関係について、もう少し詳しく説明しましょう。

依存関係とは、ある部品が別の部品を利用していることを意味します。**図10.3**は、部品Aが部品Bに依存していることを表現しています。これは、部品Aをコンパイルするためには部品Bが必要になることともいえます。

問題はこの依存関係が循環することです。たとえば3つの部品の依存関係が循環している場合を考えてみましょう。**図10.4**のように依存関係が循環していると、これらの部品を修正したり再利用したりする際に支障が出ます。これは何が問題なのでしょうか。

まず再利用の問題から説明しましょう。これら3つの部品はどれ1つと

図10.3　部品Aが部品Bに依存する

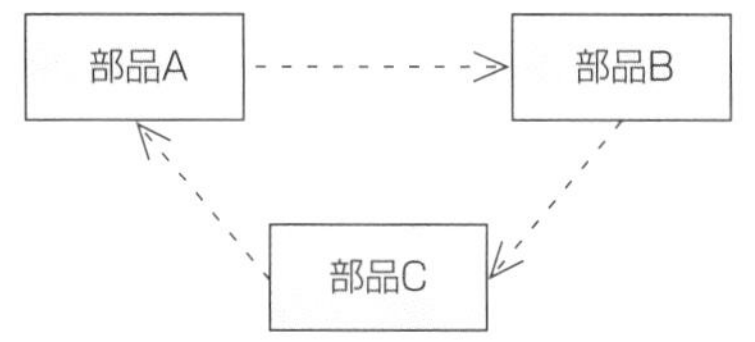

図 10.4　依存関係の循環

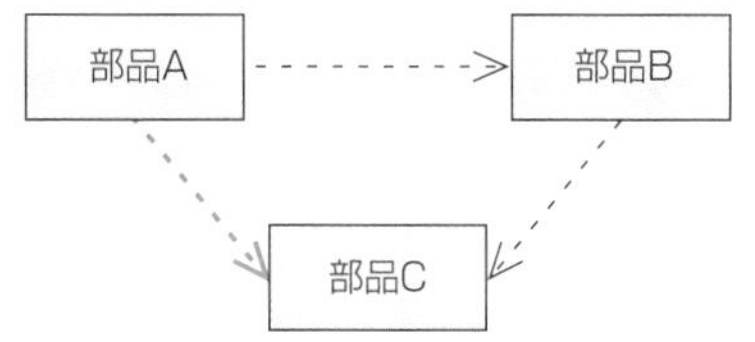

図 10.5　循環を回避した依存関係

して単独でコンパイルできない構造になっています。したがって、これらの部品を単独で再利用することができず、必ず3つの部品をまとめて利用する必要があります。

図10.4の構造は修正する場合にも問題になります。ある部品に対して依存関係があることは、その部品をなんらかの形で利用しているわけですから、部品のどれかに手を加えた場合、利用する側に影響がないことを確認する必要があります。図10.4の場合は、どの部品を修正する場合でも、A、B、Cすべての部品への影響を調べなければなりません。

次の例を見てみましょう。**図10.5**を見てください。ここでは、図10.4における部品Aと部品Cの依存関係が逆になっています。

依存関係を1つひっくり返しただけですが、これにより依存関係の循環がなくなりました。ここでは部品Cが完全に独立しているため、部品

Cを単独で取り出して再利用することができます。また部品Aは、部品Bおよび部品Cに依存しているものの、どこからも利用されていないため、部品Aを修正した場合には、他の部品への影響を調べる必要がありません。このように、保守性や再利用性を高めるためには、部品の依存関係を循環させないことが非常に重要になります。

ところで、こうした依存関係の考え方は、構造化言語の時代には必要ありませんでした。これはサブルーチン（関数）を循環して呼び出すように作ると無限ループになりやすいため、循環構造にすることがほとんどなかったからです。しかしOOPでは、複数のメソッドをまとめるクラスや、複数のクラスをまとめるパッケージの仕組みが導入されたため、クラス間やパッケージ間で依存関係の循環が起きやすくなりました。したがって、パッケージやクラスについては依存関係が循環しないように慎重に設計する必要があります。

なお第8章で紹介したUMLの図式表現の規則では、この依存関係を非常に意識しています。**図10.6**にUMLのクラス図やパッケージ図で使う4種類の関係を示します。これらは矢印の形こそ違うものの、方向はすべて依存関係を意味しています。本書ではUMLの詳しい書き方を説明しま

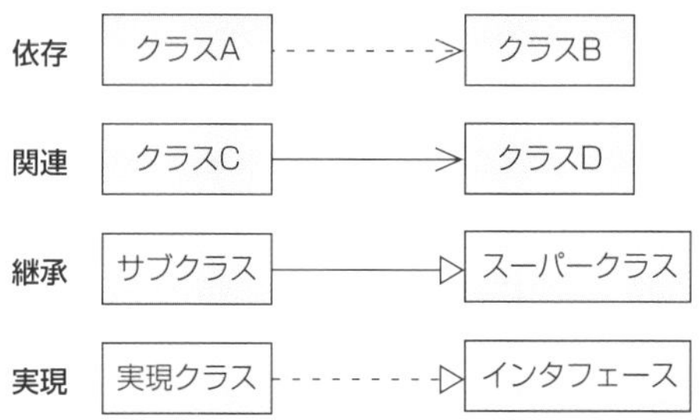

図10.6　依存関係の方向を表現するUMLのクラス図とパッケージ図の矢印

せんが、依存関係の方向はオブジェクト指向設計で非常に重要なため、この規則を覚えておくことをおすすめします。

オブジェクト指向設計の感覚は擬人化と役割分担

さて、ここまで保守に強く、再利用しやすいソフトウエア構造の3つの目標を説明しました。

こうしたソフトウエアを設計するためには、具体的なテクニックに加えて、ある種の「感覚」が必要になります。これは文字通り「感覚」のため、文章でうまく表現するのが難しいところがありますが、筆者の経験では**擬人化と役割分担**[*1]といえます。

大規模なソフトウエアは複雑です。人間が複雑な仕事をするときに、人や組織の役割を分けるのと同じように、複雑な機能を実現するソフトウエアも個々のサブシステムや部品に役割分担させるというわけです。

実際には、第2章で議論したように、現実世界とソフトウエアの仕組みは「似て非なるもの」です。それにもかかわらず、設計段階では論理の固まりであるソフトウエアを、あたかも現実世界の人や組織のように擬人化して考えて役割分担させます。

これはOOPの仕組みを説明する際のたとえ話ではなく、オブジェクト指向設計をするときの「感覚」の話です。

設計レビューのときなどに「このクラスはこの情報を知っているが、その情報は知らないので、その機能を持たせることはできない」あるいは「こいつはこういう役割だから、このメソッドを呼ばせるようにしよう」といった説明を聞くことがあります。こうしたやりとり、特にクラスを「こいつ」と呼ぶような擬人化表現は、構造化言語を前提に設計していたときにはほとんど聞かれませんでした。

*1　オブジェクト指向の用語では、ソフトウエアとしてのクラスの役割を決めることを一般的に「責務（responsibility）の割り当て」と表現しますが、少々堅い表現ため、本書では「役割分担」と表現します。

これはOOPのクラスの仕組みを使って変数とサブルーチンをまとめることで、ソフトウエア部品の独立性を高くできるため、「何々係」といった役割分担された人間のイメージに近くなるからだと筆者は考えています。

役割分担されたソフトウエアが作る奇妙な世界

とはいえ、現実世界とソフトウエアの仕組みは大きく違います。このため、役割分担されたソフトウエアの世界は、現実離れした奇妙なものになります。

例を挙げましょう。**図10.7**に銀行預金の出金処理を例として、ソフトウエアが役割分担する様子を現実世界に当てはめたイメージを示します。銀行口座は財布に相当しますから、「口座」オブジェクトに入出金を依頼することは、財布に「3万円ちょうだい」と依頼することに相当します。そのほかにも日付に関する処理を集めた「カレンダー」クラスや、取引の結果を印刷する「通帳」クラスを現実世界に当てはめて考えると、命を持たない財布や通帳が質問に答え、依頼された仕事を実行してくれる、とても奇妙な世界です。

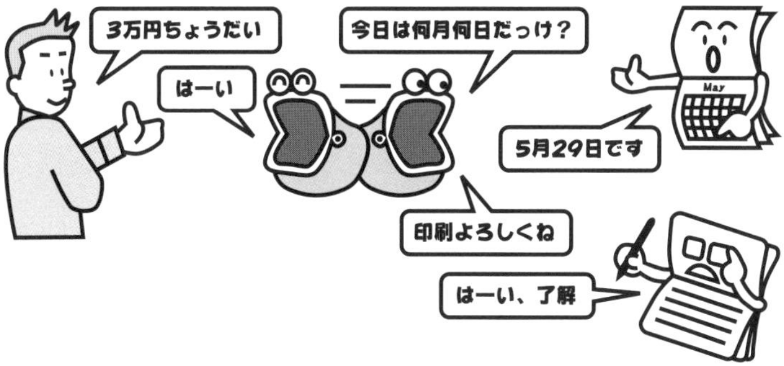

図10.7　ソフトウエアが役割分担する奇妙な世界

しかし、オブジェクト指向でソフトウエアを作る場合、このように命を持たないモノ(object)が役割を分担して、相互にメッセージを送り合いながら全体の仕事を達成するように設計します[*2]。このように設計することで、クラスやパッケージの独立性が高くなり、ソフトウエア全体の保守性や再利用性が向上します。

本書はここまで、オブジェクト指向にはプログラミング技術と汎用の整理術の2つの顔があり、それぞれを別物として分けて考えるべきと主張してきました。しかし設計段階では、汎用の整理術とプログラミング技術の両方が必要になります。そして、この2つを同時に考えることこそがオブジェクト指向設計の感覚といえるでしょう。

また筆者の経験では、OOPを前提に設計やプログラミングを行っていると、現実世界とソフトウエアの仕組みがまるで違うと頭でわかっているにもかかわらず、両者があたかも同じであるかのような錯覚を覚えることがあります。

筆者はこの原因を、現実世界の人や組織であっても、論理の固まりであるソフトウエアであっても、役割分担を決める頭の使い方が同じだからではないかと考えています。

「オブジェクト指向は現実世界をそのままソフトウエアに表現する技術である」という説明をなんとなく受け入れてしまうもうひとつの原因が、こんなところにもあるように思います。

*2　実際のアプリケーションでは、現実世界に存在するモノに対応するオブジェクトに加えて、細かく役割分担されたソフトウエア専用のオブジェクトをたくさん定義して、全体の機能を実現するように設計します。

より深く学ぶための参考書籍

ロバート・C・マーチン 著『アジャイルソフトウェア開発の奥義 第2版―オブジェクト指向開発の神髄と匠の技』瀬谷啓介 訳（SBクリエイティブ、2008年）☆☆
クラスを適切に設計するための各種の設計原則（SRP、OCP、LSPなど）、GoFのデザインパターン、XPのプラクティスに関して、豊富なサンプルコードとケーススタディを使って詳しく解説している。670ページを超える大作だが、オブジェクト指向設計のノウハウを具体的に学びたい人におすすめしたい1冊。

アラン・シャロウェイ、ジェームズ・R・トロット 著『デザインパターンとともに学ぶオブジェクト指向のこころ』村上雅章 訳（丸善出版、2014年）☆☆
責務の割り当て（役割分担）、凝集度と結合度、インタフェースと実装の分離といったテーマに関して、GoFのデザインパターンの適用例を示しながら具体的に解説している。オブジェクト指向設計の"感覚"を抽象論で終わらせず、具体的に解説した書籍。

マイケル・C・フェザーズ 著『レガシーコード改善ガイド―保守開発のためのリファクタリング』越智典子 ほか訳、ウルシステムズ株式会社 監訳（翔泳社、2009年）☆☆
「テストのないコードはレガシーコードだ」という定義で業界に一石を投じた書籍。品質の悪い既存のコードに対して、あとからテストコードを書くことで設計を改善していく手法を解説している。泥臭い内容まで踏み込み、きわめて実践的なノウハウを紹介している。

成瀬 允宣 著『ドメイン駆動設計入門 ボトムアップでわかる！ドメイン駆動設計の基本』（翔泳社、2020年）☆☆
問題領域の知識をソフトウエア構造に反映させる開発手法のDDD（Domain Driven Design、ドメイン駆動設計）の解説本。豊富なサンプルコードを使って、DDDの構成要素（値オブジェクト、エンティティ、サービス、リポジトリ、ファクトリーなど）を丁寧に解説している。DDDの原典は『エリック・エヴァンスのドメイン駆動設計』（翔泳社、2011年）だが、分厚い本で、抽象的な説明も多いため、この本を副読本として読むことをおすすめする。

COLUMN

今ドキのOOP

クラスに縛られずに動くJavaScript

JavaScriptは1995年に登場しました。元の名前はLiveScriptでしたが、当時大きな注目を集めていたJavaにあやかってJavaScriptに改名しました。

JavaScriptのもっとも一般的な使い方は、Webページを表示するHTMLの中に組み込んでクライアントのWebブラウザの動作を制御することです。Webページの情報はDOM（Document Object Model）と呼ぶオブジェクトモデルから取得します。

登場した当時はWebブラウザの開発ベンダーが独自に仕様を拡張したため互換性の問題がありましたが、現在は国際標準化団体のECMAがECMAScriptという名称で標準仕様を定めています。

＊　＊　＊

JavaScriptはその名前から、コンパイルしないで動くJavaをイメージしがちですが、実際にはJavaを含む一般的なOOPとはかなり違う世界観を持った言語です。その違いを一言で表現すると「クラスに縛られずに動くこと」と言えるでしょう。

JavaScriptでインスタンスを作るのには、コンストラクタ関数と呼ぶ関数を利用する方法があります（**リスト10.a**）。このTriangle関数を呼び出す

リスト10.a　コンストラクタ関数によるインスタンス作成

```
function Triangle(width, height) {
  this.width = width;          // 底辺
  this.height = height;        // 高さ
  this.getArea = function() { // 面積を求める
    return this.width * this.height / 2;
  }
}
var triangle = new Triangle(75, 40); // インスタンス作成
```

と、width（底辺）変数と height（高さ）変数および、面積を求める getArea メソッドを持つ三角形インスタンスが作られます。この関数を複数回呼び出せば、その分だけ三角形インスタンスを作成できます。

これだけ聞くと、一般の OOP と同じ仕組みのように思えるかもしれませんが、重要な違いが１つあります。それはメソッドや変数の定義がクラスに対してではなく、インスタンスに対して実行時に行われることです。作成済みのインスタンスに対してメソッドや変数を個別に追加したり、削除したりすることも可能です。一般の OOP では、メソッドや変数の定義はクラスで決まるのと大きく異なります。

JavaScript には複数のインスタンスが共通に持つメソッドや変数を管理するための「プロトタイプ」と呼ぶ仕組みがあります。この仕組みにより、複数のインスタンスで共通なメソッドを１カ所にまとめてメモリを節約できます。プロトタイプへのメソッドや変数の定義は、やはりプログラムの作成時にではなく実行時に行います。

このような仕組みになっているため、JavaScript のような言語はプロトタイプベースと呼び、一般的な OOP をクラスベースと呼んで区別します。

＊　＊　＊

JavaScript には長い間クラスを宣言する文法がありませんでしたが、2015 年に策定された ECMAScript 2015 で class 構文が追加されました。このため、今では Python や Ruby と同じようなプログラミングが可能です。しかし JavaScript の内部は依然としてクラスに縛られないインスタンス、およびプロトタイプの仕組みで動いています。

第11章

この章のキーワード

ウォーターフォール型開発、反復型開発、イテレーション、XP、スクラム、アジャイル開発、TDD、リファクタリング、継続的インテグレーション

オブジェクト指向から生まれたアジャイル開発

ウォーミングアップ

本文を読む前に、ウォーミングアップとして以下のクイズに挑戦してください。

クイズ

「アジャイルソフトウエア開発宣言」では、ソフトウエア開発に関する４つの価値を表明しています。次の中で４つの価値を示す文として１つだけ間違ったものがありますが、それはどれでしょうか。

ア．プロセスやツールよりも、個人や協力を重視する
イ．包括的なドキュメントよりも、動くソフトウエアを重視する
ウ．契約の交渉よりも、顧客との協調を重視する
エ．計画に従うことよりも、品質の作り込みを重視する

答え

エ．計画に従うことよりも、品質の作り込みを重視する

解説

アジャイル開発は、従来のウォーターフォール型とは対照的な開発手法で、小さなリリースを繰り返しながら段階的にソフトウエアを作り上げる開発手法です。従来の開発プロセスは作業手順や成果物の形式を定めることで、属人性を排除して、計画通りに作業を進めることに主眼を置いてきました。しかしアジャイル開発では、中間成果物を極力排除し、顧客やメンバーとの協力を重視して、変化に柔軟に対処することに主眼を置きます。

「アジャイルソフトウエア開発宣言（Agile Manifesto）」は、各種のアジャイル開発手法の提唱者や推進者たちがまとめたもので、アジャイル開発の基本的な価値を表明しています。

アからエの中では最後のエの文が間違っており、「計画に従うことよりも、変化への対応を重視する」が正しい文です。

この章のポイント

この章では反復型開発プロセスおよび、そのサブセットであるアジャイル開発手法の概要と、アジャイル開発を支える代表的なプラクティス（実践方法）を紹介します。

XPやスクラムなどの軽量な反復型開発プロセスは、人、動くコード、顧客との協調、変化への対応を重視する理念を表した「アジャイルソフトウエア開発宣言（Agile Manifesto）」により、「アジャイル開発手法」として広く知られるようになりました。

アジャイル開発を円滑に進めるための代表的なプラクティス（実践方法）として、テスト駆動開発（TDD）、リファクタリング、継続的インテグレーション（CI）の3つがあり、広く活用されています。

技術やノウハウだけでソフトウエア開発は成功しない

ここまでオブジェクト指向としてひとくくりにされる技術を個別に紹介してきました。ところでソフトウエア開発を成功させるには、これらの技術を使うだけで十分でしょうか。

もちろんそんなはずがありませんよね。

企業の基幹システムのような大規模なソフトウエアの場合、数十人、数百人といった多人数でチームを組んで、数カ月、ときには数年をかけて開発を行います。こうした大規模なソフトウエア開発は、工期や予算、動員する人数などからして巨大なビル建設に匹敵する大きなプロジェクトになることもあります。そこまでの規模でないとしても、ソフトウエア開発プロジェクトを円滑に進めて、最終的に成功に導くのは容易ではありません。

何しろ成果物のプログラムには形がなく、ある程度できあがらないかぎりは動かして結果を確認することができません。融通の利かないコンピュータを制御する完璧なプログラムを作ることの大変さについては、本書で繰り返し述べてきたとおりです。また要求仕様やソースコードを2次元の図に表現するUMLのダイアグラムも、専門家でなければ品質は判断できないでしょう。

そもそもソフトウエアを作る仕事には、単純な事務作業がほとんどありません。顧客やメンバーと打ち合わせを行い、考えたアイデアを文書やプログラムに記述していく、コミュニケーションと知的作業の集約です。少々オーバーな表現かもしれませんが、こうした「人間が共同で行う知的作業」をどうやったらうまく進められるかは、人類にとって永遠のテーマといえるかもしれません。

作業手順や成果物を体系的にまとめた開発プロセス

開発プロセスは、ソフトウエア開発を円滑に進めることを目的として、作業項目や手順、成果物の形式、参加するメンバーの役割などを体系的に定義したものです。従来、開発プロセスは、ITベンダーが自社の標準として作るのが一般的でした。しかし、近年は個々の技術者やコミュニティが中心になり、業界全体で優れたアイデアを共有しようとする動きが活発になっています。

以降ではまず、開発プロセスの基本的な分類として、ウォーターフォール型開発プロセスと反復型開発プロセスについて説明します。そのうえで代表的な反復型開発プロセスの手法として、XP（エクストリームプログラミング）とスクラムを紹介します。

変更を抑えるウォーターフォール型開発プロセス

まずはウォーターフォール型開発プロセスの説明から始めましょう。

ウォーターフォール型開発プロセスは、従来から広く使われてきた開発プロセスです。「ウォーターフォール（waterfall）」は「滝」を意味する単語で、作業の後戻りを回避して、水の流れのように粛々と進めること

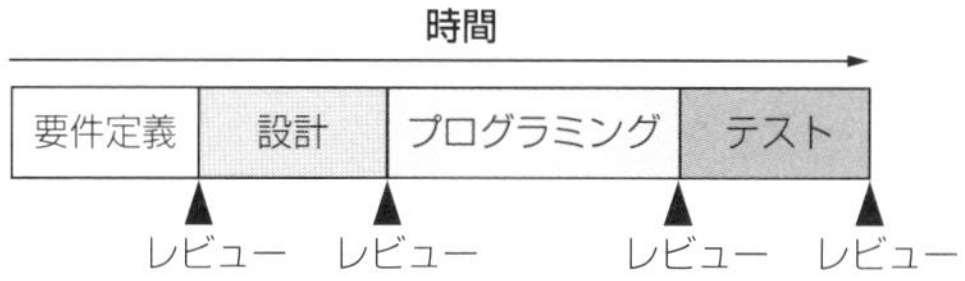

図11.1 ウォーターフォール型開発プロセス

を目指した手法であることから、この名前がついています。

ウォーターフォール型開発プロセスでは、**図11.1**のように要件定義、設計、プログラミング、テストの作業を1回ずつ実施します[＊1]。全体の計画をあらかじめ立てたうえで、各作業を期限までに実施し、作成された成果物をレビューして承認するプロセスを経て、次の段階に進みます。

このウォーターフォール型開発プロセスは、基本的に「ソフトウエアの変更には大きなコストがかかる」ことを前提にしています。

ソフトウエアは本質的にデリケートな存在です。たった1行の命令の誤りや1文字の綴りミスがあるだけで、プログラムは簡単にエラー終了してしまいます。特に、開発環境が今よりもずっと貧弱だった時代には、ソフトウエアの変更コストは現在に比べてはるかに大きいものでした。このため、簡単な仕様変更であっても、プログラムの修正とテストに要する時間とコストは大きいものでしたし、修正の際に新たなバグを作り込んでしまうリスクも軽視できませんでした。ましてや開発が進んだ段階で大きな仕様変更が発生することによるプロジェクトへの影響は甚大でした。

したがって、早い段階で要件を確定し、仕様変更を最小限に抑えながら開発を進めるウォーターフォール型開発プロセスが考案され、現場で実践されてきました。

＊1 第9章で説明した「業務分析」は、ソフトウエア開発の前段階で実施する作業のため、ソフトウエアの開発プロセスには含まないのが一般的です。

このウォーターフォール型開発プロセスでは、要件定義や設計の成果物としてたくさんの文書を作りますが、これも「ソフトウエアよりも文書を作るコストのほうがずっと安い」ことを前提にしています。

最近でこそ、無駄な文書を大量に作り、要求の変化に追随できない、官僚主義的な時代遅れの開発プロセスと批判されることも少なくありませんが、ウォーターフォール型開発プロセスは、開発プロセスの基本形ですので、まずはきちんと理解してください。

ウォーターフォール型開発プロセスの限界

しかし、ウォーターフォール型開発プロセスには限界があります。これは大きく、要求の問題と技術の問題の2つに分けられます。各々について説明しましょう。

まずひとつは要求の問題です。ウォーターフォール型開発プロセスでは、最初の段階でシステムに要求される機能をすべて定義しようとしますが、これは必ずしもうまくいきません。

その原因はいろいろ考えられます。まず基本的に人間は見落としをすることが挙げられるでしょう。また要求仕様を決める人が必ずしも業務全体をきちんと理解しているとはかぎりませんし、意見の食い違いや思いこみが原因で矛盾した仕様に決まってしまうこともあります。実際にできあがったシステムを動かしてみると、新しいアイデアを思いつくことも珍しくありません。さらに外部要因によって、システムの前提条件や目標が変わってしまうこともあります。企業システムの場合、ビジネスの状況が変われば、システムの要件も影響を受けます。

したがって、最初の段階でいくら要件をきちんと定義したとしても、後から次々と仕様変更が発生するのが一般的です。

もうひとつは技術の問題です。IT業界では技術革新が速いため、新しい技術や実績の少ない製品を採用してシステムを構築するケースが少なくありません。一般的に、こうした新技術や新製品の適切な利用方法や性能面の問題は、実際にプログラムを作って動かす段階ではじめてわかります。しかしウォーターフォール型開発プロセスの場合、プログラミングやテストを行うのが開発の後半段階になるため、こうした問題に気づくのが遅くなります。そして、その段階で大きな問題が発生すると、プロジェクトの計画全体が大きなインパクトを受けてしまいます。

変化に柔軟に対応するための反復型開発プロセス

こうした問題に対応するために考えられたのが**反復型開発プロセス**です。反復型開発プロセスでは、要件定義から設計、プログラミング、テストまでの一連の作業を、「繰り返し」「反復」を意味する**イテレーション**（iteration）と呼びます。そして1回のソフトウエア開発ではイテレーションを複数回実施して開発を行います（**図11.2**）。

このような進め方を採用することで、先ほど挙げた要求と技術の2つの問題に対処します。

まず要求の問題については、最初にすべての要求仕様を確定させるのではなく、段階的にソフトウエアを作りながら、何回かの中間リリースを行い、そのたびにユーザーからのフィードバックを得ます。このよう

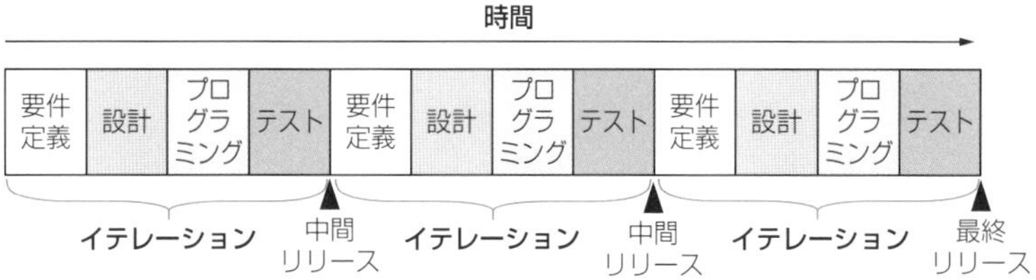

図11.2　反復型開発プロセス

に進めることで、要求の変化を受け入れやすくします。

また技術的な問題を早期に見極めるため、プロジェクトの早い段階から実際のアプリケーションの一部を作って動かします。大きな問題が発生したとしても、早期に発見できれば、時間の余裕があるため、適切な対策が打ちやすくなります。

多くのタブーを破ったXP

反復型開発プロセスとしてさまざまな手法が提唱されてきましたが、その中でも1999年に発表されたXP（エックスピー）は技術者の間で大きな関心を集めました。**XP**は「エクストリームプログラミング（eXtreme Programming）」の略で、extremeは「究極の」「極端な」を意味するため、日本語に訳すと「究極のプログラミング」となります。

XPは反復型開発プロセスのひとつですが[*2]、形式的な作業手順や文書形式の成果物をほとんど定義していません。その代わりに基本理念である「4つの価値」とXPを実践するための「12のプラクティス（実践方法）」を定義しています。

＜XPの4つの価値＞

- コミュニケーション
- フィードバック
- シンプルさ
- 勇気

この「4つの価値」を見ると、XPが開発プロセスとして異色な存在であることがよくわかります。「コミュニケーション」「シンプルさ」「フィードバック」「勇気」という言葉だけをはじめて聞いた人は、ソフトウエア

*2　XPを開発プロセスに含めるかどうかは議論の余地がありますが、ここでは開発プロセスのひとつとして話を進めます。

の開発プロセスの話とは決して思わないことでしょう。これらはそれぞれ、次のようなことを意味します。

- コミュニケーション（Communication）
  チームメンバーや顧客とのコミュニケーションを重視する。
- シンプルさ（Simplicity）
  設計に凝らずに、必要最小限のシンプルさを保つことを重視する。そして変更する必要があれば、いつでも既存のプログラムの内部構造を改善するリファクタリングを行う。
- フィードバック（Feedback）
  作ったプログラムはすぐに動かしてテストを行い、その結果をフィードバックして改善する。
- 勇気（Courage）
  必要な場合には、勇気を持って設計を変更する。

＜XPの12のプラクティス＞

- 計画ゲーム
- 小さなリリース
- メタファー
- シンプルデザイン
- テスティング
- リファクタリング
- ペアプログラミング
- 共同所有権
- 継続的インテグレーション
- 週40時間労働
- オンサイト顧客
- コーディング標準

「12のプラクティス[*3]」の中には、それ以前の常識ではタブーとされて

*3　書籍『XPエクストリームプログラミング入門』の第1版（ピアソンエデュケーション、2000年）での定義です。XPのプラクティスは、その後何度か改訂されています。

いた項目が数多く含まれています。これは、1台のPCを2人で共有しながらプログラミングを行う「ペアプログラミング」や、いったん完成したプログラムの内部構造を後から見直して改善していく「リファクタリング」、顧客が開発チームに常駐して共同で作業する「オンサイト顧客」などです。

このようにXPは、開発プロセスといえば形式主義が当たり前で、文書を重視するものというイメージからするとまさに異色です。その意味でXPは、従来の開発プロセスに対するアンチテーゼでもありました。そしてXPは、多くの現場の開発者たち、特にプログラマの人たちから大きな支持を得ました。過去このように現場の開発者たちから大きな支持を受けた開発プロセスはありませんでした。その理由は、この開発手法が「メンバーの視点」から見ていることにあります。

XP以前の開発プロセスはソフトウエア開発を「管理者の視点」から見ていました。従来の開発プロセスの目標は、作業手順や成果物の形式を標準化し、属人性を排除して、工業製品のようにソフトウエアを作ることであり、メンバーをリソース（資源）として扱ってきました。

しかし、XPはまったく違う立場を取ります。XPは、個々のメンバーのやる気やコミュニケーションを重視します。品質の良い最終成果物を手早く作るため、そして変化への対応を容易にするために、無駄な作業や中間成果物を排除します。「単体テストがうまくいったら鐘を鳴らして皆で喜べ」「お菓子を買って食べながらプログラミングをせよ」などということが真面目に書かれているところなど、従来の無機質な開発プロセスとは発想が180度違います。

これは、XPの提唱者であるケント・ベック氏自身がプログラマであり、自分たちがどのような環境に置かれれば最高のパフォーマンスが発揮できるかをまとめたものと見ることもできるでしょう。こうした考え方は極端ではありますが、人間の知的作業の集約であるソフトウエア開発の本質を突いています。

チームによる仕事の進め方の枠組みを定めたスクラム

反復型開発手法としてよく知られたもう1つの手法としてスクラム(Scrum)があります。**スクラム**という名前は、ラグビーのスクラムのように、チームメンバーが力を合わせて仕事を進めることに由来しています[*4]。この手法は、ジェフ・サザーランド氏とケン・シュエイバー氏の2人が1990年代に考案したもので、最新の情報がスクラムガイド(https://www.scrumguides.org/)として公開されています。

スクラムの大きな特徴のひとつは、チームに参加するメンバーの役割を以下の3つだけと定めていることです。

- プロダクトオーナー
  作成するプロダクトの最終的な責任者。顧客の立場で、プロダクトバックログ(最終製品を作成するための作業項目)の優先順位を決める権限を持つが、開発チームの作業に干渉してはならない。
- 開発チーム
  実際の開発を行うチーム。自己組織化されたチームのメンバーが機能横断的に作業を進めることを基本とするため、個々のメンバーにはリーダーやアーキテクト、プログラマといった特定の役割を定義しない。
- スクラムマスター
  スクラム手法を用いてチームの作業が円滑に進むように支援するコーチ役。主体はあくまで開発チームで、いわゆるプロジェクトマ

＊4 スクラムの原典は、野中郁次郎氏と竹内弘高氏による研究論文"The New New Product Development Game"(https://hbr.org/1986/01/the-new-new-product-development-game)で、その中で日本企業の自己組織化された開発チームをScrumと名付けています。

ネージャーや管理者ではない。

スクラムではメンバーの役割のほかに、実施するミーティングとそこで議論すべき内容、作業の進捗状況を把握するためのバックログの管理方法などを定めています。

スクラムは他の反復型開発手法と同様に、ソフトウエア開発を複数回のイテレーション[*5]を繰り返すことで進めますが、ソフトウエア開発の作業を具体的にどう進めるか、各作業でどういうアウトプットを作るかについては何も規定していません。それどころか、スクラムガイドには要件定義、設計、プログラミング、テストといったソフトウエア開発の用語さえ出てきません。その理由は、もともとはソフトウエア開発向けに考案したものの、手法を洗練する過程でソフトウエア開発に関する要素を排除し、ソフトウエアに限らない「複雑な製品の開発、提供、維持のためのフレームワーク」にしたからだそうです。

スクラムの定義はコンパクトで、非常に軽量なプロセスになっています[*6]。ソフトウエア開発の作業内容や進め方に関して何も定義していないため、XPのプラクティスをはじめとして、さまざまなソフトウエア開発手法と矛盾なく組み合わせることができます。

先ほどウォーターフォール型開発プロセスは「管理者の視点」、XPは「プログラマの視点」を基本にしていると書きました。このスクラムは「チームの視点」を基本にしていると言えるでしょう。自己組織化された開発チームを主役とする一方で、最終的なプロダクトを作るために必要な作業内容や進捗状況を見える化する「マネジメントの視点」も重視しています。スクラムが広く受け入れられているのは、このバランスの良さが大きな理由でしょう。

*5　スクラムでは、イテレーションのことをスプリントと呼びます。
*6　スクラムガイドの2020年版のPDFは、表紙や目次を含めて13ページだけの短い文書になっています。

優れたソフトウエアを手早く作るためのアジャイル宣言

XPやスクラムの他にも、似たような思想にもとづいた軽量な反復型開発手法がたくさん登場しました。そして、これらをひっくるめて**アジャイル開発手法**と名づけて推進しようとする動きが起きました。「アジャイル（agile）」は「機敏」「敏捷」を意味する言葉で、優れたソフトウエアを無駄な作業を省いて「手早く」作ることに主眼を置くためにその名前がつけられています。

2001年に、これらの開発手法の提唱者や推進者たちが共同で**アジャイルソフトウエア開発宣言**（Agile Manifesto）をまとめました（**図11.3**）。

現在この「アジャイル開発」という言葉は、XPやスクラムをはじめと

アジャイルソフトウエア開発宣言
(Manifesto for Agile Software Development)

私たちはソフトウエア開発を自ら行うこと、また他者へ支援することを通じて、
より優れた方法を求めてきました。
そして私たちは、この作業を通じて、以下のような価値を認めるに至りました。

1. プロセスやツールよりも、　個人や協力を
2. 包括的なドキュメントよりも、　動くソフトウエアを
3. 契約の交渉よりも、　顧客との協調を
4. 計画に従うよりも、　変化への対応を

これはすなわち、左側の価値を認めた上で、
右側の価値をより重視することである。

ケント・ベック	ジェームズ・グレニング	ロバート・C・マーチン
マイク・ビードル	ジム・ハイスミス	スティーヴ・メラー
アリー・ヴァン・ベッカム	アンドリュー・ハント	ケン・シュエイバー
アリスター・コーバーン	ロン・ジェフリーズ	ジェフ・サザーランド
ウォード・カニンガム	ジョン・ケルン	デイヴ・トーマス
マーチン・ファウラー	ブライアン・マリック	

©2001 上記の推進者
この宣言は任意の形式で自由に配布してよいが、
この注意書きもそのまま含めること。

図11.3　アジャイルソフトウエア開発宣言（出典：http://www.agilemanifesto.org/）

する軽量な反復型開発手法の総称として使われるようになっています。

アジャイル開発を支えるプラクティス

アジャイル開発手法を採用する場合、プロジェクトの初期段階から最終成果物のコードを作り始めることになります。そして、プロジェクト期間を通じてそのコードに機能拡張や仕様変更を行うため、コードの品質が劣化しないように維持し続ける必要があります。このようなアジャイル開発を円滑に進めるためのノウハウがプラクティス(実践方法)として整備されています。

以降では、代表的なプラクティスとして、テスト駆動開発(TDD)、リファクタリング、継続的インテグレーション(CI)の3つを紹介します。これらはいずれも最終成果物であるコードを作成し、改善し、維持していくことを目的としています。現在ではこれらのプラクティスは、アジャイル開発に限らず広く利用されるようになっています。

テストコードを先に書いて動かしながら開発するTDD

テスト駆動開発はTest Driven Developmentの訳語で、頭文字を取ってTDDと呼ばれます。

従来はプログラミングと言えば、コードを書いてコンパイルする作業を指しました。コードを書く前に詳細設計を行い、コンパイルの後にテストケースを考えて単体テストを行うのが一般的なやり方でした。

TDDでは、詳細設計、プログラミング、単体テストをひとまとまりの作業ととらえ、従来とは順番を入れ替えて進めます。具体的な手順は次のとおりです。

＜TDDの作業手順＞

①テストコードを書く。

②コンパイルを通す。

③テストを実行して、失敗することを確認する。

④コードを記述して、テストを成功させる。

⑤コードの重複を取り除く。

最初に①でテストコードを書きます。これにより、開発しようとするコードの外部仕様と期待する振る舞いを具体的な形にします。次に②でコンパイルを通すために最低限必要なロジックを書き、③で最初に書いたテストが失敗することを確認します。ここまでが準備作業です。④が従来のプログラミングに相当する作業で、ここでコードの本体を記述してテストを成功させます。コードが正しく動くようになったあとの⑤で、冗長なロジックを削除してきれいなコードに改良します（この⑤は、次節で説明するリファクタリングに相当します）。

あるメソッドやクラスを開発するときには、①から⑤のステップを数分から10分程度の短いサイクルで何回も繰り返しながら、少しずつ機能を作り込んでいきます。

従来のプログラミングのやり方に慣れた人にとって、毎回テストコードを書くことは冗長な作業に思えるかもしれません。しかしTDDには多くのメリットがあります。

最大のメリットは、実際に動くコードを確実に作れることでしょう。これは④のステップを終了させるためには、コンパイルを通すだけでなく、テストケースを成功させる必要があるからです。フィードバックの早さも大きなメリットです。詳細設計、プログラミング、単体テストをそれぞれ1回ずつまとめて行う従来のやり方では、詳細設計で作り込んだ不具合が単体テストで発覚するまでに通常は数日かかります。しかしTDDでは①から⑤のステップを非常に短いサイクルで進めるため、設計やプログラミングで作り込んだ不具合を数分後には見つけて修正することができます。この手法は、小さなイテレーション単位で開発を行うアジャイル開発の考え方をプログラミング作業に取り入れたものと見ることもできるでしょう。

TDDの手順に従うことで、コードを検証するためのテストコードも同時に手に入れることができます。このテストコードを動かせば、以降の開発で仕様変更や機能追加を行っても、既存のコードが正しく動くことを常に確認できるようになります。さらにテストコードを容易に書けるようにするためにはモジュールの独立性を高める必要があるため、設計品質の向上にも貢献します。テストコードをわかりやすく書けば、設計書や外部仕様を記述した文書としても利用できるでしょう。このようにTDDはプログラミング作業の品質と生産性向上に大きく貢献するため、アジャイル開発に限らず広く利用されるようになってきています。

動くコードをあとから改善するリファクタリング

リファクタリング(refactoring)はいったん完成したプログラムの外部仕様を変えずに、内部構造を安全に改善することを指します[*7]。リファクタリングはたんなるコンセプトではなく、具体的なノウハウ集です。それを行う動機と具体的な手順、サンプルコードをパターン形式で整理した書籍『リファクタリング』の初版が1999年に出版されており[*8]、この分野のバイブル的な存在になっています。たとえば、代表的なリファ

＊7 「リファクタリング(refactoring)」という単語は、一般の辞書を引いても見つからないことが多いようです。乱れたコードをあとからきれいにする作業を、数学の因数分解(factoring)になぞらえて、re-factoringと名づけたものと思われます。

＊8 2018年(邦訳は2019年)には第2版が出版されています。詳しくは本章の参考書籍を参照してください。

クタリングである「関数の抽出」の手順を見てみましょう。

＜「関数の抽出」の手順＞

① 適切な名前の新しい関数を作る。

② 抽出したいロジックを新しい関数にコピーする。

③ 抽出したロジックが使う変数を新しい関数に適合させるため、必要に応じて引数や戻り値に変更する。

④ コンパイルする。

⑤ 元の関数を変更して、新しい関数を呼び出すようにする。

⑥ コンパイルしてテストする。

このように、非常に細かい作業内容が具体的に書いてあります。実際の書籍には、より詳しい手順とサンプルコードを記述した61の改善項目(個々の改善項目もリファクタリングと呼びます)が記載してあります。

リファクタリングを行う場合には、コードの外部仕様が変わっていないことを保証するため、テストコードを用意して作業の前後で走らせる必要があります。また大規模な修正であっても、すべてを一気に行わず、小さな修正を少しずつ繰り返すのがコツです。これによりミスを犯した場合の手戻りを最小限に抑えます。リファクタリングを継続的に行うことで、プログラムを理解しやすい状態に維持し、機能追加や仕様変更を繰り返してもコードの品質が劣化しないように保つことができます。

現在では、多くの**IDE**(統合開発環境)がこうした作業を自動リファクタリング機能としてサポートしています。このため今では、リファクタリングという言葉をIDEのメニュー項目の名称だと思っている人も増えているようです。

従来は、「設計はプログラミングの前に行い、後から変えるべきではない」「正しく動いているコードには触るな」という考え方が常識でした。リファクタリングはそうした考え方に逆行する手法ですが、作り上げたソフトウエアを長期間にわたって使い続けるためには有用なプラクティスだと認識されるようになりました。特に、段階的にソフトウエアを作りながらリリースしていくアジャイル開発手法を実践するためには、必須のプラクティスになっています。

定常的にシステム統合を行う継続的インテグレーション

継続的インテグレーションはContinuous Integrationの訳語で、やはり頭文字を取ってCIと呼ばれます。

アジャイル開発では、2週間あるいは1カ月といった短い単位で頻繁にリリースを行うため、コードをいつでも出荷できる状態にしておく必要があります。またプロジェクト期間を通じてコードに手を加え続けるため、あとから欠陥が混入した場合にすぐに問題を発見できるようにする必要もあります。

継続的インテグレーションは、コードを常に出荷できる状態に保ちながら品質を維持する仕組みです。CIサーバーと呼ぶ専用のマシン環境を用意し、コンパイル、ビルドから単体テストまでの一連の作業を、ツールを使って数時間おきに自動実行させます。

継続的インテグレーションを実施しない場合、モジュールの統合はしばしば大きな問題になります。メンバー各人の担当モジュールが自分の開発環境で正しく動いていたとしても、いざ統合してみるとインタフェースの不整合や動作環境の違いなどが原因になって、ビルドが失敗したり、テストがエラー終了したりすることがよくあります。その結果として、結合テストやシステムテストを開始できるまでに数日間、あるいは数週間を要してしまうことも珍しくありません。

継続的インテグレーションはこのような事態が起こるのを防ぎます。

ビルドやテストを定常的に行うことで、開発チームの誰かが欠陥を作り込んでしまった場合でも、すぐに問題を特定して対処できるようにします。

また、このプラクティスはメンバーの品質に対する意識向上にも貢献します。不正なコードをコミットしてビルドやテストが失敗するとチーム全体に迷惑をかけてしまうため、メンバーは常にビルドとテストが通る状態にしようと心がけるようになります。短いサイクルでビルドとテストを実行することは、TDDやリファクタリングが推奨する、小さなステップでの開発やコード改善の習慣づけにもなります。

アジャイル宣言の理念を具体的に実践する手法

ここまで紹介したアジャイル開発を円滑に進めるための3つのプラクティスを**表11.1**にまとめます。この3つのプラクティスはいずれも、ソフトウエア開発でもっとも重要な成果物であるプログラムの品質の作り込みと改善を重視しています。

「包括的なドキュメントよりも、動くソフトウエアを重視する」というアジャイルソフトウエア開発宣言の理念を具体的に実践するための手法と言えるでしょう。

表11.1 アジャイル開発を円滑に進めるための代表的なプラクティス

プラクティス	内容
テスト駆動開発（TDD）	テストコードを先に書いてから本体コードを開発する
リファクタリング	完成したプログラムの内部構造を後から安全に改善する
継続的インテグレーション（CI）	コンパイル、ビルド、単体テストを定常的に自動実行する

アジャイル開発はオブジェクト指向から生まれた

さて、ここまで読み進めてきた方の中には、反復型開発プロセスや、アジャイル開発のプラクティスとオブジェクト指向がどう関係するのだろうかと疑問に感じた方がおられるかもしれません。

結論から言うと、両者の間に直接の関係はありません。反復型開発プロセスや、アジャイル開発のプラクティスは、オブジェクト指向のコンセプトとは特に関係ありませんし、クラス、ポリモーフィズム、継承といったプログラミング言語の仕組みを前提にした技術でもありません。

それにもかかわらず、XPやリファクタリングやTDDはしばしばオブジェクト指向の一部として扱われます。これには2つの理由があります。ひとつは技術の相性の良さで、もうひとつは関わっている人が同じであることです。順に説明しましょう。

1つめは、反復型開発プロセスやプラクティスと、オブジェクト指向の相性が良いことです。

開発環境が貧弱だった時代にはソフトウエアの変更にかかるコストが大きかったため、システムを納期までに完成させるためには、早い段階で要求を確定させることが重要でした。しかし現在では、オブジェクト指向に代表される開発技術の発展に加えて、開発ツールの整備やマシン能力の向上などによって、プログラミングやテストの生産性が従来に比べて大きく向上しました。反復型開発プロセス、中でもプログラミングを中心とするXPなどは、こうした開発技術やハードウエアの進歩が可能にしたものと言えます。

TDDやリファクタリングはOOPの恩恵を深く受けています。TDDで利用する、xUnit（エックスユニット）と呼ばれる単体テスト用フレームワーク[*9]はOOPの仕組みを活用して作られていますし、リファクタリン

＊9　xUnitは、Java用のJUnitや.NET用のNUnit、Ruby用のRubyUnitなどさまざまな言語の単体テストフレームワークを総称する言葉として使われています。

グの多くのテクニックは、メソッドやインスタンス変数や継承などのOOPの仕組みやデザインパターンを活用するものになっています。

2つめは、反復型開発プロセスやプラクティスを提唱し推進しているほとんどの人たちが、オブジェクト指向に深い関わりを持っていることです。XPやTDDやリファクタリングなどを提唱し、推進してきた技術者の多くはSmalltalkやJavaの指導的なプログラマであり、デザインパターンやモデリングでも多くの貢献をしています。アジャイルソフトウエア開発宣言に参加した技術者の多くも、オブジェクト指向の研究や実践に携わっています。

このように反復型開発プロセスやアジャイル開発のプラクティスは、オブジェクト指向に直接関係ないとはいえ、実際には深い結びつきがあります。アジャイル開発はオブジェクト指向から生まれたと言ってもよいでしょう。

決定版の開発プロセスは存在しない

さて、この章では従来のウォーターフォール型開発プロセスと、近年注目を集めているアジャイル開発手法を紹介しました。しかし残念ながら、決定版と呼べる開発プロセスはありません。

ウォーターフォール型開発プロセスについては、早い段階で要求を確定しようとしても実際には難しいこと、そして技術リスクの発覚が遅れる問題があることを説明しました。

アジャイル開発をうまく適用すれば、個々のメンバーのやる気を引き出して、動くソフトウエアを手早く作れることでしょう。しかし早い段階で開発範囲を確定しようとしないため、ソフトウエア開発の一般的な契約形態である一括請負契約とは本質的に適合しません。

このように、どんな状況にも適合できる万能の開発プロセスはありません。したがって、実際のソフトウエア開発では、これらの開発プロセスを参考にしながら、そのプロジェクトの状況に適した進め方を考えて実践していく必要があります。詰まるところ、開発プロセスは、ソフトウエア開発を支援するヒントでしかありません。

本質的にソフトウエア開発は、人間が共同で行う知的作業です。

作業の進め方や成果物の形式を決めることは重要ではありますが、それだけですべてがうまく進む性質の仕事ではありません。実際のプロジェクトにおいては、リーダーがどのようにメンバーを導いていくか、メンバーがチーム全体の成功を考えてどのように動くかといった、プロセスでは表現できない人間的な側面が非常に重要になります。

今後も技術の進歩に合わせて、それをうまく使いこなすための開発プロセスが提案されていくことでしょう。そして単純作業はどんどんコンピュータが置き換えていくことでしょう。しかしそれでも、あいまいで手順化できない知的作業が最後に残るはずです。そしてだからこそソフトウエア開発は面白い仕事といえます。

より深く学ぶための参考書籍

ケント・ベック　ほか　著『エクストリームプログラミング』角征典　訳（オーム社、2015年）☆☆
副題に"Embrace Change"（変化を抱擁せよ）と銘打ち、アジャイルソフトウエア開発宣言の端緒となったXPの原典。考案者自身がXPの価値、原則、プラクティスを高い熱量で語っている。

西村直人、永瀬美穂、吉羽龍太郎 著『SCRUM BOOT CAMP THE BOOK（増補改訂版）―スクラムチームではじめるアジャイル開発』（翔泳社、2020年）☆☆☆
架空の事例をもとに、スクラムのプロジェクトの進め方を具体的に解説している。マンガを活用して非常に読みやすく書かれているが、著者たちの経験を反映して、極めて実践的な内容になっている。スクラムによるシステム開発を何度か経験を積んだ人もこの本から多くの知見を得られるだろう。

ケント・ベック 著『テスト駆動開発』和田卓人 訳（オーム社、2017年）☆☆
テスト駆動開発（TDD）の実際の進め方を解説した書籍。JavaによるMoneyオブジェクトと、PythonによるxUnitの２つの事例を取り上げて、TDDの手順や考え方を具体的に説明している。

マーチン・ファウラー　ほか著『リファクタリング（第2版） 既存のコードを安全に改善する』児玉公信 ほか訳（オーム社、2019年）☆☆☆
完成したプログラムの設計をあとから見直して、構造を改善するテクニックをまとめたノウハウ集。保守性や再利用性を高めるためのオブジェクト指向設計の感覚を身につけるテキストとしても役に立つ。設計やプログラミングに携わる技術者にとって必読の書。

ポール・M・デュバル、スティーブ・M・マティアス、アンドリュー・グローバー著『継続的インテグレーション入門―開発プロセスを自動化する47の作法』大塚庸史ほか訳（日経BP、2009年）☆☆
継続的インテグレーション（CI）を網羅的に解説した書籍。CIの価値、CIの原則とプラクティス、ビルドやテスト以外でCIに含めるべき要素（データベース、各種テスト、コードの品質評価、デプロイなど）について詳しく解説している。

COLUMN

プログラミング昔話

昔は許されなかったXP

もしXP（エクストリーム・プログラミング）が筆者の若手だった頃に登場していたら、荒唐無稽だとして誰からも相手にされなかったことでしょう。

何しろ当時の開発環境はXPを実践するにはあまりに貧弱でした。その頃の開発環境といえば、1台のメインフレームを何十人、何百人もの開発者で共同利用して、コンパイルやテスト作業を行うのが一般的でした。

このためCOBOLやアセンブリ言語で書いた1本のプログラムをコンパイルするのには数十秒から数分かかるのが当たり前でしたし、アプリケーション全体をビルドするのには一晩かかるのが普通でした。

したがってプログラマは、コンパイルを実行する「送信」ボタンを押すたびに、端末の前で数十秒間ただじっと待ち続けなければなりませんでした。深夜に及ぶ開発作業のときなど、自分の書いたプログラムをコンパイルしている間に、よくつかの間の居眠りをしたものです。

＊　＊　＊

そんなあの頃を思うと、XPのプラクティスが実践できる現在はずいぶん楽な時代になったものだと実感します。見方を変えれば、高機能で使い勝手のよいコンパイラやデバッガが開発され、それらが快適に動作する高性能のパソコンが1人に1台割り当てられる開発環境が当たり前になったからこそ、XPのような開発プロセスも現実的になったといえるでしょう。

当時の開発環境では非現実的なXPのプラクティスとして、まず思い浮かぶのは「リファクタリング」でしょう。リファクタリングは、完成したプログラムの構造を後から改善するテクニックです。単純な変更の場合であっても、作業ミスを防止するために、コードの修正を少しずつ行い、そのたびにコンパイルと単体テストを実行します。

しかし当時の開発環境でこんなことをしようとしたら、現在だと10分で終わる仕事も軽く1時間を超えたこ

とでしょう。

またその頃はテストが終わってリリースしたプログラムには触らないのが鉄則でした。これはコンパイルやテストに時間がかかることに加えて、アセンブリ言語でプログラミングをする場合には、ちょっとした修正ミスでもプログラムが簡単に暴走してしまったためです。このため内部構造が美しくないなどという理由で、正しく動くプログラムに手を加えることには良心の呵責を感じたものです。

「ペアプログラミング」も非現実的でした。当時のメインフレーム用の端末は非常に高価だったため、開発端末は数人に 1 台用意されればいいほうでした。このため、重要な資源である端末の前に長時間座り続けることは許されませんでした。

こんな開発環境でしたから、コンピュータを極力使わずにデバッグすることが推奨されていました。A3 サイズの連続用紙に打ち出したプログラムリストに赤入れをし、頭の中でロジックを追いかけてバグを見つけ、マシンを使う時間を最小限ですませるのが優秀なエンジニアのやることと教えられていました。

もしそんな当時に、2 人で端末の前に一日中陣取った上に、お菓子を食べたり、鐘を鳴らして喜んだりする XP のプラクティスを実践したら大変な騒ぎになったことでしょう。すぐにつまみだされるのはもちろんのこと、二度とその職場に戻れなくなったのは間違いありません。

第12章

オブジェクト指向を使いこなそう

ウォーミングアップ

本文を読む前に、ウォーミングアップとして以下のクイズに挑戦してください。

クイズ

次の中で、アスペクト指向プログラミング（AOP：Aspect Oriented Programming）を正しく説明した文章はどれでしょうか。

ア．システム全体の機能をトップダウンの視点で段階的に分割して詳細化しながら、プログラム構造を導き出す開発手法

イ．ビジネスアプリケーションの仕様がデータ構造に反映されることから、データ構造の分析・設計を中心にしてシステムを構築する開発手法

ウ．プログラムのさまざまな部分に分散してしまう横断的な機能をまとめて記述することで、ソフトウエアの柔軟性を向上させる手法

エ．ユーザーの代理として自律的に活動する知的な存在の集合体としてソフトウエアを作る手法

答え

ウ．プログラムのさまざまな部分に分散してしまう横断的な機能をまとめて記述することで、ソフトウエアの柔軟性を向上させる手法

解説

アスペクト指向は、オブジェクト指向の次のパラダイムとしてひと頃注目を集めた技術です。

ロギングやトランザクション制御のように、アプリケーションのさまざまな部分に作用する共通な処理がありますが、アスペクト指向ではこうした処理を「横断的関心（crosscutting concerns）」と呼びます。

OOPをはじめとする現在一般的に普及しているプログラミング言語を使った場合、こうした「横断的関心」に相当するロジックは、プログラムのあちこちに分散してしまいます。アスペクト指向プログラミング（Aspect Oriented Programming）は、こうした処理を「アスペクト（aspect、様相）」として独立して記述することで、ソフトウエアの柔軟性を向上させるプログラミング技術です。

なおその他の選択肢の説明文に対応する技術は以下の通りです。

ア．構造化分析／設計手法
イ．データ中心アプローチ
エ．エージェント指向

この章のポイント

この章はオブジェクト指向の解説を締めくくる短いまとめです。

ここではオブジェクト指向の全体像をもう一度おさらいし、「難しいソフトウエア開発を楽にするための総合技術」であることを確認します。この技術は、ソフトウエア開発技術の改良と工夫の歴史の中で必然性を持って登場したものであり、一時のブームとして過ぎ去るものではありません。次世代技術としてひと頃注目を集めたアスペクト指向やエージェント指向のような技術が今後普及するとしても、オブジェクト指向の延長線上に位置づけられることでしょう。

さらにこの技術は実際に役に立つだけでなく、知的好奇心を刺激する、とても面白い技術です。皆さんもぜひオブジェクト指向を使いこなして、知的なソフトウエア開発をさらに楽しんでいただきたいと思います。

オブジェクト指向という強力なコンセプトが原動力

さてここまで、OOPから始めて、再利用部品群、デザインパターン、UML、モデリング、設計、アジャイル開発手法まで、オブジェクト指向という枠組みでくくられる技術をひとめぐりしてきました。一つひとつの技術には奥行きがあり、それぞれがソフトウエア開発の重要な部分をカバーしていることを実感していただけたかと思います。

あわせて、オブジェクト指向がそれ以前の開発技術を置き換えるものではなく、従来からの優れた技術の延長線上に位置づけられることも説明してきました。OOPは構造化言語の発展形でしたし、UMLのユースケース図やアクティビティ図やステートマシン図は、従来から利用されてきた図式表現を取り込んだものでした。設計における凝集度と結合度の考え方も、オブジェクト指向以前に提唱された古いアイデアでしたし、汎用の整理術としてのオブジェクト指向は数学の集合論でした。また本文では詳しい説明を省略しましたが、UMLによるモデリングは、オブジェクト指向以前の開発手法である構造化分析／設計手法やデータ中心アプローチと本質的な部分は同じです。

このようにオブジェクト指向の特徴のひとつは、さまざまな技術を取り込んでどんどん広がってきたことです。

そしてその原動力は「オブジェクト指向」という強力なコンセプトです。最初は優れたプログミング言語にすぎなかった技術に「モノ指向」「モノ中心」を意味する「オブジェクト指向」というコンセプトが加わったことで発想が大きく広がり、ソフトウエア開発のさまざまな分野に応用され、発展を遂げました。そして開発の現場に適用される段階で従来からの技術も取り込んで、大きな技術に成長しました。

こうした状況を踏まえたうえで、オブジェクト指向をひと言で表現すれば「難しいソフトウエア開発を楽に行うための総合技術」となるでしょう。今やオブジェクト指向は、対象範囲が大きく広がった結果として、そんな技術になりました。

時代がオブジェクト指向に追いついた

そうした優れた技術であるにもかかわらず、オブジェクト指向がソフトウエア開発の現場に浸透しはじめたのは登場してからずいぶん後のことです。Javaが登場したのは1995年で、企業の基幹システム用の開発言語として本格的に普及したのは2000年を過ぎてからのことです。同様に、RubyやPHP、Pythonなどが本格的に普及したのも2000年以降のことです。

しかし、最初のOOPであるSimula67が登場したのは1967年ですから、いわば30年間の下積み生活を経て、やっと日の目を浴びるようになったベテランの苦労人といったところです。

なぜこのように遅咲きだったのでしょうか。その状況をひと言で表すなら「時代がオブジェクト指向に追いついた」といえるでしょう。

1967年当時のコンピュータといえば、一般人にはとても手の届かない非常に高価な機械でした。その後ハードウエア能力は年々めざましい進歩を遂げていきましたが、Javaのように中間コード方式[*1]を採用した実行環境が効率良く動き、GUI（グラフィカル・ユーザー・インタフェース）を備えた高性能な開発環境が高速で動作するハードウエアの普及は、1990年代まで待つ必要がありました。

その間、ソフトウエア開発技術の分野では、高級言語が普及し、構造化プログラミングが提唱され、各種の設計技法や図式表現が考案されました。オブジェクト指向の分野ではクラスライブラリやフレームワークと呼ばれる大規模な再利用部品群や、お決まりの設計のアイデアであるデザインパターン、そしてUMLの前身になった図式表現などが考案され、時間をかけて改良されていきました。それらの技術は1990年代の中頃までには水面下で大きな進化を遂げていました。そして、1995年のJavaの登場をきっかけに数多くの技術が一気に普及した感があります。

しかし、プログラミング言語の基本的な機能は、1967年にデビューしたときから変わっていません。当時は早すぎる登場でしたが、その後の長い下積み生活を経てやっと花開いたわけで、「時代がオブジェクト指向に追いついた」と言えるでしょう。

オブジェクト指向はブームで終わらない

今や、オブジェクト指向はソフトウエア開発の分野で欠かせない技術になりました。この状況はいつまで続くのでしょうか。ソフトウエア業界では、新技術が入れ替わり立ち替わり登場しては消えていくのが常です。

しかしオブジェクト指向はたんなるブームで終わることはなく、今後も長く主役の座に居続けることでしょう。

＊1　中間コード方式は、コンパイル段階で特定の実行環境に依存しない中間コードに変換し、それを仮想マシン上で実行する方式です。詳しい説明は第5章をご覧ください。

オブジェクト指向を応用した製品や技術は数多くありますが、この技術の基本は2000年以前にほぼ確立しています。プログラミング言語の仕組みは1967年のSimula67や1970年代のSmalltalkで確立していましたし、クラスライブラリやフレームワークと呼ばれる大規模なソフトウエア部品群もすでに1980年代には登場していました。デザインパターンやUMLの前身になった図式表現も1990年代の初頭には登場していました。現在の技術はこれらを洗練し、一般化したものにすぎません。そしてこれらの技術は、今後も拡張されることはあっても、基本的な仕組みが大きく変わることはほとんど考えづらい状況です。

オブジェクト指向の次に来る技術としては、アスペクト指向やエージェント指向、サービス指向（SOA）[*2]などがひと頃注目を集めました。

アスペクト指向は、OOPを使ってもプログラムのさまざまな箇所に分散してしまう共通な処理（アスペクト指向ではこれを「横断的関心」と呼びます）を分離して記述することで、柔軟性をより高める仕組みです。いくつかの実装技術も登場しましたが、限定的な利用にとどまっています。

エージェント指向は、外部からのメッセージ受信によってはじめて仕事をする受動的なオブジェクトの限界を打ち破るため、ユーザーの代理（agent）として、能動的に活動する「エージェント」を中心にソフトウエアを作り上げる考え方です。しかし「自律的なエージェント」というコンセプトを具体化する姿はまだはっきりしていません。

サービス指向（SOA）は、複雑で巨大化したシステムを独立性の高いサブシステムの分散疎結合構成にする、という魅力的なコンセプトで多くの人々の関心を集めました。しかし、具体的な実装技術はWebサービスとESB（Enterprise Service Bus：サービス連携用ミドルウエア）程度だったため、広く普及しませんでした。

＊2　正式な名称はサービス指向アーキテクチャ（Service Oriented Architecture）ですが、英語の頭文字3文字を取ってSOA（エスオーエー）と呼ぶことが多いようです。

オブジェクト指向を超える次世代技術が普及するとしても、オブジェクト指向の延長線上に位置づけられるか、オブジェクト指向と共存することになるでしょう。したがって、オブジェクト指向を身につけることで、そうした新技術の役に立つことはあっても、無駄になることはないはずです。

すなわち、いったん基本を身につけてしまえば、今後も長く通用する技術というわけです。移り変わりの激しいソフトウエア業界において、こんなに安定した技術が存在するのは奇跡と言ってもよいでしょう。これを学ばない手はありません。

オブジェクト指向を使いこなそう

本書はここまで、気軽な読み物としてオブジェクト指向技術を説明してきました。しかしこの本を読むだけで終わりにせず、ぜひご自分で実際に手を動かしてみることをおすすめします。

クラス、ポリモーフィズム、継承の仕組みをきちんと理解するには、JavaやPythonなどでプログラムを書いて、実際に動かしてみるのが一番です。UMLについても、最初からすべての図を覚えようなどとせず、まずは既存のプログラムを理解するためにクラス図を描くこと、あたりから使いはじめるとよいでしょう。

オブジェクト指向は、今すぐに使える実用的な技術です。自分で手を動かして使ってみれば、個々の技術がさほど難しくないことも実感できるはずです。

一方で筆者の経験から、オブジェクト指向技術を利用する際に気をつけるべきことがあります。それは「オブジェクト指向の利用自体を目的にしてはいけない」ということです。

第4章の最後で「OOPを生かすも殺すも心がけ次第」だと書きましたが、これはプログラミングに限った話ではありません。デザインパターン、

UML、モデリング、アジャイル開発手法などは、どれも優れた品質のソフトウエアを楽に作るための道具ですが、そうした技術をただ使うだけで保守性や再利用性が向上するわけではありません。大事なのは品質が良く、保守に強く、再利用しやすいソフトウエアを作るという目的です。

一方で、これらの技術はそれぞれが面白い仕組みやノウハウであるため、覚えるとどうしても使いたくなってしまうものです。しかし不適切な場所にデザインパターンを適用したり、UMLで描いた無駄な成果物を大量に作ったりすることで、かえって理解しづらく、保守しづらいシステムになってしまうようでは本末転倒です。特に設計レビューやコードレビューの際に「これはオブジェクト指向らしい設計じゃない」といった発言が繰り返されたら要注意です。もしかすると、オブジェクト指向が手段の代わりに、目的になってしまっているかもしれません。そんなときには本来の目的が何だったのかをもう一度確認してみてください。

知的なソフトウエア開発を楽しもう

ソフトウエア開発は知的で面白い仕事です。

何もないところからプログラムを作り、それをすぐに動かして結果を確認できることには何とも言えない面白さがあります。チームで仕事を進め、システムを完成させる連帯感を味わえるのも大きな魅力です。

オブジェクト指向は、こうしたソフトウエア開発をさらに面白くする技術です。クラス、ポリモーフィズム、継承を使ったプログラミングにはある種の心地良さがありますし、デザインパターンにはパズルを解くような面白さがあります。何もないところでUMLの図を描きながら要求を整理していくモデリングには、作曲や描画のような創造性があります。アジャイル開発手法を実践することで、チームは活気づくことでしょう。

さて、オブジェクト指向をひとめぐりする旅もそろそろ終わりです。難しく、とっつきづらいと言われることも少なくないオブジェクト指向ですが、決してそんなことはありません。この技術は「私たちがソフトウエアを開発するための便利な道具であり、先人の知恵が詰まったノウハウ集」です。

そしてオブジェクト指向は便利なだけでなく、知的好奇心を刺激するとても面白い技術です。これを使いこなすことで、知的なソフトウエア開発がもっと楽しくなりますよ。この本が少しでも皆さんのそんなお役に立てれば嬉しいかぎりです。

より深く学ぶための参考書籍

ここでは、実際に手を動かしながらオブジェクト指向を学ぶための参考書籍を紹介します。

牛尾剛 著、長瀬嘉秀 監修『オブジェクト脳のつくり方―Java・UML・EJBをマスターするための究極の基礎講座』(翔泳社、2003年)☆☆
オブジェクト指向を要領良く身につけるためには、最初にたくさんの理屈を詰め込むよりも、まずは手を動かしながら徐々に脳に感覚を植え付けることが重要だと説いている。ポリモーフィズムの仕組みを体感するための「社長命令・起立！」の演習がこの本の真骨頂だろう。過去になかった斬新な切り口からオブジェクト指向を説明している点で「座布団一枚！」の1冊。

キャシー・シエラ、バート・ベイツ 著『Head First Java 第2版―頭とからだで覚えるJavaの基本』夏目大 訳、島田秋雄 ほか監修(オライリージャパン、2006年)☆☆
米国版『オブジェクト脳のつくり方』というべき書籍。OOPの基本的な仕組みだけでなく、例外やガベージコレクションからSwing、ファイル処理、スレッド、ジェネリクス、RMIまでJavaの仕様を幅広くカバーしている。この本のほかにもHead Firstシリーズが数多く出版されていることからすると、欧米人もオブジェクト指向などの技術の習得に苦労していることがうかがえる。

補章

この章のキーワード

関数、式、第一級関数、高階関数、部分適用、関数の合成、副作用、遅延評価、パターンマッチ、型推論

関数型言語でなぜつくるのか

ウォーミングアップ

本文を読む前に、ウォーミングアップとして以下のクイズに挑戦してください。

クイズ

次の中で、純粋関数型言語のHaskell（ハスケル）がサポートしていない仕組みはどれでしょうか（複数回答可）。

ア．戻り値がvoid型の関数定義
イ．return文による関数からの復帰
ウ．ローカル変数の書き換え
エ．for文によるループ処理

答え

ア．戻り値がvoid型の関数定義
イ．return文による関数からの復帰
ウ．ローカル変数の書き換え
エ．for文によるループ処理

解説

関数型言語の仕組みは、命令型言語と呼ばれる従来のプログラミング言語とはかなり異なっています。特に、関数型言語の中でも純粋関数型言語に分類されるHaskell（ハスケル）では、ア〜エのいずれの仕組みもサポートしていません。

まず戻り値がvoid型の関数は定義できません。これは、関数が必ず戻り値を返す必要があるからです。また関数の戻り値は最後に評価した式になるため、明示的なreturn文がありません。さらにローカル変数であるか、グローバル変数であるかにかかわらず、変数の内容は変更できません。ループ処理はパターンマッチと再帰を利用するため、for文やwhile文は提供していません。

この章のポイント

この章では、「関数型言語でなぜつくるのか」と題して、関数型言語の概要と基本的な仕組みを紹介します。

最近の多くのプログラミング言語では、オブジェクト指向に加えて、関数型言語の仕組みもサポートしています。関数型言語は、従来のプログラミング言語とは基本的な考え方が大きく異なるため、オブジェクト指向プログラミングに慣れ親しんだ人であっても理解しづらい仕組みがたくさんあります。そこでこの章では、関数型言語に特有な仕組みや用語について、最小限のサンプルコードを使いながら説明します。ただしプログラミング言語の仕組みですから、興味を持った方はこの文章を読むだけで終わりにせず、Haskell（ハスケル）やScala（スカラ）などの開発環境をダウンロードして、ぜひ実際にご自身で手を動かしてみてください。

オブジェクト指向と関数型のハイブリッドが主流の時代

本書の前半ではオブジェクト指向プログラミングの話をしました。オブジェクト指向プログラミングは、それ以前に主流だった構造化プログラミングの弱点を補うものだと説明しました。

構造化プログラミングやオブジェクト指向プログラミングをサポートする言語はたくさんあり、それぞれの言語によって文法や細かな仕組みは違いますが、共通する基本的な考え方があります。これは、構造化言語ならGOTO文を使わずに済ませ、変数のスコープを局所化する仕組みであり、オブジェクト指向言語ならクラス、ポリモーフィズム、継承の仕組みです。こうした共通な考え方を、**プログラミング言語のパラダイム**（paradigm）と呼びます。

PythonやJavaScript、C#、Rubyといった比較的新しいプログラミング言語は、構造化プログラミングとオブジェクト指向プログラミングをサポートしますが、それに加えて、3つめのパラダイムとして**関数型プログラミング**（functional programming）をサポートしています[*1]。Javaも

2014年にリリースされたバージョン8から、関数型プログラミングの仕組みを取り入れています。このため、こうしたプログラミング言語をきちんと使いこなすためには、オブジェクト指向プログラミングだけでなく、関数型プログラミングの仕組みも理解しておく必要があります。

そこでこの章では、関数型プログラミングをサポートする関数型言語の機能を説明します。

関数型言語の７つの特徴

それでは関数型言語の仕組みを説明していきましょう。

ひと口に関数型言語と言ってもさまざまな言語があり、それぞれで具体的な仕組みや文法は異なっています。ここでは従来の言語との違いを説明するために、**純粋関数型言語**[*2]と呼ばれる、関数型言語の性質だけを持つプログラミング言語の一般的な特徴を以下の7つに分けて順に説明していきます。

特徴１：関数でプログラムを組み上げる

特徴２：すべての式が値を返す

特徴３：関数を値として扱える

特徴４：関数と引数を柔軟に組み合わせることができる

特徴５：副作用を起こさない

特徴６：場合分けと再帰でループ処理を記述する

特徴７：コンパイラが型を自動的に推測する[*3]

サンプルコードにはHaskellとJavaを使いますが、以降で解説するの

＊1　複数のパラダイムをサポートするプログラミング言語をマルチパラダイム言語と呼びます。

＊2　関数型言語には、関数型言語の仕組みだけを持つ「純粋関数型言語」と、従来の言語の仕組みを併せ持つ「非純粋型関数型言語」があります。関数型言語の分類については353ページで説明します。

＊3　この機能を「型推論」と呼びます。型推論は静的な型づけの言語に一般的に備わる仕組みです。

は関数型言語の一般的な性質です。また読み物として気軽に読めるように、コードを使った説明は最小限にとどめます。それでは始めましょう。

特徴1：関数でプログラムを組み上げる

関数型言語をひと言で表現するなら「関数でプログラムを組み上げるための仕組み」と言えるでしょう。

JavaやC#などのオブジェクト指向言語では、サブルーチンと変数をひとまとめにした「クラス」を使ってプログラムを組み上げます。これに対して、関数型言語では「関数」を使ってプログラムを組み上げます。

> 関数型言語では、関数を使ってプログラムを組み上げる。

この話を聞いて「おや？」と思った方がおられるかもしれません。関数でプログラムを組み上げる仕組みは、オブジェクト指向以前の言語であるC言語でも同様だからです。また、オブジェクト指向プログラミングにおいて、クラスに属さない独立した関数を書くことは、一般的に不適切な作法とされてきました[*4]。したがって、オブジェクト指向の優れた仕組みであるクラスがあるにもかかわらず、関数が主役になるというのもおかしな話に思えるかもしれません。

実際には「関数」と言っても、従来の言語と関数型言語ではその定義に重要な違いがあります。

従来のプログラミング言語において、「関数」という用語は一般的に「ひとまとまりの手続き」の意味で使われてきました。プログラミング言語によっては、戻り値を持つ手続きを「関数」、戻り値を持たない手続きを「プ

＊4 Javaでは、クラスに帰属しないメソッドは定義できませんが、staticメソッドを使うことで独立した関数に相当するロジックを書くことが可能です。

ロシージャ」のように用語を使い分けるものもあります。しかし広く普及したC言語では、戻り値の有無にかかわらずすべてを関数と呼ぶこともあって、「関数」という用語はサブルーチンやプロシージャの同義語として使うのが一般的になりました。

これに対して、関数型言語における**関数**は、数学の関数とほぼ同じ仕組みを表します。

$$y = f(x)$$

この式は、fという関数がxの値をyの値に変換することを意味します。これと同様に関数型言語における関数も、引数に指定された値を戻り値に変換する仕組みを指します。このため、関数型言語の関数は引数と戻り値を必ず持つ必要があります。

関数型言語における関数は、引数と戻り値を必ず持つ。

関数型言語では引数を戻り値に変換する関数を使ってアプリケーションを組み上げます。このため、全体の構造は一連の関数が値を次々と変換するネットワーク構造になります（**図A.1**）。

関数型言語のこの特徴は、関数呼び出しの表現にも現れています。従来のプログラミング言語では、関数呼び出しのことを「引数を指定して関数を呼び出す」と表現しました。しかし関数型言語では「引数に関数を適用する」と表現します。これは、関数型言語における関数が、純粋に引数を戻り値に変換する仕組みであることに由来しています。

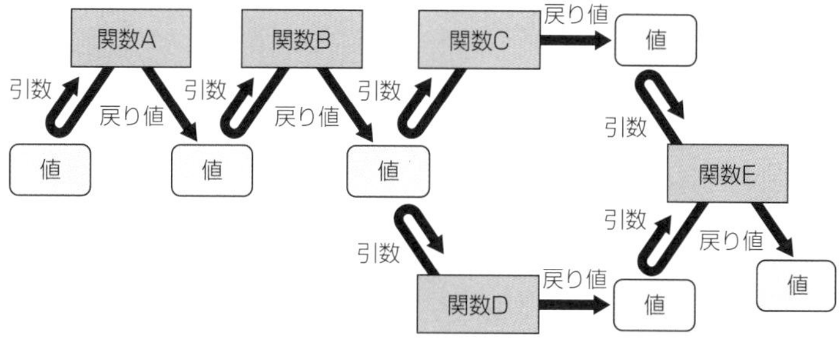

図 A.1　関数のネットワークでアプリケーションを構成する

> 関数型言語では、関数の実行を「引数に関数を適用する」と表現する。

特徴 2：すべての式が値を返す

従来のプログラミング言語と関数型言語では、プログラムの基本的な構成要素についても呼び方の違いがあります。これは、前者が**命令文**(statement) と呼ぶのに対して、後者は**式**(expression) と呼ぶ違いです。この違いについて説明しましょう。

第3章で説明したように、プログラミング言語は機械語→アセンブリ言語→高級言語→構造化言語→オブジェクト指向言語の順に進化してきました。これは基本的には、コンピュータが直接実行できる機械語の命令を人間が理解しやすい記号や文に置き換えたり、複数の機械語の命令を「高級な」命令にまとめたりする進化でした。このためJavaのようなオブジェクト指向言語であっても、個々の命令文は機械語の命令語を抽象化したものに相当します。

リスト A.1　命令型言語のコード例

```
①    int amount;                  // 変数の宣言
②    amount = price * count;      // 計算結果の変数への格納
③    transaction.commit();        // 手続きの呼び出し
```

リストA.1はJavaのコード例ですが、それぞれ変数のメモリ領域への確保 (①)、計算結果のメモリ領域への格納 (②)、手続きの呼び出し (③) であり、いずれもコンピュータに対してどのような処理をさせるかを表現しています。

このような命令文から成るプログラミング言語は、アセンブリ言語、高級言語、構造化言語、オブジェクト指向言語をひっくるめて、すべて**命令型言語**と呼びます[*5]。

> 命令文から成るプログラミング言語を「命令型言語」と呼ぶ。

関数型言語では少し様子が違います。関数型言語では、プログラムの構成要素を「命令文」と呼ぶ代わりに、「式」と呼びます。先ほど関数型言語では関数が必ず戻り値を返すことを説明しましたが、同様に式も必ず値を返します。

リスト A.2　関数型言語（Haskell）における式の例

```
④  max a b
⑤  x + 3
⑥  7
⑦  "abc"
```

*5 「命令型言語」のほかに「手続き型言語」という呼び方もあります。

リストA.2はHaskellのコード例で、それぞれ関数適用（④）[*6]、算術計算（⑤）[*7]、データ（⑥⑦）を表しており、いずれも値を返す式になっています。すなわち④は関数の適用結果が、⑤は計算結果が、⑥と⑦はそれぞれ7と"abc"という値そのものが返る式になっています。ここで7や"abc"といったデータさえ式であることに注目してください。このように関数型言語ではデータであるか関数であるかにかかわらず、式は必ず値を返します。

命令型言語と関数型言語では、プログラムを動かすことを表現する用語にも違いがあります。命令型言語では、命令を**実行する**（execute）と表現しますが、関数型言語では数学用語と同様に、式を**評価する**（evaluate）と表現します。これは、そもそも関数型言語が数学の関数や数式をプログラムとして表現するための言語として考案されたことに由来します。

> 関数型言語は式から成り立つ。式を評価すると値が返る。

この違いは、命令型言語と関数型言語の本質的な違いと言えます。命令型言語では、メモリに展開された命令を順番に実行し、個々の命令はやはりメモリ領域に格納されたデータを読み書きしながらプログラムを実現します[*8]。しかし関数型言語は、個々の式を次々と評価し、そこで得た値を利用する別の式をまた評価していくことによってプログラムを実現します。

命令型言語を使う場合には、コンピュータがどういう順序で命令を実

＊6　④の式は、aとbという2つの引数にmaxという名前の関数を適用することを表しています。
＊7　実際には⑤の式は、xと3という2つの引数に対して、+（プラス）という名前の関数を適用することを表しています。
＊8　この、現在実用化されているコンピュータの動作原理は、発明者のジョン・フォン・ノイマン氏の名前を取って「ノイマン式コンピュータ」と呼ばれています。

行し、各命令がどのようにメモリを読み書きするのかを強く意識してプログラミングを行う必要があります。しかし関数型言語を使う場合にはコンピュータの動作よりも、関数の適用によって値がどのように変換されるのかを意識しながらプログラミングを行います。この違いを、命令型言語は**手続き的**であり、関数型言語は**宣言的**だと表現することがあります。

JavaやC言語などの命令型言語に慣れ親しんだ人が、関数型言語で書かれたプログラムを最初に読むときに戸惑うことのひとつとして、関数には必ず戻り値があるにもかかわらずreturnステートメントがないことがあります[*9]。これは関数型言語では式が必ず値を返すため、最後に評価された式の値が関数の戻り値になる約束事になっているからです。

> 関数の戻り値は最後に評価した式の値になる。このため一般的に関数型言語にはreturnステートメントがない。

関数型言語では関数もデータも「値を返す式」として扱うため、両者の区別はあいまいです。実際に多くの関数型言語では、変数への値の格納と、関数の定義は似たような文法になっています。Haskellのコード例を**リストA.3**に示します。

リストA.3　Haskellでの変数定義と関数定義のコード例

```
① value         = 1
② increment x = x + 1
③ increment   = λ x -> x + 1
```

＊9　Rubyではメソッド内で最後に求めた値が戻り値になるため、return文を省略できます。

最初の①ではvalue変数に1を格納しています。②ではxという名前の引数を取るincrementという関数があり、その本体のコードは「x + 1」であると定義しています[*10]。③は②の関数定義を**λ式(ラムダ式)**と呼ぶ別の書き方を使って書いた式で、「λ x -> x + 1」が1つの式を表します[*11]。このようにHaskellでは、変数への値の格納と関数の定義の両方に対して「=(イコール記号)」を使います。特に①と③ではどちらも名前のすぐあとに「=(イコール記号)」が来ていることに注目してください。これは、データの格納(①)と関数の定義(③)がどちらも変数に式の値を格納するという点で同じであることに対応しています。

さらにHaskellでは、関数を実行する場合でも次のようにカッコをつけません。たとえばincrement関数を引数の8に適用する式は**リストA.4**のように表記します。

リストA.4 Haskellにおける関数適用のコード例

```
increment 8
```

一般的にJavaやCなどの命令型言語では、手続きの呼び出しにカッコ記号( )をつけるなどして、データと手続きを文法上で明確に区別します。しかし多くの関数型言語では、データと関数を同じように表記します。

これは関数型言語において、関数とデータは、パラメータ(引数)を必要とするかどうかの違いはあるものの、どちらも「式」とみなすためです。つまり関数はパラメータ(引数)を伴って値(戻り値)を返す式であり、データはそのまま値を返す式であるとみなしています。

＊10 ②および、次の③では変数xが数値型であることを明示していませんが、Haskellでは型推論が働くため数値型として扱われます。型推論については特徴7で説明します。

＊11 リストA.3の③の式のように、λ(ラムダ)文字を使って表記した関数をλ式と呼びます。λ式は1930年代に考案された数学の概念で、関数型言語はこのλ式を使って表現するプログラミング言語として考案されました。このλ式を使うことで、「無名関数」と呼ぶ、名前のない関数を定義することができます。

関数型言語では、関数もデータも値を返す「式」とみなす。

特徴3：関数を値として扱える

関数型言語では、関数が必ず値を返すことに加えて、それ自体を値として扱うことができます。つまり関数そのものを変数に格納したり、コレクションに含めたりすることが可能ですし、別の関数の引数や戻り値に指定することも可能です。このようなプログラミング言語の性質、あるいは関数そのものを**第一級関数**(first-class function)と呼びます。

関数型言語では関数を値として扱うことができる。

関数が別の関数を引数として受け取れる仕組みは、プログラミングにおいて重要な意味を持ちます。なぜなら、引数として関数を受け取った側では、その関数を実行(評価)できるからです。この仕組みを利用することで、全体の処理が共通で一部の処理だけを状況に応じて入れ替えたい場合に、簡潔に処理を記述することができます(**図A.2**)。

この仕組みは第4章で説明したポリモーフィズムと同じ効果があることに気づいた方もおられることでしょう(**図A.3**)。関数型言語では関数を入れ替え可能にし、オブジェクト指向言語ではポリモーフィズムによってオブジェクトを入れ替え可能にします。どちらの仕組みも処理内容の一部を入れ替え可能にするという目的は同じです。

しかし図A.2と図A.3を比べてもわかるように、関数型言語のほうが仕組みはシンプルです。オブジェクト指向言語では「クラス」を基本的な部品にしているため、1つのメソッドだけを入れ替えたい場合でも、いちい

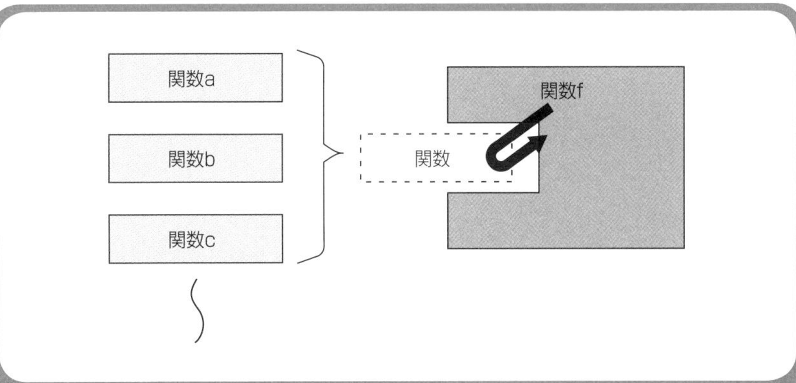

図 A.2　引数で受け取った関数を実行できる

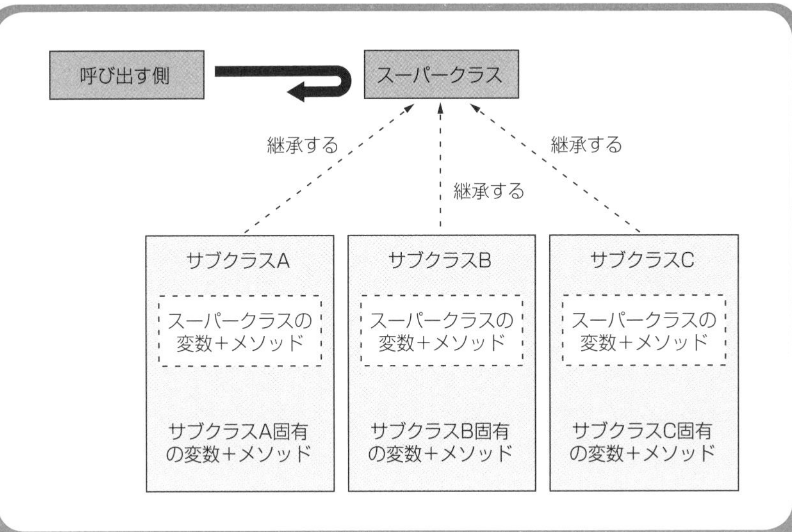

図 A.3　ポリモーフィズム

ちスーパークラスとサブクラス群を定義する必要があります。しかし関数型言語では、たんに関数を引数として渡すだけです。

関数を引数として渡す仕組みにより、ポリモーフィズムの仕組みをシンプルに実現できる。

さらに関数型言語では、関数を戻り値として返すこともできます。この仕組みと、後述する部分適用や関数の合成などを使うことで、関数から別の関数を生成することが可能になります。この仕組みは、関数型言語を使って汎用的なフレームワークやライブラリを作る際の強力な道具になることでしょう。

このように、関数を引数として受け取ったり、関数を戻り値として返したりする関数を**高階関数**（higher order function）と呼びます。

関数を引数として受け取る、あるいは関数を戻り値として返す関数を「高階関数」と呼ぶ。

特徴4：関数と引数を柔軟に組み合わせることができる

関数型言語では、既存の関数と引数を柔軟に組み合わせて、別の関数を作ることができます。これには「部分適用」と「関数の合成」の2つの仕組みがあります。

まずは**部分適用**（partial application）から説明しましょう。部分適用は、2つ以上の引数を持つ関数を一部の値に適用して、別の関数を作る仕組みです。

単純な例を使って説明しましょう。**リストA.5**に示すのはHaskellで書いた、xとyの2つの引数を加算するaddという関数です。

リスト A.5　add 関数

```
add x y = x + y
```

コードについて簡単に説明しておきます。左辺のaddは関数名を表し、続くxとyはこの関数が2つの引数を取ることを表します。右辺のx + yは関数のロジックで、引数のxとyを加算することを表しています。

この関数を2と3に適用すると5が返ります（**リストA.6**）。

リスト A.6　add 関数の実行結果

```
add 2 3 ⇨ 5
```

さて、このadd関数を、1つの引数だけに適用するとどうなるでしょうか（**リストA.7**）。

リスト A.7　add 関数への部分適用

```
add 2
```

命令型言語なら、コンパイル時あるいは実行時に「引数が不足している」というエラーが起きるはずです。しかし関数型言語の場合はエラーになりません。

リストA.7の式を実行すると、「第1引数にadd関数を適用した関数」、言い換えると「関数（add x y）の第1引数xに2が与えられて、残りのyだけを引数に取る関数」が返ります。ここで返される関数を、1つだけの値に適用すると、計算結果が得られます（**リストA.8**）。

リスト A.8　add 関数の実行結果（その 2）

```
(add 2) 3 ⇨ 5
```

リストA.8のコードについても説明しておきましょう。add関数を2という1つの値に適用して得られる関数をHaskellでは(add 2)と表記します。この関数を3という値に適用すると、計算結果の5が返ります。

ここでのポイントは、2つの引数を取るadd関数を1つの値に適用すると、残りの1つの引数を取る別の関数が作られることです。同様に、引数を3つ以上取る関数であっても、1つまたは2つの値に適用することで、残りの引数を取る別の関数が作られます。この仕組みは引数を部分的に適用することから、「部分適用」と呼びます。部分適用の仕組みを図に表現すると**図A.4**のようになります。

> 2つの引数を持つ関数を1つの値に適用すると、残りの引数を持つ別の関数を作ることができる。この仕組みを「部分適用」と呼ぶ。

3つ以上の引数を持つ関数であっても、1つの値に順次適用していけば、引数を1つだけ取る関数として表現できます。このように、「複数の引数を取る関数」を「1つめの引数を受け取って、“2つめ以降の引数を取る関数”を返す関数」として順次表現することを**カリー化**[*12]と呼びます[*13](**図A.5**)。

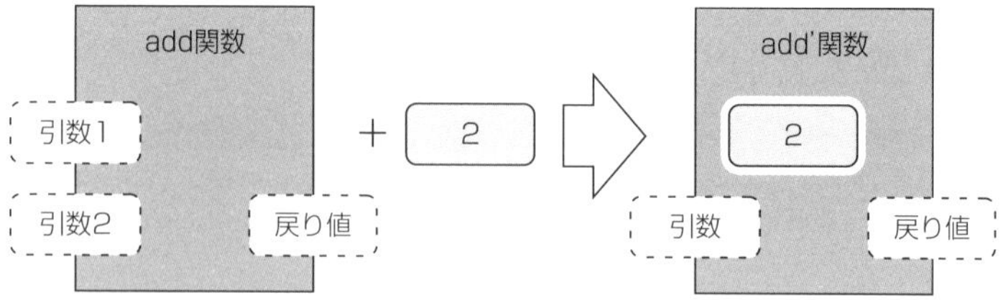

図A.4　部分適用

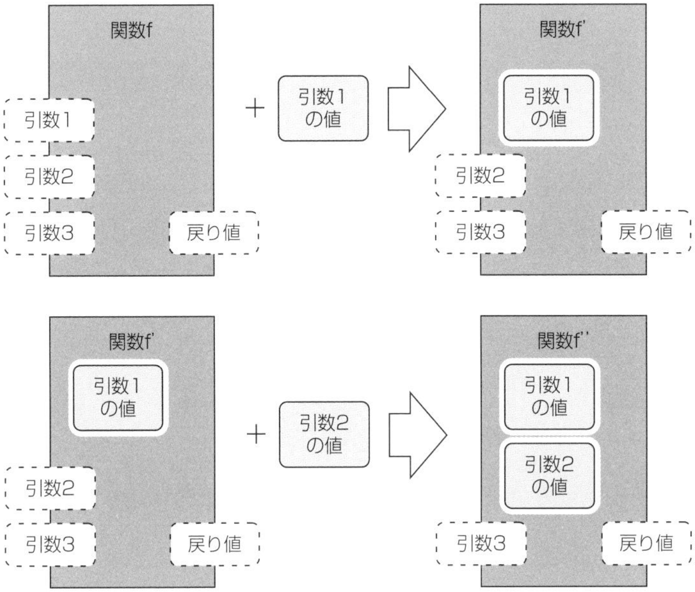

図 A.5　カリー化

> 「複数の引数を取る関数」を「引数を1つだけ取る関数」を使って順次表現することを「カリー化」と呼ぶ。

次に、複数の関数をまとめて別の関数を作る仕組みである**関数の合成**

＊12　カリー化という名称は、20世紀の論理学者のハスケル・カリー（Haskell Curry）氏の名前にちなんでいるそうです。関数型言語のHaskellも氏の名前を取っています。

＊13　Haskellではすべての関数は引数を1つだけ取るものと定義しています。ただし、単一引数の関数を使って複数の引数を取る関数を表現する場合、特徴2で紹介したλ式（ラムダ式）を使う必要があるため、直感的に理解しづらくなります。このためHaskellでは、複数の引数を取る関数を記述する文法をシンタックスシュガー（理解しやすい文法）として用意しています。

(function composition) について説明します。ここでもまた簡単な例を使って説明しましょう。**リスト A.9** に示す2つの関数があります。最初の square は引数の二乗を求める関数で、次の increment は引数に1を加算する関数です。

リスト A.9　square 関数と increment 関数

```
square x    = x * x
increment x = x + 1
```

関数型言語では、これら2つの関数を合成して新しい関数を作ることができます。Haskellでは**リスト A.10**のように「.（ピリオド記号）」をつけて関数の合成を表記します。

リスト A.10　関数の合成

```
square . increment
```

この合成された関数は、引数に対して increment と square の2つの関数を続けて適用します。具体的には、まず引数に increment 関数を適用して1を加え、次に square 関数を適用して二乗を求めます。この合成された関数の実行結果は**リスト A.11** になります。

リスト A.11　合成した関数の実行結果

```
square . increment 2 ⇨ (2 + 1) * (2 + 1) = 9
square . increment 3 ⇨ (3 + 1) * (3 + 1) = 16
```

このように、既存の関数をまとめて新しい関数を作る仕組みを「関数の合成」と呼びます。関数の合成を図で表すと、**図 A.6** のようになります[*14]。

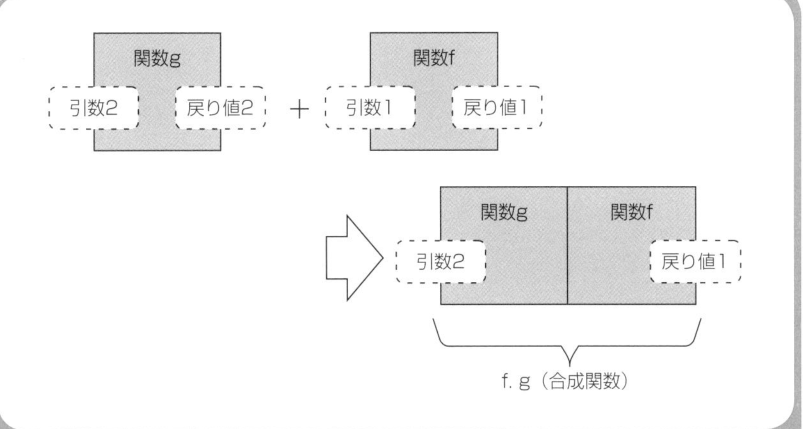

図 A.6　関数の合成

関数の合成では、既存の関数だけでなく、部分適用した関数を合成することができます。さらに、合成した関数を別の関数の引数や戻り値にすることも可能です。このように関数型言語では、既存の関数や引数を柔軟に組み合わせて、新しい関数を作ることができます。

> 「関数の合成」により、複数の関数をまとめて別の関数を作ることができる。

特徴５：副作用を起こさない

さて、次の特徴の説明に進みましょう。5つめの特徴は、「副作用を起こさない」ことです。「副作用（side effects）」という言葉は「薬の副作用」

＊14　Haskellでは合成された関数は右から順に評価します。図A.6では引数を左に、戻り値を右に描いたため、先に評価する関数gを左側に、関数fを右側に配置しました。

として日常生活でよく使うものの、プログラミングの分野ではさほど一般的な言葉ではありません。

関数型言語で**副作用**と言った場合、「引数から戻り値を求めること以外の仕事」を指します。これは具体的には変数の変更と外部入出力が該当します。したがって「副作用を起こさないプログラム」とは、変数を変更せず、画面やネットワーク、データベースやファイルなどの外部入出力も一切行わないプログラムという意味になります。

この説明を読んで、いったいそんなプログラムがあるのだろうかと首をかしげた方もおられることでしょう。実際には、ほとんどすべてのプログラムはキーボードから入力を受け取ったり、画面に情報を表示したり、データベースやファイルを読み書きしたりするはずです。このため、どの関数型言語でもなんらかの方法で副作用を実現していますが、まずは副作用を起こさないプログラムの仕組みについて説明しましょう。

純粋関数型言語のHaskellでは副作用を起こせません。純粋関数型言語ではグローバル変数かローカル変数かにかかわらず、変数を変更できません。一度だけ変数に値を設定することはできますが、その後は二度と変更できません。これはJavaならばfinal変数を、C言語やC++ならばconst変数だけを使ってプログラムを書くことに相当します[*15]。

> 純粋関数型言語では、変数の内容をあとから変更できない。

ちなみに関数型言語ではこの仕組みを基本にしているため、変数に値や式を設定することを**代入**（substitution）と呼ばず、一度設定したら二度

＊15　内容を変更できないにもかかわらず「変数（variable）」と呼ぶのは少々不思議に思えるかもしれません。これはおそらく、初期の関数型言語のLispでは変数を変更できたため、あとから考案された純粋関数型言語でも変数という名称を使い続けたためと思われます。

と変更できないニュアンスを込めて**束縛**(binding)と表現します。関数型言語における変数は、値を格納するメモリ領域にではなく、値や式そのものに名前をつけたものと解釈できます。

> 関数型言語では、変数に値や式を設定することを「束縛する」と表現する。

副作用の有無は関数の動作に重要な違いをもたらします。副作用が起きることを前提にすると、グローバル変数はプログラムの実行途中で変わる可能性があります。このため、グローバル変数を参照する関数は、引数が同じであっても、実行するタイミングによって結果が変わる可能性があります[*16]。しかし副作用がなければ、関数が参照する変数は常に変わらないため、関数の処理結果は引数だけに依存します。つまり副作用がない場合、引数が同じならば何回評価しても関数の戻り値は必ず同じになります。このよう性質を**参照透過性**(referential transparency)と呼びます[*17]。

> 副作用がない関数は、引数が同じなら戻り値は必ず同じになる。これを「参照透過性」と呼ぶ。

副作用を起こさないことは、ソフトウエアの開発や保守を行ううえで大きなメリットがあります。

まずテストが楽になります。関数の動作が引数だけに依存するならば、

*16　オブジェクト指向言語の場合、メソッドの戻り値の内容は、引数に加えて、インスタンス変数やクラス変数(static変数)に影響を受けます。
*17　「参照透明性」と訳すこともあります。

テストケースも引数のバリエーションだけを考えればよいことになります。またテストを行う場合にも、関数が参照する変数の状態をテスト条件に合わせて設定する必要がなくなります。

あとからソフトウエアを理解するのも容易になります。第3章で説明したように、オブジェクト指向以前のプログラミング言語の大きな課題はグローバル変数問題でした。グローバル変数はプログラムのどこからでもアクセスできるため、エラー発生時の調査に手間がかかりますし、グローバル変数に関わる仕様変更の影響調査範囲はプログラム全体に及んでしまいます。しかしそもそも変数の内容が変化しなければ、変数に関する調査や仕様変更の影響確認の手間はほとんどかからないはずです。

部品の独立性や再利用性も高めやすくなります。関数が引数を戻り値に変換する役割だけを持つことで、特定の状況に依存しない汎用的な部品を作りやすくなります。その結果として再利用もしやすくなります。

> ソフトウエアが副作用を起こさないことは、テストや保守を容易にし、再利用可能な部品を作りやすくする。

次に少し話題を変えて、「遅延評価」について説明しましょう。**遅延評価**(lazy evaluation)はプログラムの実行時の仕組みで、式を上から順に評価するのではなく、実際に必要になった時点で個々の式を評価する仕組みです。

以降では、少しだけ複雑なアプリケーション処理を例に取るため、Haskellの代わりにJavaのサンプルコードを使います。実際にはJavaは遅延評価をサポートしませんが、便宜的にサポートするものと仮定して説明を行います。

リスト A.12　getSalary 関数

```
/**
 * @param employee 従業員
 * @param workHours 勤務実績時間
 * @return 給与支払額
 */
int getSalary(Employee employee, int workHours) {
    // 従業員が一般社員の場合は、勤務実績時間から
    // 時間外手当を求めて固定給に加算する
    ～
}
```

リストA.12に示す給与支払額を計算するgetSalary関数があるとします。この関数は、第1引数のemployeeに従業員を受け取り、第2引数のworkHoursにその月の勤務実績時間を受け取って、残業手当を含む給与支払額を計算します。給与支払額は、管理職の場合は固定給で、一般社員の場合は勤務実績に応じて時間外手当を含めるものとします。

このgetSalary関数を利用するコードは**リストA.13**のようになっているとしましょう。第2引数に渡す勤務実績時間はgetWorkHoursという別の関数を呼び出して求めています。

リスト A.13　getSalary 関数の呼び出し

```
getSalary(employee, getWorkHours(employee));
```

実行方式が遅延評価かどうかによって、この関数の動きは変わります。

まずは通常の実行方式について説明しましょう[*18]。通常の実行方式の場合、getSalary関数の実行前にgetWorkHours関数を呼び出して、その月の勤務実績時間を求めます（**図A.7**の左の図）。この場合、一般社員で

＊18　遅延評価に対して、「先行評価」あるいは「正格評価」と呼びます。

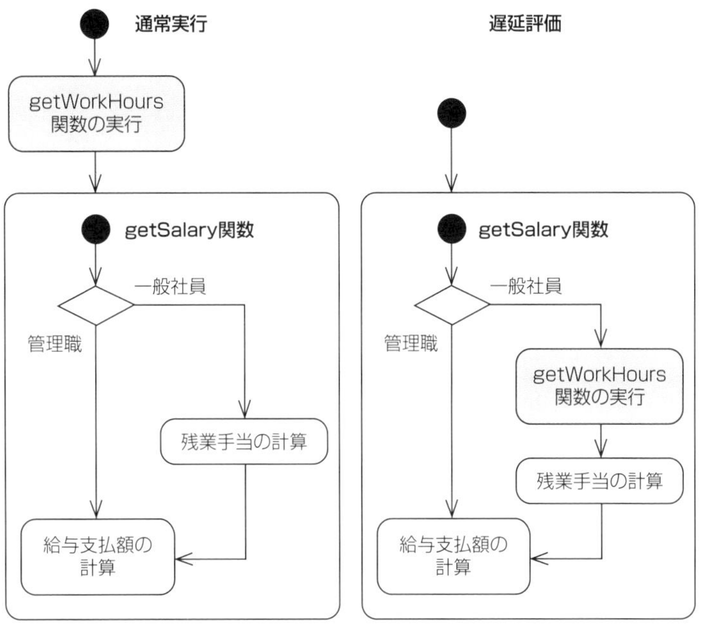

図 A.7　通常実行と遅延評価

あるか、管理職であるかにかかわらず、常にgetWorkHoursは呼び出されます。

これに対して遅延評価方式の場合、getSalary関数の実行前には第2引数のgetWorkHours関数を評価しません。実際に勤務実績時間が必要になったときに初めてgetWorkHours関数を評価します。この例では勤務実績時間を使うのは、残業手当の計算が必要な一般社員のみのため、管理職の場合にはgetWorkHours関数を実行しません（図A.7の右の図）。

このように遅延評価方式では、すべての引数を事前に評価せず、関数の処理の中で必要になった時点で初めて引数を評価します。ここで示した例のように条件によって使わない引数がある場合、実行効率は良くなります。

遅延評価の対象は引数の評価だけに限りません。真偽値による条件判定でも条件に該当しない式は評価しませんし、データ宣言でも実際にそのデータが必要になるまでメモリに確保しません。多くの関数型言語では、この遅延評価方式の性質を利用して「1から∞（無限大）」までのリストを定義できます。

> 遅延評価方式では、必要になった時点で初めて関数や式を評価する。

この遅延評価は、先ほど説明した副作用と密接な関係があります。副作用がないことを前提にすると、引数が同じならば関数はいつ評価しても必ず同じ結果になります。これによりプログラムに記述された関数や式はどこからどういう順番で評価しても、全体の結果は必ず同じになるため、遅延評価方式を採用することが可能になります。

> 副作用を起こさないことで、遅延評価方式を実現できる。

特徴6：場合分けと再帰でループ処理を記述する

関数型言語でプログラムを書く場合、一般的にfor文やwhile文のようなループ命令を使いません。この理由のひとつとして、副作用を起こさない純粋関数型言語では、ループの制御のためのカウンタや終了判定のための変数を定義できないことがあります。またコンピュータに繰り返し処理の実行を指示するfor文やwhile文は、「値を返す式」を基本とする関数型言語とは相性が悪いため、そもそも文法として提供されない場合もあります。

このため、関数型言語でループ処理を記述する場合には、パターンマッチと呼ぶ仕組みと、再帰を利用します。再帰は関数の中からその関数自身を呼び出す仕組みで、C言語やJavaなど多くの命令型言語でも提供しています。パターンマッチは関数型言語に特有の仕組みのため、まずはパターンマッチについて説明しておきましょう。

パターンマッチ(pattern matching)は引数の値に応じて、場合分けして関数を定義する仕組みです。次のHaskellのコード例を見てください。

リストA.14 パターンマッチを使った関数定義

```
convertTab '\t' = " " —①
convertTab c = [c]    —②
```

リストA.14ではパターンマッチを使ってconvertTabという関数を定義しています。①と②の2カ所でconvertTabという関数を宣言しているのは、引数の値に応じて場合分けしているためです。

①では、引数の値が'\t'文字(タブ記号)だった場合の処理を定義しています。ここではタブ記号を半角スペースに変換しています。

②では、引数の値が'\t'(タブ記号)以外だった場合の処理を定義しています[*19]。ここでは引数の文字には特別な処理はせず、たんに文字列型に変換しています[*20]。

このconvertTab関数の仕様を表にまとめると**表A.1**のようになります。

このように関数型言語では、引数の値によって関数のロジックを場合

*19 パターンマッチを使った複数の関数定義は、上から順にチェックされます。リストA.14では、①で引数がタブ記号だった場合の定義をしています。②の引数cは変数を表すため、タブ記号以外の場合の定義になります。

*20 Haskellでは[ ]はリスト(コレクション)を意味し、文字のリストは文字列になります。ただし②のコードは、型推論によって文字以外の引数に対しても正しく動作します。引数を文字型(Char)に限定したい場合は、convertTab関数の型をChar -> Stringと明示する必要があります。

表 A.1　convertTab 関数の仕様

	引数の値	処理
①	'\t' の場合	タブ記号を半角スペースに変換する。
②	その他の場合	入力文字をそのまま文字列型に変換する。

分けして定義できます。このパターンマッチを使うことで、引数の値に応じた場合分け処理をif文やcase文を使わずに関数の宣言で明示できます。これによりロジックはシンプルになりますし、コードを読む人に対しても場合分けの条件を伝えやすくなります。ちなみに先ほどのコードをJavaで書き直すと次のようになります（**リストA.15**）。

リスト A.15　Java におけるパターンマッチ相当のロジック定義

```
String convertTab(char c) {
    if (c == '\t') {
        return " ";
    } else {
        return String.valueOf(c);
    }
}
```

リストA.14のHaskellのコードと比べてみてください。if文を使ったJavaのコードに比べて、パターンマッチを使ったHaskellのコードのほうが簡潔かつ明快に処理内容を表現できていることがわかると思います。

このパターンマッチの仕組みは、プログラミング言語が提供する関数定義のちょっとした工夫と見ることもできます。しかしこの仕組みは関数型言語に特有のもので、ほとんどの命令型言語では提供されません。この理由は、命令型言語が機械語の命令の抽象化を基本にしているため、1つの関数（やメソッド）定義は、メモリの特定の場所に展開されたひとまとまりのコードに対応させることを前提にしたからだと思われます。

パターンマッチにより、引数の値に応じた場合分け処理を明示できる。

さて、パターンマッチの説明をしたところで、ループ処理の説明に進みましょう。この節の最初で述べたように、一般的に関数型言語を使う場合、ループ処理はパターンマッチと再帰を使って記述します。

自然数nの階乗を求めるfactorialという関数を例にして説明しましょう[*21]。階乗とは1からnまでのすべての数字の乗算を意味します。階乗は一般的に!マークを使って表現するため、1から4までの階乗の計算結果は次のように表現できます。

```
1! = 1
2! = 2 * 1 = 2
3! = 3 * 2 * 1 = 6
4! = 4 * 3 * 2 * 1 = 24
```

従来の命令型言語を使って階乗を求めるプログラムを書く場合はループ処理を使うのが自然でしょう。Javaのループを使って書いたコードは次のようになります（**リストA.16**）[*22]。

＊21　自然数の一般的な定義としては、0を含む場合と含まない場合がありますが、ここでは自然数を「(0を含まない) 1以上の整数」としました。

＊22　階乗を求めるプログラムは、Javaでも再帰を使って実装できますが、ここでは便宜的にループを使ったコードとしました。

リスト A.16　Java で記述した factorial 関数

```
int factorial(int n) {
  int result = 1;     // 計算結果を格納する変数
  for (int i = n; i > 0; i--) {
    result = result * i;
  }
  return result;
}
```

この階乗を求める関数をHaskellで書くと次のようになります（**リスト A.17**）。

リスト A.17　階乗を求める関数

```
factorial 1 = 1                          —①
factorial n = n * factorial (n - 1)      —②
```

このコードについて説明しましょう。ここでもパターンマッチを使って、関数定義を2つに場合分けしています。

①は引数が1の場合のロジックです。1の階乗は1ですから、たんに1を返しています。

②は、1以外の自然数のロジックを記述しています[*23]。ここで右辺が「n * factorial (n - 1)」となっていることに注目してください。「factorial (n - 1)」は「(n - 1)の階乗」の意味ですから、引数が4ならば、②の式の右辺は「4 * 3!」を表すことになります。そして「3!」の計算では再帰処理により再びfactorial関数を実行するため、「3 * 2!」となり、同様にその次は「2 * 1!」となります。最後に引数1でfactorial関数を実行するときはパターンマッチにより①が適用されるため、1が返ります。この処理を順番に書

＊23　リストA.17では引数が0以下の値だった場合の考慮をしていません。引数が0以下の考慮をする場合、ガードやcase式などを使って判定ロジックを追加する必要があります。

くと次のようになります。

4! = 4 * 3!　← ②の適用
3! = 3 * 2!　← ②の適用
2! = 2 * 1!　← ②の適用
1! = 1　　　← ①の適用

一連の処理をまとめると次のようになります。

4! = 4 * (3 * (2 * (1))) = 24

このように関数型言語では、パターンマッチと再帰を利用してループ処理を記述します。基本的な形式はリストA.17と同様で、終了条件と繰り返し条件をパターンマッチで場合分けして定義し、繰り返し条件では再帰を使ってその関数自身を呼び出します。

リストA.17の処理内容を表にまとめると**表A.2**のようになります。

ここで改めて表A.2とリストA.17を眺めてみてください。表A.2では自然数の階乗の求め方を簡潔に表現しており、それをリストA.17のコードでそのまま表現していることが読み取れると思います。このように、パターンマッチと再帰を利用することで、命令型言語のループ処理よりも簡潔かつ明快にロジックを記述することができます。

このパターンマッチと再帰を使ったプログラミングは、命令型言語で

表A.2　factorial関数の仕様

	引数の値	処理
①	1の場合	1を返す
②	nの場合	n *((n - 1)の階乗)を返す

ループ処理を使うプログラミングとはだいぶ勝手が違います。しかし従来とは違う考え方を要求され、その結果として、簡潔で明快なプログラムができあがるこの仕組みは、関数型言語の大きな魅力と言えるでしょう。

パターンマッチと再帰を利用することで、簡潔かつ明快にループ処理を記述できる。

特徴7：コンパイラが型を自動的に推測する

関数型言語の特徴として最後に紹介するのは**型推論**（type inference）です。これはすべての関数型言語に備わるものではなく、静的な型づけ方式の言語だけに備わる仕組みです。

第4章でも説明したように、プログラミング言語には静的な型づけ方式と動的な型づけ方式の2種類があります。**静的な型づけ方式**は、ソースコードで変数の型宣言を強制することで、コンパイル段階でエラーを検出します。**動的な型づけ方式**は、変数の型を明示的に宣言せず、実行時に型判定を行うことで、より柔軟なプログラムを書くことを可能にします。両者のメリットはそれぞれ安全性と柔軟性ですが、型推論は静的な型づけ方式の安全性を確保しながら柔軟性を高める仕組みです。

型推論について説明する前に、まず関数の型について説明しておきましょう。関数型言語では関数を値として扱えるため、関数そのものも型を持ちます。関数の型は**関数型**と呼び、引数と戻り値の型を使って表現します。たとえばHaskellで整数（Int）から文字列（String）に変換する関数ならば、「Int -> String」型と表記します[*24]。

関数型言語では関数そのものも型を持つ。関数の型は、引数と戻り値の型で表現する。

それでは型推論の話に入りましょう。型推論は、変数や関数の型を宣言しなくても、コンパイラが自動的に型を判定する仕組みです。

たとえば、次のHaskellのコードを見てください(**リストA.18**)。

リストA.18　increment関数の定義

```
increment x = x + 1
```

ここではincrementという名前の関数を定義しています。左辺のincrementは関数名で、xは引数名を表し、右辺の「x + 1」はロジックを表しています。ここでは引数のxや戻り値の型をまったく宣言していませんが、この関数を実行するコードを書くと、次のように引数の型を適切に判定してくれます(**リストA.19**)。

リストA.19　increment関数の適用

```
increment 3     ⇨ コンパイルOK       ―①
increment "abc" ⇨ コンパイルエラー！ ―②
```

①では、数値の3に対してincrement関数を適用しているので、コンパイルは正しく通ります。しかし②のように、文字列の"abc"に対してこの

＊24　Haskellでは複数の引数を取る関数の型を、すべての引数と戻り値の型を列挙して「String -> Int -> String」のように表記します。これは複数の引数を取る関数は、カリー化によって単一の引数を取る関数で構成できるためです。

関数を適用しようとするとコンパイルエラーが起きます。

このように動作する理由は、Haskellコンパイラが自動的に引数xを数値型と判定するためです。

リストA.18のコードは非常に短いため、手がかりはわずかしかありません。このコードからどうやってxの型を判定しているのでしょうか。

ここでの手がかりは、引数のxに対する「+ 1」という演算です[*25]。Haskellのコンパイラはこの部分から、xが文字列型や真偽値型ではなく、数値型だと判断します。その理由はHaskellでは「+」記号による加算が数値型のデータのみを対象とするからです。

この仕組みが型推論です。型推論をサポートする言語では、他の部分からデータや関数の型を推測できる場合、ソースコード上で明示的に型を宣言する必要がありません。

> 型推論機構を備えた言語では、データや関数の型をコンパイラが自動的に推測する。

型推論をサポートする関数型言語の多くは、柔軟なプログラムを書くためのさらに優れた仕組みを備えています。これは**多相性**と呼ぶ仕組みで、不特定多数の型に適用できる汎用的な関数を作るためのものです[*26]。この仕組みについても説明しておきましょう。

多相性を持つ関数を定義する場合、引数や戻り値の型には数値型や文字型、真偽値型などの具体的な型を指定せず、**型変数**と呼ぶ仮の型を指定します。また型変数を使って定義した型のことを**多相型**と呼びます。

＊25　実際には「+（プラス記号）」はHaskell言語に組み込まれた演算子ではなく、関数名を表しています。

＊26　より詳しく説明すると、この多相性は「パラメトリック多相（parametric polymorphism）」と呼ぶ仕組みに相当します。JavaやC#でも「総称性（generics、ジェネリクス）」としてこの仕組みをサポートしています。

たとえばHaskellが提供する、リストから先頭の要素を取り出すhead関数の型は、次のような定義になっています（**リストA.20**）。

リストA.20　型変数を利用した型定義

```
[a] -> a
```

上記のaが型変数です[*27]。ここで[ ]（大カッコ）は、要素を格納するためのデータ構造のリストを表しています。リストは内部に複数の値を格納できる配列のような仕組みで、ほとんどの関数型言語が標準でサポートしています[*28]。

このhead関数は、リストの中から先頭の要素を取り出す単純な関数です。この関数は多相性を持つため、数値型のリストが引数ならば数値型を、文字列型のリストが引数の場合は文字列型を、といった具合に、引数に応じて戻り値の型を動的に決定します（**図A.8**）。

この多相性の仕組みは、この前に説明した型推論と連携することで大きな威力を発揮します。なぜならば、多相性を持つ関数の戻り値に対しても型推論が働くからです。たとえばhead関数の引数が文字列型のリストだった場合には、戻り値も暗黙的に文字列型になります。そしてこの戻り値に対して算術演算を行おうとすると、コンパイルエラーが発生します。

このように、多相性と型推論が連携することで、静的な型づけ方式のメリットであるコンパイル時のエラー判定を可能にしながら、汎用性の高い関数を記述できるようになります。

＊27　Haskellでは、型変数名は英小文字で始める規則になっていますが、一般的な慣習としてはaやbのような英小文字の1文字を使います。

＊28　ちなみに最初の関数型言語であるLispの名前は、「リスト処理言語（LISt Processing language）」に由来しています。

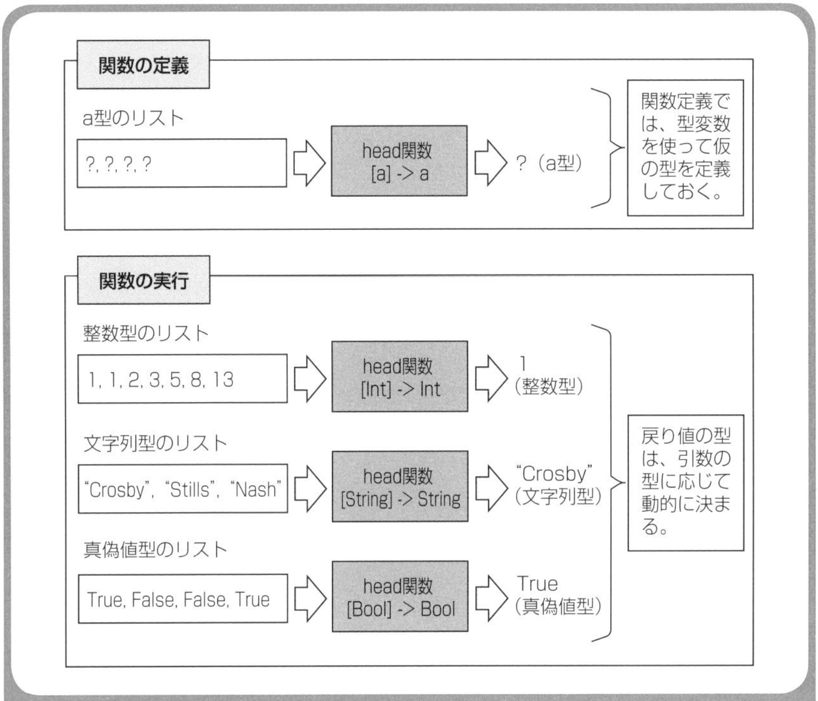

図 A.8　多相性を持つ関数

型推論と多相性により、汎用性の高い関数を簡潔かつ安全に記述できる。

ちなみに、この多相性という言葉の原語は実はpolymorphismです。つまり英語表記では、本書で何度も取り上げてきたOOPのポリモーフィズムとまったく同じ言葉になります。この両者は、異なる型に対して同じ関数やメソッドが使えるという点では共通ですが、実際の仕組みはだいぶ異なっています。関数型言語の多相性は同じ関数を異なる型に適用できる仕組みですが、OOPのポリモーフィズムはサブクラスでオーバーライドすることでメソッドのロジックも変更できる仕組みだからです。混乱を避けるためには、OOPの「ポリモーフィズム」と関数型言語の「多相性」は別物として覚えることをおすすめします*29。

7つの特徴のまとめ

さていかがだったでしょうか。ここまで7つの特徴に分けて、関数型言語の基本的な仕組みをひとめぐりしてきました。それぞれの特徴の中で紹介した、関数型言語の仕組みを表す用語を**表A.3**にまとめておきます。

この表からもわかるように、関数型言語の仕組みは命令型言語とはかなり異なっているため、特殊な用語がたくさんあります。関数型言語の仕組みをきちんと理解するには、実際のプログラミング言語の文法に加えて、これらの用語の意味や目的をきちんと押さえておく必要があります。個々の技術に惑わされて全体が見えなくなってしまったときには、

表 A.3　関数型言語の特徴と用語

特徴	説明	関連する用語
1	関数でプログラムを組み上げる	関数適用
2	すべての式が値を返す	式、式の評価、ラムダ式
3	関数を値として扱える	第一級関数、高階関数
4	関数と引数を柔軟に組み合わせることができる	部分適用、カリー化、関数の合成
5	副作用を起こさない	副作用、束縛、参照透過性、遅延評価
6	場合分けと再帰でループ処理を記述する	パターンマッチ、再帰
7	コンパイラが型を自動的に推測する	型推論、多相性、多相型、型変数

*29　より詳しく説明すると、OOPのポリモーフィズムは「部分型多相(subtype polymorphism)」と呼びます。さらに3つめの多相性として、複数の特定の型を対象とする「アドホック多相(ad hoc polymorphism)」と呼ぶ仕組みがあります。Haskellではこれを「型クラス」と呼ぶ仕組みを使って実現しています。

この表を見取り図として利用していただければと思います。

関数型言語の分類

ここで関数型言語の分類について説明しておきましょう。関数型言語は、型づけ方式と純粋性の2つの軸で分類できます。2つの軸による分類と、代表的な言語を**表A.4**に示します。

横軸の型づけ方式は、型チェックの仕組みの違いによる分類です。静的な型づけの言語はプログラムのコンパイル時に型チェックを行い、動的な型づけの言語はプログラムの実行時に型チェックを行います。静的な型づけ言語の多くは、特徴7で紹介した型推論をサポートします。

縦軸の純粋性は、その名のとおり関数型言語として純粋であるかどうかの分類です。これを言い換えると、言語仕様として副作用を認めるかどうかの分類とも言えます。基本的に純粋関数型言語では副作用を認めません。これに対して非純粋関数型言語では、言語仕様として副作用を認めます。関数型言語の仕組みを提供する一方で、従来の命令型言語と同様に、変数に値を代入する文法もサポートします。

ただし純粋関数型言語であっても、画面やネットワークやデータベースなどの外部入出力を実現する必要があります。Haskellではこれをモナドと呼ぶ特殊な仕組みで実現しています[＊30]。

表 A.4　関数型言語の分類と代表的な言語

型づけ方式 ＼ 純粋性	静的	動的
純粋関数型言語	Haskell、Miranda	―
非純粋関数型言語	Scala、OCaml、F#、ML	Common Lisp、Scheme、Erlang

＊30　モナドはさまざまな値を格納できる汎用的な容れ物で、Monadという名前の型クラスとして提供されます。入出力処理は「IOモナド」と呼ぶ専用の型に封じ込め、(>>=)という名前の連結関数で入出力の順序を制御します。

関数型言語のメリット

さて、ここまで関数型言語の仕組みを説明してきましたが、関数型言語のメリットは何なのかを考えてみましょう。

まず挙げるべきメリットは「汎用性の高いプログラムを簡潔に書ける」ことでしょう。関数型言語でプログラムを書いた場合、従来の命令型言語と比較して2分の1から10分の1のコード量で済むと言われています。コード量が少なければ、当然その分だけプログラムはわかりやすくなり、開発や保守も楽になるはずです。関数型言語には、高階関数や部分適用、パターンマッチ、型推論などの従来にはなかった仕組みが数多く備わっているため、これらをうまく使いこなせば重複を排除した簡潔なプログラムを書くことができます。

「汎用的な再利用部品を簡潔に作れる」こともメリットです。副作用のない関数や、関数を第一級関数として扱える性質を利用することで、従来は実現できなかった汎用性の高い部品を作ることができます。また、関数を再利用の基本単位にしているため、クラスよりも粒度の小さい、小回りの利いた部品を作ることができます。

「分散並列処理と相性が良い」ことも関数型言語のメリットです。副作用のない式は、どこからどういう順番で実行しても全体の結果が同じになるため、原理的に並列処理に向いています。副作用のない関数を活用してマルチスレッドのアプリケーションを作れば、複数スレッドの共有メモリ領域を不用意に更新してしまう事態を防止できることでしょう。ただし、関数型言語が貢献するのは複数スレッドによる並列処理までであり、複数プロセスや複数ハードウエアによる並列処理に対しては特別な貢献をしません[*31]。

実用的なメリットではありませんが「技術者にとって魅力がある」こと

＊31　ScalaやErlang（アーラン）などの言語では、関数型言語の仕組みとは別に、「アクター」と呼ぶ、マルチスレッド制御のための仕組みを備えています。

も無視できません。従来の命令型言語にはなかったさまざまな仕組み、それを使って書いたエレガントなコード、命令型言語とは違う動き方をする遅延評価などは、多くの技術者にとって知的好奇心を刺激する興味深い仕組みに思えることでしょう。

関数型言語の課題

それでは関数型言語の課題は何でしょうか。

ひと昔前には、実行時のパフォーマンスが大きな課題でした。関数型言語の歴史はオブジェクト指向よりも古く、最初の関数型言語のLisp（リスプ）が登場したのはなんと1957年だそうです。その後長い間一部の技術者だけでしか使われてこなかった大きな理由のひとつは、関数型言語がコンピュータの命令に直接依存しない仕組みをベースにしているため、貧弱なハードウエア環境では十分なパフォーマンスを出せなかったからでした。しかし、仮想マシン上で動くJavaや.NETが当たり前になった現在、もはや実行速度は大きな問題ではありません。

より重要な課題は関数型言語のわかりづらさです。関数とデータの区別があいまいで、遅延評価方式で動き、関数を引数に指定可能で、パターンマッチと再帰を使ってループ処理を記述するようなコードは、たとえそれが簡潔でエレガントだとしても、従来の言語に慣れ親しんだ多くのプログラマには理解不能な暗号に見えることでしょう。関数型言語が広く普及するためには、多くの人々がこの技術を受け入れて習熟するための時間が必要になるはずです。

関数型言語とオブジェクト指向の関係

最後に、関数型言語と本書の主テーマであるオブジェクト指向の関係についても述べておきましょう。

関数型言語とオブジェクト指向言語は、ソフトウエアの保守性や再利用性を向上させるという目的では同じです。しかし目的に対するアプローチは大きく異なっています。このアプローチの違いを、第3章で説明したグローバル変数問題を解決する仕組みという観点で比較してみましょう。

オブジェクト指向言語では、変数と手続きをクラスに「まとめて、隠す」ことで、グローバル変数問題に対処します。そしてこのクラスが、ソフトウエアを構成する基本部品になります。

関数型言語では変数の変更を禁止し、引数と戻り値を使って情報を受け渡すことで、グローバル変数問題に対処します。プログラムは関数の

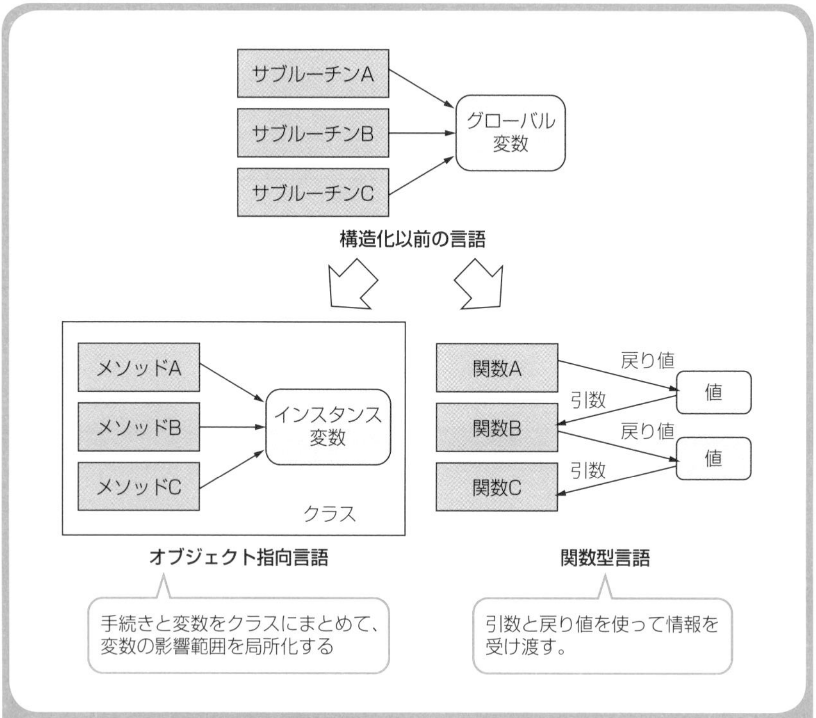

図 A.9　オブジェクト指向と関数型のアプローチの違い

ネットワークとして構成し、関数を基本的なソフトウエア部品として全体を組み上げます。

このようにオブジェクト指向言語と関数型言語では、基本的な思想や仕組みが大きく異なります(**図A.9**)。

その一方で、オブジェクト指向言語と関数型言語は補完し合う関係でもあります。

関数型言語の中にはScalaやOCaml(オーキャムル)やF#(エフシャープ)のように、オブジェクト指向と関数型の両方の仕組みを備えたハイブリッド言語があります。さらに、今では多くのオブジェクト指向言語が関数型言語の仕組みを取り入れています。

一方で、純粋関数型言語のHaskellも、部分的にオブジェクト指向の仕組みを取り入れています。Haskellでは異なるデータ型に共通の関数を適用するために、特定の型にだけ適用できる関数を「メソッド」として定義する「型クラス」と呼ぶ仕組みを導入しています。これを実現する個々の仕組みには、「インスタンス」「継承」「スーパークラス」「サブクラス」といった、オブジェクト指向でお馴染みの用語が使われています[*32]。

関数型プログラミングを身につけよう

Java、Python、JavaScript、C#、Rubyといった現在主流のプログラミング言語は、どれもオブジェクト指向言語をベースとしながら関数型言語の仕組みもサポートしています。このため、これらの言語を使いこなすためには、クラス、ポリモーフィズム、継承に加えて、第一級関数、ラムダ式、高階関数といった仕組みをきちんと押さえておく必要があります。また関数型言語を使うかどうかにかかわらず、保守や再利用がし

＊32　実際にはHaskellの型クラスの仕組みは、オブジェクト指向言語のクラスの仕組みとは異なっています。オブジェクト指向言語ではクラスが型になりますが、Haskellの型クラスは複数の型に共通する性質をまとめたものであり、型クラスのインスタンスが型になります。また、ある型を複数の型クラスのインスタンスにする多重分類もサポートします。

やすいプログラムにするためには、副作用のない関数やメソッドを書くことが非常に有効です。

すなわち、IT技術者としてこれからの時代で活躍するためには、オブジェクト指向プログラミングと関数型プログラミングを理解し、両者を適材適所で使いこなせる知見が必要になります。どちらの技術も、コンピュータが誕生して以来、連綿と続いてきた多くの工夫や改良を取り込んだため、複雑な技術になっています。しかしこれらは机上の理論ではなく、今すぐに実践できる技術です。そして、実際にコンピュータを動かしながら、こうした技術を一つひとつ理解していくのはとても楽しいことでもあります。

IT技術者として仕事をする一番の喜びは、自分が関わったシステムが世の中の役に立つことでしょう。しかしそれだけでなく、プログラミングや設計をする自分たちが知的に楽しめることも大きなやりがいになります。

オブジェクト指向も関数型言語も、そんな私たちの知的好奇心を刺激する魅力的な技術です。

より深く学ぶための参考書籍

グラハム・ハットン 著『プログラミングHaskell 第2版』山本 和彦 訳(ラムダノート、2019年)☆☆
ウィル・カート 著『入門Haskellプログラミング』 株式会社クイープ 訳(翔泳社、2019年)☆☆
関数型言語の仕組みや考え方をきちんと理解したいなら、Haskellを学ぶことをおすすめする。命令型言語に慣れ親しんだプログラマにとって、純粋関数型言語によるプログラミングは驚きや発見を与えてくれることだろう。Haskellの書籍はたくさん発刊されているが、2021年時点におけるおすすめの入門書はこの2冊。

マーティン・オダースキー、レックス・スプーン、ビル・ベナーズ 著『Scalaスケーラブルプログラミング 第3版』長尾高弘 訳(インプレスジャパン、2016年)☆☆
Java仮想マシン上で動作し、Javaの進化形に位置づけられるScalaの開発者自身による解説書。Scalaはオブジェクト指向と関数型のハイブリッド言語であることに加えて、Javaの欠点を改善する仕組みも数多くサポートしているため、言語仕様が非常に大きい。このScalaの性質を反映して、網羅的に文法を解説したこの本は700ページを超えるボリュームになっている。

竹内郁雄 著『初めての人のためのLISP [増補改訂版]』(翔泳社、2010年)☆☆
関数型言語の元祖と言われるLispの一風変わった入門書。Lispは、コンピュータ黎明期の1950年代に登場し、最低限の文法だけを備え、関数もデータもカッコを用いたリストで表現する、独特の世界観を持ったプログラミング言語である。この本では、登場人物の軽妙な会話を通じて、S式や5つの基本関数をはじめとするLispの仕組みと基本思想を味わい深く学ぶことができる。

COLUMN

今ドキのOOP

関数型言語の箱庭を用意したJava

Java はオブジェクト指向言語として 1995 年に登場しました。

Object クラスを頂点とする継承構造、充実したクラスライブラリ、マルチプラットフォームを実現する仮想マシンの仕組みといった重要な性質を Smalltalk から受け継ぎながら、見た目の文法は C 言語を踏襲するバランスの良さで、サーバーサイドのアプケーション開発の主流言語として定着しました。開発・実行環境を無償でダウンロードできることも当時は画期的でした。

Java はオブジェクト指向言語として設計されたため、独立した関数やグローバル変数は定義できず、すべてをクラスにまとめることを基本にしています。

＊　＊　＊

そんな Java にも、2014 年にリリースされたバージョン 8 では大きな変化がありました。それは関数型プログラミングをサポートしたことです。ただし、Java は関数型言語の仕組みを全面的にサポートすることはせず、局所的に取り入れるアプローチを採用しました。

Stream（ストリーム）インタフェースは、データの集合体を扱う仕組みです。集合体に含まれる個々のデータに第一級関数を適用して、値を変換したり（map）、条件に合うデータを抽出したり（filter）することを可能にします。第一級関数はラムダ式で記述できます。

List や Set などの従来のコレクションでも値の変換やデータの抽出を行えますが、関数型言語の仕組みを利用することで、簡潔でエレガントに記述できるようにしました。

また、オブジェクト指向言語の枠組みを維持したまま第一級関数の仕組みを提供するため、公開メソッドを 1 つだけ定義できる関数型インタフェース（@FunctionalInterface）の仕組みを導入しました。List や Set などの従来のコレクションから Stream に変換し、Stream からコレクションに

戻す仕組みを採用したのも、アプリケーションの互換性の保証を重視するJavaらしいバランス感覚でした。

とはいえ、Stream APIの中身はかなり本格的な関数型言語の仕組みになっています。遅延評価方式のため、マルチスレッドで動作しますし、無限個数の値も扱えます。ラムダ式では型推論をサポートしています。

その他にも、nullになる可能性のある変数を扱うためのOptional（オプショナル）クラスやStreamインタフェースを使ったファイルの読み込み処理など、関数型プログラミングの仕組みを活用した機能が導入されました。

＊　＊　＊

Javaは依然としてオブジェクト指向言語ですが、特定の部分で関数型言語の仕組みを活用できるようになっています。StreamやOptionalはオブジェクト指向言語の中に作り込んだ関数型言語の箱庭と言えるでしょう。

Javaは政府や企業の基幹システムで広く使われており、「お堅いシステム向けのキッチリした言語」というイメージも定着していますが、これからも進化を続けることでしょう。

あとがき

「能書きの読めぬところに効き目あり」という川柳があります。この川柳は、薬の効能書きの意味がわからないことで、かえってありがたく、効き目があるように感じられる人間の心理を言い表したものです。

オブジェクト指向にもそんなところがあります。

「カプセル化、ポリモーフィズム、継承の3つの仕組み」「現実世界もソフトウエアもオブジェクト指向で整理できる」「XPでは要件定義や設計の前にプログラミングを始める」、はじめてこんな話を聞いたときに「よくわからないけど、なんだか凄そう」と思った方もおられるかもしれません。

しかしコンピュータは最終的に0と1だけですべてを表現する機械です。そして、ソフトウエアはそのコンピュータを動かす仕組みです。不思議に思えたり、最初はよく理解できなかったりしたとしても、実際に使える技術なら、必ず理屈で説明できるはずです。

IT業界は技術革新が早いため、新しい技術がこれからもどんどん登場してくることでしょう。そうした技術の中には、従来の常識を覆すものや、複雑で理解しづらいものもあるかもしれません。それでも私たちIT技術者は、それらの技術をきちんと理解して使いこなす必要があります。

そんな技術を学ぶ途中で道に迷ったときには、「その技術をどうやって使えばよいのか（know how）」だけでなく、「その技術がいったい何者なのか（know what）」や「その技術がなぜ存在するのか（know why）」を是非考えていただければと思います。技術をきちんと身につけるための早道はそこにあるはずです。

謝辞

平鍋健児さんと小森裕介さんには素晴らしい推薦のことばを書いていただきました。初版と第2版の執筆時に協力いただいた重見剛さん、向井丞さん、小笠原記子さん、高橋英一郎さん、近棟稔さん、渡辺博之さん、梅澤真史さん、牛尾剛さん、林浩一さん、渡辺幸三さん、岡本和己さん、大塚庸史さん、和田卓人さんほかの方々に改めて感謝します。ウルシステムズ株式会社、株式会社オージス総研、日本ユニシス株式会社の先輩や同僚、顧客や取引先の皆様にも感謝します。

ブログやSNS、ECサイトなどに書評や感想を書いてくださった方々に深く感謝します。好意的なコメントを読むたびに、1冊の本を書いた達成感を味わうとともに、自分の考えを文章にしたことの責任の重さを痛感しました。批判的なコメントは、記述内容を改善するための重要なヒントになりました。

日経BP 編集者の田島篤さんと中川ヒロミさんには、アイデア出しから原稿のレビューまで丁寧に対応していただきました。制作を担当していただいたクニメディアの皆さんとイラストを描いていただいた葉波高人さん、日経ソフトウエア誌に本書の元となる連載を書くチャンスをくださった柳田俊彦さんと真島馨さんにも感謝します。そして、本書の生みの母である現日本経済新聞社の高畠知子さんに改めて感謝します。あなたがいなければこの本が世に出ることはありませんでした。

初版が出版された2004年に他界した父に続いて、筆者が何歳になっても子供扱いしてくれた母も4年前に亡くなり、新刊の出版を自慢できる両親がいなくなってしまいました。2004年には小学生と幼稚園児だった娘たちも、今ではすっかり大人になりました。最後に自宅での執筆作業を支えてくれた妻に感謝します。

索引

記号

英字

む

め

も

や

ゆ

よ

ら

り

る

れ

ろ

著者プロフィール

平澤 章（ひらさわ あきら）

ウルシステムズ株式会社所属 www.ulsystems.co.jp

メインフレームによる金融システムからマイクロコンピュータを使った制御系システムまで、いくつかのシステム開発を経験した後、30代前半でオブジェクト指向モデリングとSmalltalk、（Observerパターンの）MVCフレームワークに出会い、衝撃を受ける。その後、技術コンサルティングの仕事を経て、2001年にウルシステムズのスタートアップに参画し、現在に至る。

著書／翻訳書

『UMLモデリングレッスン』（著、日経BP）
『リファクタリング 第2版』（共訳、オーム社）
『レガシーコード改善ガイド』（共訳、翔泳社）ほか

サポートページ

出版後に見つかった誤植の訂正や関連情報は本書のサポートページに掲載します。
ahirasawa.com
または「オブジェクト指向でなぜつくるのか　サポートページ」
で検索してください。

オブジェクト指向でなぜつくるのか 第3版
知っておきたいOOP、設計、アジャイル開発の基礎知識

2004年 6 月 7 日　初版第 1 刷発行
2010年 7 月 1 日　初版第13刷発行
2011年 4 月 4 日　第 2 版第 1 刷発行
2020年 6 月17日　第 2 版第10刷発行
2021年 4 月19日　第 3 版第 1 刷発行
2024年 4 月 5 日　第 3 版第 4 刷発行

著　者　平澤 章
発行者　中川 ヒロミ
発　行　日経BP
発　売　日経BPマーケティング
〒105-8308
東京都港区虎ノ門4-3-12

イラスト　桜デザイン工房、葉波 高人
装幀　折原 若緒
制作　クニメディア株式会社
印刷・製本　図書印刷株式会社
cover photograph/©Ragnar Schmuck

ISBN978-4-296-00018-0

本書籍に関するお問い合わせ、ご連絡は下記にて承ります。
https://nkbp.jp/booksQA